普通高等院校测绘课程系列规划教材

AutoCAD 及测绘应用

主　编　青盛　满旺

副主编　兰　燕

U0914514

西南交通大学出版社

·成　都·

图书在版编目（C I P）数据

AutoCAD 及测绘应用 / 青盛，满旺主编. —成都：西南交通大学出版社，2012.2

普通高等院校测绘课程系列规划教材

ISBN 978-7-5643-1579-5

Ⅰ. ①A… Ⅱ. ①青…②满… Ⅲ. ①测绘－AutoCAD 软件 Ⅳ. ①P209

中国版本图书馆 CIP 数据核字（2011）第 275805 号

普通高等院校测绘课程系列规划教材

AutoCAD 及测绘应用

主编 青 盛 满 旺

责 任 编 辑	高 平
特 邀 编 辑	赵雄亮
封 面 设 计	何东琳设计工作室
出 版 发 行	西南交通大学出版社 （成都二环路北一段 111 号）
发行部电话	028-87600564 87600533
邮 政 编 码	610031
网 址	http：//press.swjtu.edu.cn
印 刷	成都蓉军广告印务有限责任公司
成 品 尺 寸	185 mm×260 mm
印 张	15.125
字 数	375 千字
版 次	2012 年 2 月第 1 版
印 次	2012 年 2 月第 1 次
书 号	ISBN 978-7-5643-1579-5
定 价	36.80 元

图书如有印装质量问题 本社负责退换

版权所有 盗版必究 举报电话：028-87600562

普通高等院校测绘课程系列规划教材
编审委员会名单

编审委员会主任： 黄丁发

编审委员会副主任： 郑加柱　方渊明

编　委　会　成　员：（以姓氏笔画为序）

马飞虎	马玉晓	王卫红	王化光	王增武
左小清	石信喜	史玉峰	吉长东	刘国栋
刘绍堂	刘贵明	刘福臻	杨久东	杨明强
李长春	李保平	何立恒	余代俊	汪金花
沙从术	张　飞	张文君	张国辉	张明华
张燕茹	陈绍杰	青　盛	林友军	胡圣武
聂启祥	徐　兮	高德政	蒋端波	程海琴
鲁小平	满　旺	潘国兵	潘建平	潘炳玉

前　言

AutoCAD 是美国 Autodesk 公司开发研制的一种通用计算机辅助设计软件包，它在设计、绘图和相互协作等方面展示了强大的实力。由于其具有易于学习、使用方便、体系结构开放等特点，因而深受广大工程技术人员的喜爱。如今，AutoCAD 广泛地应用于机械、建筑、电子、航天、服装、纺织、测绘等领域。特别是在测绘领域，AutoCAD 图形文件格式已成为了标准的数字地图文件格式，这就要求测绘专业的学生必须掌握好 AutoCAD 的绘图方法及使用技巧。本着面向测绘工程专业服务，充分反映 AutoCAD 在测绘行业的应用的原则，本书突出实用性，强调理论与实践相结合。用简洁的语言介绍理论知识，并围绕知识点安排了相应的例题和练习题。教师在教学过程中，可边讲解边给学生布置习题进行练习，使学生迅速掌握理论知识及提高绘图技能。本书内容涵盖基本绘图，还包括高级定制和二次开发，不仅可以用于测绘工程专业的专业基础教材，还可作为建筑工程、地质工程、采矿工程、交通工程、土木工程等诸多专业使用的专业基础教材。

本书是所有参编人员集体创作的结果，是众人智慧的结晶。全书共 9 章，青盛负责全书组织编写。其中，满旺（厦门理工学院）编写第 1、2、4 章，兰燕（成都理工大学）编写第 3 章，卫柳艳（河南城建学院）编写第 5、6 章，青盛（西南科技大学）编写第 7、8 章，宋怀庆（西南科技大学）编写第 9 章。此外，李玉宝参与了本书大纲的制定及书稿审核工作，并提出了宝贵的修改意见。

本书的部分程序源代码来自网络，因不能确定源程序设计人员详细信息而无法一一致谢，在此，向为本书作出贡献的所有网友表示深深的感谢！

西南交通大学出版社为本书的出版做了大量的工作，在此深表感谢！

为本书的出版，各位编写者倾注了极大的热情，付出了艰辛的劳动，但受水平所限，不妥之处在所难免，在此恳请广大读者及专家学者不吝指正，以便修订时更正。

编　者

2011 年 12 月

目　录

第 1 章　AutoCAD 基础知识

1.1　AutoCAD 概述

1.1.1　CAD 的概念

广义的 CAD 是指计算机辅助设计（Computer Aided Design，CAD），它是利用计算机及其图形设备帮助设计人员进行设计工作。而我们通常说的 CAD 往往是指用于计算机辅助设计的图形处理软件——AutoCAD，这是狭义的 CAD。

20 世纪 50 年代，美国诞生第一台计算机绘图系统，开始出现具有简单绘图输出功能的被动式计算机辅助设计技术；通常认为 Ivan Sutherland 于 1963 年在麻省理工学院开发的 Sketchpad 是 CAD 软件的开山之作，可以看做是现代 CAD 软件的雏形。Sketchpad 的突出特性是它允许设计者用图形方式和计算机交互。70 年代，完整的 CAD 系统开始形成；80 年代，随着强有力的超大规模集成电路制成的微处理器和存储器件的出现，工程工作站问世，CAD 技术在中小型企业逐步普及。80 年代中期以来，CAD 技术向标准化、集成化、智能化方向发展。一些标准的图形接口软件和图形功能相继推出，为 CAD 技术的推广、软件的移植和数据共享起到了重要的促进作用；系统构造由过去的单一功能变成综合功能，出现了计算机辅助设计与辅助制造联成一体的计算机集成制造系统；固化技术、网络技术、多处理机和并行处理技术在 CAD 中的应用，极大地提高了 CAD 系统的性能；人工智能和专家系统技术引入 CAD 后，出现了智能 CAD 技术，使 CAD 系统的问题求解能力大为增强，设计过程更趋自动化。

目前 CAD 已在电子和电气、科学研究、机械设计、软件开发、机器人、服装业、出版业、工厂自动化、土木、建筑、地质、计算机艺术等领域得到广泛应用。

1.1.2　AutoCAD 的发展历史

AutoCAD 是由美国 Autodesk 公司（中文译为欧特克）于 20 世纪 80 年代初为在微机上应用 CAD 技术而开发的绘图程序软件包，经过不断地完善，现在已经成为国际上广泛使用的绘图工具。

AutoCAD 可以绘制任意二维和三维图形，并且同传统的手工绘图相比，用 AutoCAD 绘图速度更快、精度更高，而且便于个性，它已经在航空航天、造船、建筑、机械、电子、化工、美工、轻纺等很多领域得到了广泛应用，并取得了丰硕的成果和巨大的经济效益。

AutoCAD 具有良好的用户界面，通过交互菜单或命令行方式便可以进行各种操作。它的多文档设计环境，让非计算机专业人员也能很快地学会使用。学习者应该在不断实践的过程中更好地掌握它的各种应用和开发技巧，从而不断提高工作效率。

AutoCAD 具有广泛的适应性，它可以在各种操作系统支持的微型计算机和工作站上运行，并支持分辨率由 320×200 到 2 048×1 024 的各种图形显示设备 40 多种与数字仪和鼠标器 30 多种以及绘图仪和打印机数十种，这就为 AutoCAD 的普及创造了条件。

AutoCAD 的发展过程可分为初级阶段、发展阶段、高级发展阶段、完善阶段和进一步完善阶段，到目前为止，已经有 20 多个版本，具体发展过程见表 1.1。

表 1.1　AutoCAD 版本一览表

阶段	版本	时间	备　注
初级阶段	AutoCAD 1.0	1982 年 11 月	
	AutoCAD 1.2	1983 年 4 月	
	AutoCAD 1.3	1983 年 8 月	
	AutoCAD 1.4	1983 年 10 月	
	AutoCAD 2.0	1984 年 10 月	
发展阶段	AutoCAD 2.17	1985 年 5 月	
	AutoCAD 2.18	1985 年 5 月	
	AutoCAD 2.5	1986 年 6 月	
	AutoCAD 9.0	1987 年 9 月	
进一步发展阶段	AutoCAD 10.0	1988 年 11 月	开始出现图形界面的对话框，CAD 的功能已经比较齐全
	AutoCAD 11.0	1990 年 11 月	
	AutoCAD 12.0	1992 年 6 月	DOS 版的最高顶峰，具有成熟完备的功能，提供完善的 AutoLisp 语言进行二次开发
完善阶段	AutoCAD R13	1994 年 11 月	在 Unix、DOS 和 Windows 3.11 上的最后版本
	AutoCAD R14	1997 年 2 月	
	AutoCAD 2000（R15.0）	1999 年 3 月	
	AutoCAD 2000i（R15.1）	2000 年 7 月	
进一步完善阶段	AutoCAD 2002（R15.6）	2001 年 6 月	
	AutoCAD 2004（R16.0）	2003 年 3 月	发布了建筑业、基础设施和机械制造业的 10 个行业应用解决方案，在速度、数据共享和软件管理方面有显著的改进和提高
	AutoCAD 2005（R16.1）	2004 年 3 月	
	AutoCAD 2006（R16.2）	2005 年 3 月	

续表 1.1

阶段	版本	时间	备　注
进一步完善阶段	AutoCAD 2007（R17.0）	2006 年 3 月	
	AutoCAD 2008（R17.1）	2007 年 3 月	
	AutoCAD 2009	2008 年 3 月	
	AutoCAD 2010	2009 年 4 月	
	AutoCAD LT 2010	2009 年 4 月	
	AutoCAD 2011	2010 年 3 月	

利用 AutoCAD 绘图与传统的手工绘图在流程及具体作图方法上有很大的区别，在绘图之前必须了解以下问题，从而形成良好的绘图习惯。

（1）手工绘图是在图纸上进行，绘图区域有限，而 AutoCAD 绘图区域无穷大。

（2）图纸上绘图时，需按事先根据图形的复杂程度确定比例再进行绘图，而在 AutoCAD 上绘图时采用 1∶1 绘制。

（3）AutoCAD 中图形对象都是绘制在图层上，且可以设定不同图层的颜色、线型等特性，因此 AutoCAD 绘制的图形比手工图可以具有更丰富的内容。

（4）AutoCAD 以数字的形式精确记录点位，在绘图时要求绘制的对象位置准确无误，因为图形的大小决定了标注尺寸的数值；而手工制图则不必十分精确，只需要标明相对位置关系及标注尺寸即可。

（5）在 AutoCAD 图形输出时，文字的大小跟绘图时文字的大小及输出时的打印比例密切相关。

1.1.3　如何获取帮助

AutoCAD 提供了丰富的帮助信息，可以通过单击“信息中心”工具栏上的“帮助”按钮或按 F1 键访问帮助。AutoCAD 帮助界面如图 1.1 所示。

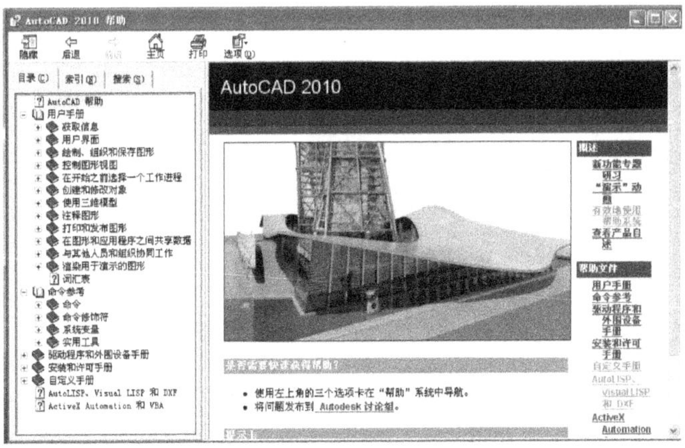

图 1.1　AutoCAD2010 帮助界面

帮助系统中包含了有关如何使用此程序的完整信息。在帮助窗口中，可以在左侧窗格中查找信息。左侧窗格上方的选项卡提供了多种查看所需主题的方法，右侧窗格中显示所选的主题，可以分别通过“目录”、“索引”、“搜索”三种方式使用帮助。其中“目录”方式类似用户手册；“索引”方式是将感兴趣的关键字键入索引栏，这会自动列出同关键字相同的关联信息；“搜索”是直接键入问题，搜索解决方案。

1.2 图形文件管理

在用 AutoCAD 之前，首先要了解如何创建空白的图形文件以及如何保存图形文件，这些都属于图形文件的管理。

1.2.1 创建新图形

用户可以通过工具栏、命令行、菜单栏创建新图形。

快捷工具栏：可以使用快捷工具栏上的□（新建）按钮，创建新的图形文件。点击□按钮后，会弹出如图 1.2 所示的“选择样板”对话框。用户选择样板后，单击对话框下面的“打开”按钮，会自动生成以样板为模式的新图形文件。

菜单栏：可以通过“文件”菜单中“新建”子菜单进行新建图形文件。操作方式：“文件”→“新建”，会弹出图 1.2 所示对话框，步骤与快捷工具栏相同。

命令行：在命令行键入命令：new↙，会弹出选择样板对话框，其余步骤同上。

创建新建文件后，系统会自动以 DrawingN.dwg（N=1，2，3...）的形式命名。

样板文件其实是创建新文件的模板，它通常包含了一组绘图相关的设置，比如线型、文字样式、图层设置及标注样式等，还可能包括了图幅框、标题栏等通用对象，这样可以避免重复设置，可以提高绘图效率，同时保证了图形风格及样式的一致。

图 1.2 “选择样板”对话框

1.2.2 打开图形

执行快捷工具栏上的（打开）命令，AutoCAD 会弹出“选择文件”对话框，如图 1.3 所示。也可以通过命令行使用“OPEN”命令打开，或使用菜单栏：“文件”→“打开”。

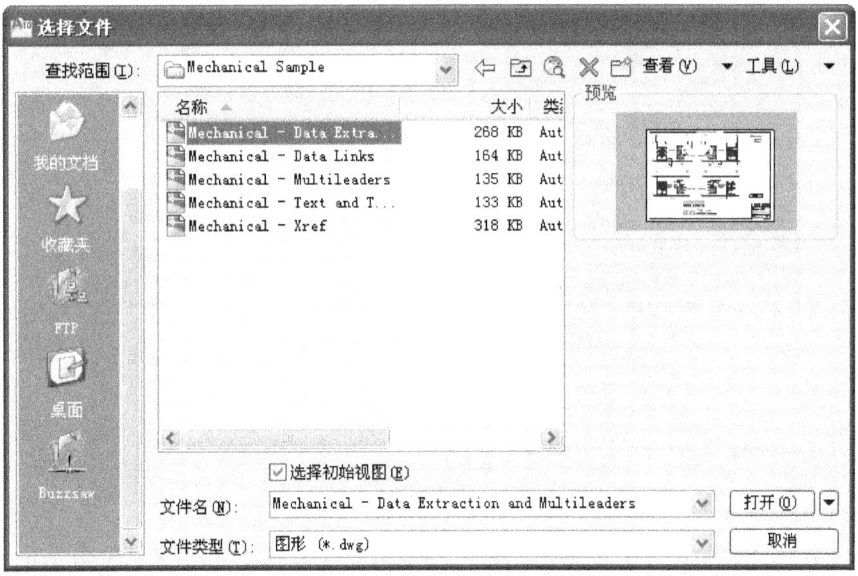

图 1.3 “选择文件”对话框

在“选择文件”对话框中，可以通过上方的“查找范围”定位到文件所在目录，目录中所有 AutoCAD 格式文件都会列入下面的列表框中。用户选择要打开的文件后，文件名称自动列入“文件名”文本框中。AutoCAD 可以同时打开多个文件，选择多个文件后，多个文件名分别打上引号，用空格隔开，单击“打开”按钮即可在 AutoCAD 中打开文件。左侧列表框为常见的文件目录。文件类型是指 AutoCAD 能够打开、识别的类型，主要包括图形(*.dwg)、标准（*.dws）、DXF（*.dxf）、图形样板（*.dwt）四种。预览处可以对选择的文件进行缩略图式预览。

1.2.3 保存图形

图形保存主要是将绘制的图形保存到硬盘上。可以使用快捷工具栏上的（保存）命令来保存文件。如果是新建文件第一次保存，AutoCAD 会弹出“图形另存为”对话框，如图 1.4 所示。如果之前保存过的文件，编辑后进行保存时，则不会弹出“图形另存为”对话框，点击保存命令后，会保存所有修改。

“图形另存为”对话框中“保存于”组合框可以定位到用户指定目录，文件列表框内为当前目录下 AutoCAD 系统能够识别打开的文件列表。“文件名”文本框可以键入用户自定义名称。文件类型下拉框内为用户指定保存的文件类型，包括 AutoCAD 各版本格式、图形标准、图形样板、DXF 格式文件等。

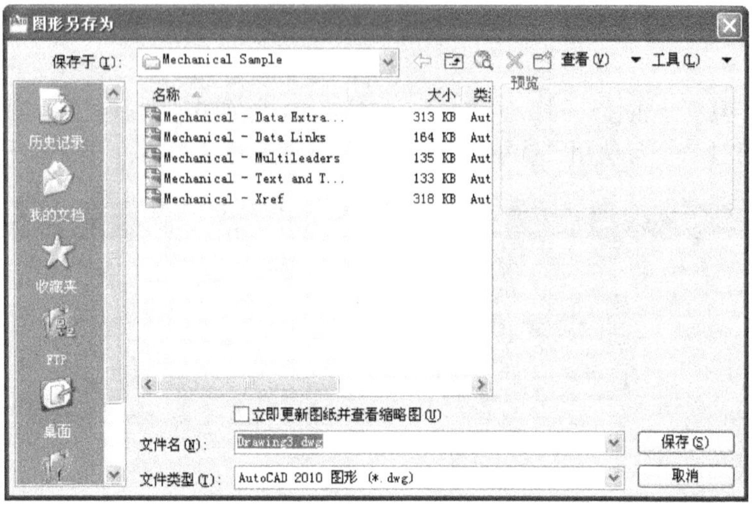

图 1.4 “图形另存为”对话框

1.3 AutoCAD 工作界面

AutoCAD 的工作界面主要包括标题栏、菜单栏、功能区、工具栏、绘图窗口、命令提示窗口及状态栏等，如图 1.5 所示。

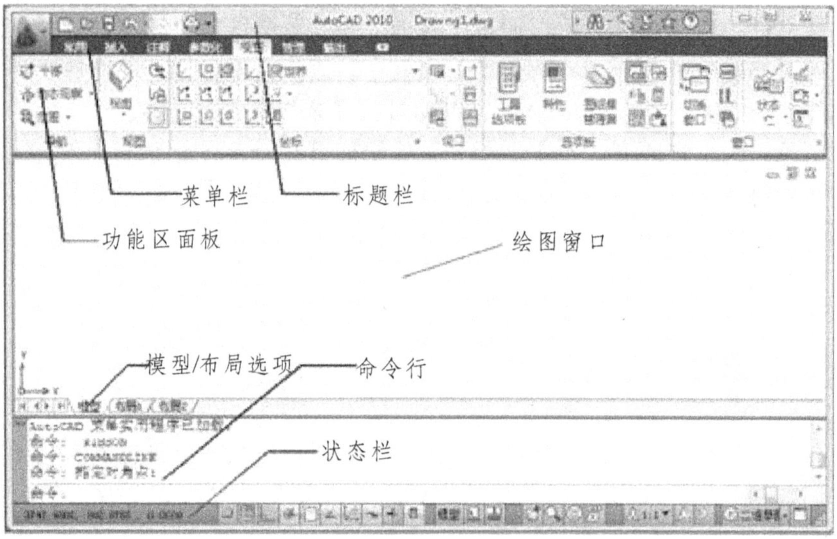

图 1.5 AutoCAD 工作界面

1.3.1 标题栏

同一般的标准 Windows 应用程序类似，标题栏主要用来显示当前编辑文件的名称及应用程序图标。标题栏一般位于应用程序最上方。

1.3.2 绘图窗口

绘图窗口可以想象成为传统绘图中的图纸，它是用户使用 AutoCAD 进行绘图的工作区域。可以通过收缩功能区面板、隐藏工具栏等方式扩大绘图窗口。

1.3.3 菜单栏

菜单是 Windows 程序提供的一种最常见的用户图形界面，几乎包含了应用程序的所有功能。AutoCAD 提供了常见的十余种菜单，在 AutoCAD 2010 里面，系统提供了自定义标准菜单功能，但在 AutoCAD 启动时，该文件未自动加载。要加载 AutoCAD 的经典菜单，在命令行输入系统变量名“MENUBAR”，将其值改为“1”即可。AutoCAD 标准菜单及其主要功能见表 1.2。

表 1.2 AutoCAD 主要标准菜单

菜单名称	主要功能
文件	新建、打开、保存文件；页面设置、打印及文件特性等
编辑	重做、撤销、复制、粘贴等
视图	图形重画、重生成；缩放、平移；漫游、鸟瞰视图；视口；消隐及渲染等
插入	向文档中插入底图、参照及 OLE 对象等
格式	图层格式、颜色、线型、文字、标注等格式
工具	图形工作空间、拼写检查、块与外部参照、脚本、UCS 及一些系统配置
绘图	点、线、多边形、圆、圆弧、椭圆等常见几何图形绘制
标注	主要完成对线、圆弧、角度、引线等标注说明类信息
修改	复制、镜像、阵列、旋转、拉伸、缩放及修剪等操作
参数	几何约束、自动约束、标注约束、删除约束、约束设置、参数管理器等
窗口	关闭、全部关闭、锁定位置、水平平铺、垂直平铺、排列图标等
帮助	帮助、新功能专题研习、其他资源、客户参与计划等

1.3.4 工具栏

AutoCAD 提供了丰富的工具栏，可以通过工具栏按钮启动对应的 AutoCAD 命令。几乎每一个工具栏按钮都能找到相应的菜单命令。使用工具栏可以方便的调用 AutoCAD 命令。

1.3.5 命令提示窗口

AutoCAD 命令提示窗口主要用于命令输入及提示信息显示。在 AutoCAD2000 以前的版本中，AutoCAD 主要绘图方式是通过命令行进行的。在之后的版本中，虽然鼠标作为输入工具得到广泛应用，但是并不能完全取代命令行，因此在后来的版本中，AutoCAD 中依然保留了命令提示窗口。AutoCAD 命令提示窗口有直接运行、透明运行及命令提示运行这三种方式。默认情况下，AutoCAD 命令行保留最后三行所执行的命令或提示信息。

1. 直接运行

在命令行中输入完整的命令名称，然后按 Enter 键或空格键。如果要重复刚刚使用过的命令，可以直接按 Enter 键或空格键，也可以在命令提示下在定点设备上单击鼠标右键。大多数命令都可在命令行中直接运行，如绘制、编辑、标注等命令。

2. 透明运行

部分命令可以透明使用，即在执行一个命令时，在不退出这个命令的情况下，执行另外一个命令，透明命令执行完后，继续执行前一个命令。“透明”命令经常用于更改图形设置或显示及计算等，例如“grid”、“zoom”、“cal”、“osnap”“cal”等。“透明”命令通常是在命令名的前面加一个单引号来表示。不选择对象、创建新对象或结束绘图任务的命令通常可以透明使用。“透明”命令打开的对话框中所做的修改，直到被中断的命令已经执行后才能生效。同样，“透明”命令重置系统变量时，新值在开始下一命令时才能生效。需要注意的是，透明命令不能嵌套使用。

3. 命令提示方式运行

在执行一些命令行时，会弹出一个选项对话框，但在某些时候又不想弹出对话框，此时就可以用命令行形式执行命令，其方法是在命令名前加上“-”，例如，以命令行形式执行新建“JMD”图层的操作如下：

命令：-layer

当前图层：0

输入选项命令：-layer

当前图层：QS

输入选项

[?/生成（M）/设置（S）/新建（N）/开（ON）/关（OFF）/颜色（C）/线型（L）/线宽（LW）/打印（P）/冻结（F）/解冻（T）/锁定（LO）/解锁（U）/状态（A）]：m

输入新图层的名称 （成为当前图层）<QS>：JMD

以命令行提示方式运行通常只针对运行时会弹出对话框的命令。

1.3.6 模型/布局选项卡

在模型空间中创建和打印图形文件的过程与手动绘制草图时采用的过程大不相同。AutoCAD 中有两种不同的工作环境，分别用“模型”和“布局”选项卡表示。这些选项卡位于绘图区域底部附近的位置。如果要创建具有一个视图的二维图形，则可以在模型空间中完整创建图形及其注释，而不使用布局选项卡，这是使用 AutoCAD 创建图形的传统方法。此方法虽然简单，但是却有很多局限，比如它仅适用于二维图形、不支持多视图和依赖视图的图层设置、缩放注释和标题栏需要计算，除非用户使用注释性对象等，使用此方法，通常以实际比例（1：1）绘制图形对象，并用适当的比例创建文字、标注和其他注释，以便在打印图形时正确显示大小。

在“模型”选项卡上进行操作时，可以按 1：1 的比例绘制主题模型。在“布局”选项卡上，可以创建一个或多个布局视口、标注、说明和一个标题栏，以表示图纸。

模型空间中的每个布局视口就类似于包含模型“照片”的相框。每个布局视口包含一个视图，该视图按用户指定的比例和方向显示模型。用户也可以指定在每个布局视口中可见的图层。

布局整理完毕后，关闭包含布局视口对象的图层。视图仍然可见，此时可以打印该布局，而无需显示视口边界。

1.3.7 状态栏

应用程序状态栏可显示光标的坐标值、绘图工具、导航工具以及用于快速查看和注释缩放的工具。用户可以以图标或文字的形式查看图形工具按钮。通过捕捉工具、极轴工具、对象捕捉工具和对象追踪工具的快捷菜单，用户可以轻松更改这些绘图工具的设置。

1.4 绘图流程

1.4.1 设置样板文件

图形样板文件通过提供标准样式和设置来保证用户创建的图形的一致性。其扩展名为.dwt。如果根据现有的图形样板文件创建新图形并进行修改，则新图形中的修改不会影响图形样板文件。

默认的图形样板（DWT）文件集与 AutoCAD 一起安装，用于创建二维和三维模型。多数默认图形样板以两种度量类型提供：英制和公制。使用其中一个默认图形样板时，需要确定是要在二维模型还是三维模型中进行工作以及哪种测量类型最符合所从事的工作。

虽然默认样板提供了一种快速创建新图形的方法，但是，最好针对公司和创建的图形的要求创建图形样板。可以通过初始设置选择最符合用户所在行业的图形样板，但是，需要执行某些操作以使图形样板文件符合用户的要求。

需要创建使用相同约定和默认设置的多个图形时，通过创建或自定义图形样板文件而不是每次启动时都指定约定和默认设置可以节省很多时间。通常存储在样板文件中的约定和设置包括单位类型和精度、标题栏、边框和徽标、图层名、捕捉、栅格和正交设置、栅格界限、注释样式（标注、文字、表格和多重引线）及线型等，默认情况下，图形样板文件存储在 template 文件夹中，以便访问。

1.4.2 设置绘图区域

AutoCAD 中，主要使用两种方法进行绘图区域设置。

执行“limits”命令，系统提示：

命令：limits

重新设置模型空间界限：

指定左下角点或[开（ON）/关（OFF）]<0.0000，0.0000>：

指定右上角点<420.0000，297.0000>：

指定了左下角和右上角后，系统以此为边界来进行设置。在进行绘图区域设置时，还可以输入“ON（开）”或“OFF（关）”来打开或关闭界限检查。当打开界限检查时，将无法输入界限外的点。此外，AutoCAD 还允许用户在“创建新图形”对话框中确定绘图范围。

1.4.3 图层、线型、颜色等的创建与设置

图层用于按功能在图形中组织信息以及执行线型、颜色及其他标准，相当于图纸绘图中使用的重叠图纸，是图形中使用的主要组织工具。可以使用图层将信息按功能编组，也可以强制执行线型、颜色及其他标准。每个图形均包含一个名为“0”的图层，无法删除或重命名，它能确保每个图形至少包括一个图层。

AutoCAD 中使用图层特征管理器来管理图层，可以通过“常用选项卡”→“图层面板”→“图层特性”来调出图层特性管理器对话框，或在命令行中键入“LAYER”命令，如图 1.6 所示。

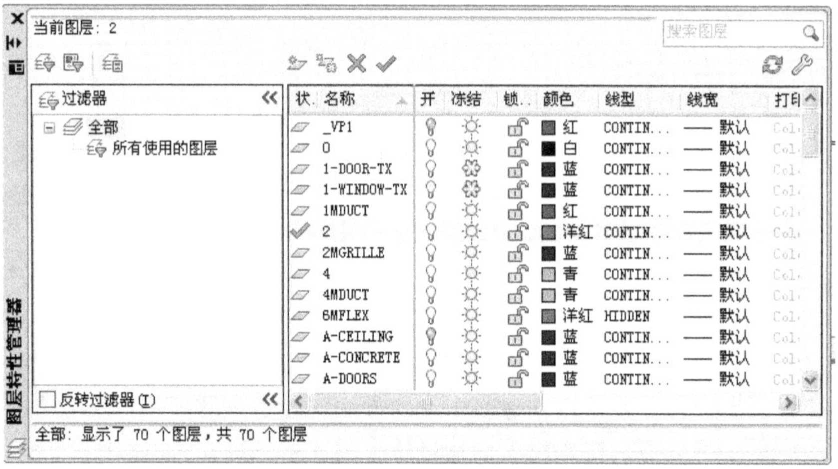

图 1.6 图层特性管理器

创建图层的步骤如下：

（1）在图层特性管理器中，单击（新建图层）按钮。

（2）图层名（例如 LAYER1）将自动添加到图层列表。

（3）在亮显的图层名上输入新图层名。

（4）要更改特性，请单击图标。

（5）单击“颜色”、“线型”、“线宽”或“打印样式”图标时，将显示相应的对话框。

（6）（可选）单击“说明”列并输入文字。

（7）单击“应用”保存更改，也可以单击“确定”保存并关闭。

1.4.4 图形的绘制（绝对与相对点位的确定）

在绘图过程中，要精确定位某个对象的位置，则应以某个坐标系为参照，AutoCAD 中的坐标系包括世界坐标系与用户坐标系，一般情况下，默认使用世界坐标系。

在坐标输入的时候，点的坐标可以是绝对直角坐标、绝对极坐标、绝对球坐标、相对直角坐标、相对极坐标、相对球坐标。

（1）绝对直角坐标是从坐标系原点出发的位移，可以使用实数表达点的 x，y，z 坐标值，坐标间用逗号隔开即可，如（100，200，50），（15，20）等，通常在二维绘图的情况下，z 坐标默认为 0，输入时可以忽略 z 坐标。

（2）绝对极坐标是从原点出发的位移，但给定的是距离与角度。书写时，距离与角度用“<”分开，距离在前，角度在后。规定 x 轴正向为 0°，y 轴正向为 90°，如“100<30”，表示与原点连线成 30° 角，且距原点为 100 个图形单位距离的点。

（3）三维球坐标是三维球坐标通过指定某个位置距当前 UCS 原点的距离，在 XY 平面中与 X 轴所成的角度以及与 XY 平面所成的角度来指定该位置。三维球坐标输入与二维极坐标输入类似。通过指定某点距当前 UCS 原点的距离、与 X 轴所成的角度（在 XY 平面中）以及与 XY 平面所成的角度来定位点，每个角度前面加了一个左尖括号（<），如“8<60<30”表示在 XY 平面中距当前 UCS 的原点 8 个单位、在 XY 平面中与 X 轴成 60° 角以及在 Z 轴正向上与 XY 平面成 30° 角的点。

（4）相对坐标是指相对于某一点的 x 轴与 y 轴的位移或距离与角度。可以将这一点抽象理解为原点，表示方式是在绝对坐标前加“@”符号，比如@6，8 和@20<15，前者为相对直角坐标，后者为相对极坐标。在相对极坐标中，角度是新点与上一点连线同 x 轴的角度。

1.4.5 图形的编辑

打开一幅图形后，确认当前图层没有被锁定，就可以对当前图层进行编辑了。编辑主要使用编辑菜单或修改选项卡进行，如图 1.7 所示。

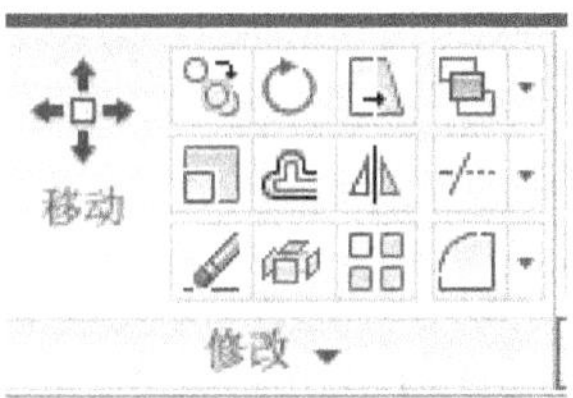

图 1.7 修改功能区

1.4.6 标注尺寸

标注是向图形中添加测量注释的过程。用户可以为各种对象沿各个方向创建标注。基本的标注类型包括线性、径向（半径、直径和折弯）、角度、坐标、弧长等。标注主要通过标注菜单及注释选项卡上的标注按钮进行，如图 1.8 所示。

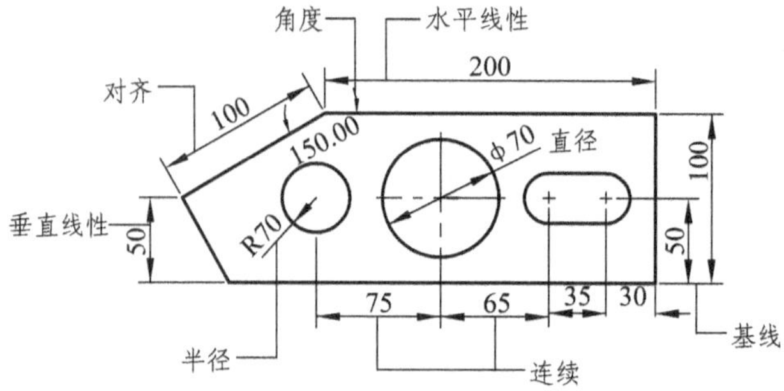

图 1.8　标注示例

1.4.7　图框的插入

可以使用带有图框的样本文件，由系统自动插入图框。也可以将图框做成块，绘图时插入。也可以将各种标准图框均以 1∶1 的比例绘制好保存为.dwg 文件，出图时根据内容和准备出图的图幅估计出出图比例，再按此比例插入图框，打印时给定预定的比例即可。

1.4.8　图形的打印

AutoCAD 使用打印样式来控制对象在打印时的外观，通过打印机配置来保存打印机信息和所有的设置，以及每个打印机支持的有关图纸尺寸信息。一般打印步骤为：

（1）“文件”→“打印”，弹出打印对话框。

（2）在“打印”对话框的“打印机/绘图仪”下，从“名称”列表中选择一种绘图仪。

（3）在“图纸尺寸”下，从“图纸尺寸”框中选择图纸尺寸。

（4）在“打印份数”下，输入要打印的份数。（可选）

（5）在“打印区域”下，指定图形中要打印的部分。

（6）在“打印比例”下，从“比例”框中选择缩放比例。

（7）在“图形方向”下，选择一种方向。

（8）单击“确定”。

习题与思考题

1. AutoCAD 中，执行命令的方式主要有哪几种？

2. 什么是绝对直角坐标？什么是极坐标？什么是相对直角坐标、相对极坐标？它们在 AutoCAD 中都如何表示？

3. 什么是图层？图层的主要作用是什么？有何优点？

第 2 章　二维图形绘制

本章开始讲述常用绘图命令的使用方法，在 AutoCAD 中，绘图命令包含了点、线、面等。AutoCAD 提供了丰富的命令调用方式，包括菜单、功能面板、工具栏及命令窗口输入命令等。对绘图部分，主要功能集中在“绘图”菜单、“绘图”面板、“绘图”工具栏，可以直接将绘图命令输入到命令行，完成图形绘制。

2.1　绘制点

2.1.1　绘制点对象

在命令行中输入命令“point”，或者单击“绘图”功能区上的“ ◦ （点）”。命令启动后，可以使用鼠标指定点，或者在命令行中输入点坐标，即可完成点绘制。此外，还可以通过“绘图（D）”菜单→“点”→“单点”方式启动绘制命令。

2.1.2　设置点样式

点是一个没有宽度、长度及厚度的逻辑点，如果点标记显示为单点（默认设置），可能会看不到点。这时，可以通过命令“ddptype”调出“点样式”对话框，在对话框中更改点样式。例如，可以更改点样式值以使点显示为十字，点样式对话框如图 2.1 所示。此外，还可以通过“格式（O）”菜单→“点样式”方式调用“点样式”对话框。

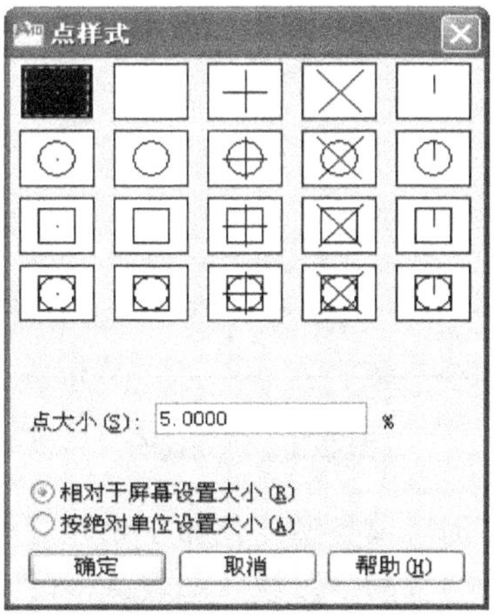

图 2.1　点样式

在“点样式”对话框中，“相对于屏幕设置大小”是指按屏幕尺寸的百分比设置点的显示大小，且不随图形缩放而改变；“按绝对单位设置大小”指按指定的实际图形单位设置点的显示大小，随图形缩放而改变。

2.1.3　定数等分

可以将所选对象等分为指定数目的相等长度的线段。依次单击“常用”标签→“绘图”面板→ → “点”下拉式菜单→（定数等分）。也可以在命令提示下，输入“divide”，然后选择对象，如直线、圆、圆弧、椭圆或样条曲线，再输入所需的线段数目，最后将点置于每段线段之间。图 2.2 所示为对圆弧进行定数 5 等分。

图 2.2　定数等分

执行定数等分时，命令行提示：

命令：divide

选择要定数等分的对象：

输入线段数目或 [块（B）]：5

其中，线段数目为要等分的数目，块是指要在等分点插入的图形块。

2.1.4　定距等分

定距等分将在对象上按指定间距放置点，具体步骤为：

（1）依次单击“常用”标签→“绘图”面板→ → “点”下拉式菜单→（定距等分）。

（2）选择直线、圆弧、样条曲线、圆、椭圆或多段线。

（3）输入间隔长度，或指定点来指示长度。

命令行提示为：

命令：_measure

选择要定距等分的对象：

指定线段长度或 [块（B）]：100

对两条直线进行定距等分，间距为 100 个图形单位，效果如图 2.3 所示。

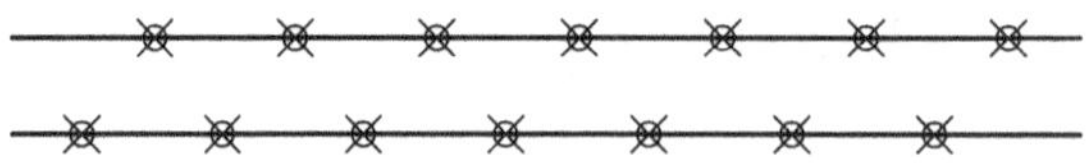

图 2.3　定距等分

定距等分或定数等分的起点随对象类型变化而变化。对于直线或非闭合的多段线，起点是距离选择点最近的端点。对于闭合的多段线，起点是多段线的起点。对于圆，起点是以圆心为起点、当前捕捉角度为方向的捕捉路径与圆的交点。

2.2 绘制线条

2.2.1 直　线

直线可以闭合一系列直线段，将第一条线段和最后一条线段连接起来。可以通过“常用”标签→“绘图”面板→（直线），或直接在命令行中输入“line”命令。

绘制直线的步骤为：

（1）“常用”标签→“绘图”面板→（直线）。

（2）指定起点。可以使用定点设备，也可以在命令提示下输入坐标值。

（3）指定端点以完成第一条直线段。

（4）要在执行“line”命令期间放弃前一条直线段，请输入“u”或单击工具栏上的“放弃”。

（5）指定其他直线段的端点。

（6）按 Enter 键结束，或者按 c 键使一系列直线段闭合。

要以最近绘制的直线的端点为起点绘制新的直线，请再次启动“line”命令，然后在出现“指定起点”提示后按 Enter 键即可。

命令行提示：

命令：line

指定第一点：400，200

指定下一点或 [放弃（U）]：@0，200

指定下一点或 [放弃（U）]：@400，0

指定下一点或 [闭合（C）/放弃（U）]：c

绘制效果如图 2.4 所示。

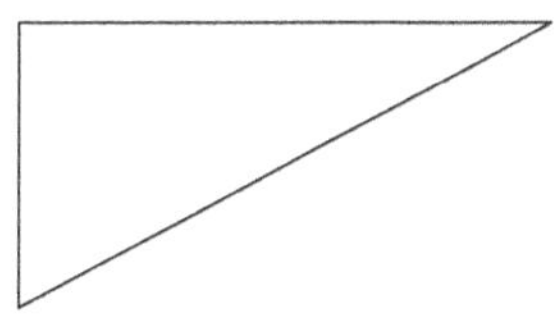

图 2.4　绘制直线示例

2.2.2 多段线

多段线是作为单个对象创建的相互连接的线段序列。可以创建直线段、圆弧段或两者的组合线段。可以使用以下方式启动多段线命令：

（1）功能区：“常用”标签→“绘图”面板→（多段线）。

（2）菜单：绘图（D）→多段线（P）。

（3）工具栏：（多段线）。

（4）命令条目：pline。

绘制多段线的步骤为：

（1）点击功能区“常用”标签→“绘图”面板→（多段线）。

（2）在命令行后，指定点或者选项（默认是指定下一个点），根据命令提示进行选择。

命令提示：

命令：pline

指定起点：　　//可手动输入或者用鼠标输入起始点

当前线宽为 0.0000

指定下一个点或 [圆弧（A）/半宽（H）/长度（L）/放弃（U）/宽度（W）]：@10，0 //绘制直线段

指定下一点或 [圆弧（A）/闭合（C）/半宽（H）/长度（L）/放弃（U）/宽度（W）]：A //绘制圆弧

指定圆弧的端点或

[角度（A）/圆心（CE）/闭合（CL）/方向（D）/半宽（H）/直线（L）/半径（R）/第二个点（S）/放弃（U）/宽度（W）]：ce //通过指定圆心方式绘制圆弧

指定圆弧的圆心：@10，0 //使用相对坐标指定圆心

指定圆弧的端点或 [角度（A）/长度（L）]：a //选择使用包含角确定圆弧

指定包含角：90 //包含弧度为 90°

指定圆弧的端点或

[角度（A）/圆心（CE）/闭合（CL）/方向（D）/半宽（H）/直线（L）/半径（R）/第二个点（S）/放弃（U）/宽度（W）]：l //继续绘制直线

指定下一点或 [圆弧（A）/闭合（C）/半宽（H）/长度（L）/放弃（U）/宽度（W）]：@10，0

指定下一点或 [圆弧（A）/闭合（C）/半宽（H）/长度（L）/放弃（U）/宽度（W）]：

命令提示选项说明：

关闭：从指定的最后一点到起点绘制直线段，从而创建闭合的多段线。必须至少指定两个点才能使用该选项。

半宽：指定从宽多段线线段的中心到其一边的宽度。

指定起点半宽<当前>：输入值或按 Enter 键

指定端点半宽<当前>：输入值或按 Enter 键

起点半宽将成为默认的端点半宽，端点半宽在再次修改半宽之前将作为所有后续线段的统一半宽。宽线线段的起点和端点位于宽线的中心。

长度：在与上一线段相同的角度方向上绘制指定长度的直线段。如果上一线段是圆弧，程序将绘制与该圆弧段相切的新直线段。

放弃：删除最近一次添加到多段线上的直线段。

宽度：指定下一条直线段的宽度。

圆弧绘制部分可参考 2.2.9 节。

也可以使用多个命令创建多段线，这些命令包括："pline"、"rectang"、"polygon"、"donut"、"boundary" 和 "revcloud"。所有这些命令均会生成 "lwpolyline"（优化多段线）对象类型。创建二维多段线使用 "pline" 命令，如图 2.5 所示。

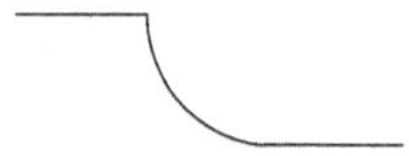

图 2.5 "pline" 命令绘图示例

2.2.3 宽 线

使用 "trace" 命令，可以绘制一定宽度的线。宽线线段的起点和端点位于宽线的中心，且始终被剪切成方形。"trace" 命令自动计算连接到邻近线段的合适倒角，指定下一线段或按 Enter 键后，将绘制所有线段。注意：如果填充模式打开，则宽线是实心的；如果填充模式关

闭，则只显示宽线的轮廓。

命令行提示：

命令：trace

指定宽线宽度<1.0000>：2

指定起点：（指定点 1）

指定下一点：（指定点 2）

指定下一点：（指定点 3 或按 Enter 退出）

2.2.4 构造线

绘制图形时，常常需要一些参考线作为辅助线，帮助精确定位、调整及对齐对象等。AutoCAD 中提供了构造线实现这一目的。构造线是向两个方向无限延伸的直线。创建直线的默认方法是两点法：指定两点定义方向。第一个点是构造线概念上的中点，即通过“中点”对象捕捉捕捉到的点。

命令启动方法：

（1）依次单击常用标签→“绘图”面板→构造线。

（2）在命令提示下，输入“xline”。

绘制步骤为：

（1）指定一个点以定义构造线的中点。

（2）指定第二个点，即构造线要经过的点。

（3）根据需要继续指定构造线。所有后续参照线都经过第一个指定点。

（4）按 Enter 键结束命令。

命令行提示：

命令：xline

指定点或[水平（H）/垂直（V）/角度（A）/二等分（B）/偏移（O）]:

命令行选项中，二等分是指绘制角的等分线，偏移是指偏移其他直线。

2.2.5 射　线

射线是起始于指定点并且向一个方向无限延伸的直线。与在两个方向上延伸的构造线不同，射线仅在一个方向上无限延伸。使用射线代替构造线有助于降低视觉混乱。

启动射线命令方法：

（1）依次单击“常用”标签→“绘图”面板→射线。

（2）命令行：ray。

创建射线的步骤：

（1）在命令提示下，输入“ray”。

（2）指定射线的起点。

（3）指定射线要经过的点。

（4）根据需要继续指定点创建其他射线，所有后续射线都经过第一个指定点。
（5）按 Enter 键结束命令。

2.2.6　多　线

多线是指多条平行线组成的线型。AutoCAD 中，多线由 1 ~ 16 条平行线组成，如图 2.6 所示，多线中的每一条线称之为元素。

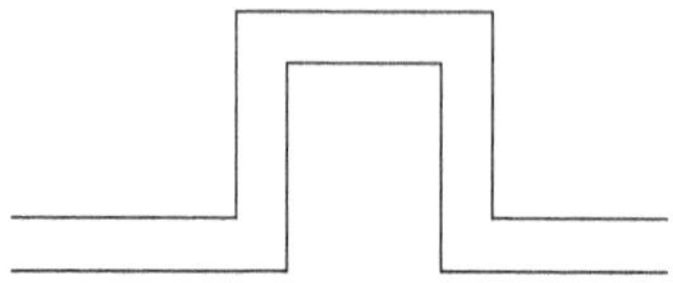

图 2.6　多线绘制示例

启动多线命令方式有：
（1）“绘图（D）”菜单→“多线（U）”。
（2）在命令提示下，输入“mline”。
绘制多线的步骤：
（1）依次单击“绘图（D）”菜单→“多线（U）”。
（2）在命令提示下，输入“st”以选择样式。
（3）要列出可用样式，请输入样式名称或输入。
（4）要对正多行，请输入“j”并选择上对正、无对正或下对正。
（5）要修改多行的比例，请输入“s”并输入新的比例。
（6）指定起点。
（7）指定第二个点。
（8）指定其他点或按 Enter 键。（如果指定了三个或三个以上的点，可以输入“c”闭合多行。）

命令行提示：

```
命令：mline
当前设置：对正 = 上，比例 = 20.00，样式 = STANDARD
指定起点或 [对正（J）/比例（S）/样式（ST）]：  st   //选择样式
输入多线样式名或 [?]：  ?    //查询加载样式
已加载的多线样式：
     名称              说明
----------------   ------------------
STANDARD
输入多线样式名或 [?]：
当前设置：对正 = 上，比例 = 20.00，样式 = STANDARD
指定起点或 [对正（J）/比例（S）/样式（ST）]：  j
输入对正类型 [上（T）/无（Z）/下（B）]<上>：  z
```

当前设置：对正 = 无，比例 = 20.00，样式 = STANDARD
指定起点或 [对正（J）/比例（S）/样式（ST）]:
指定下一点： @100，0
指定下一点或 [放弃（U）]： @0，80
指定下一点或 [闭合（C）/放弃（U）]： @80，0
指定下一点或 [闭合（C）/放弃（U）]： @0，-80
指定下一点或 [闭合（C）/放弃（U）]： @80，0
指定下一点或 [闭合（C）/放弃（U）]:

2.2.7 样条曲线

样条曲线是指给定一组控制点而得到一条曲线，曲线的大致形状由这些点予以控制，一般可分为插值样条和逼近样条两种：插值样条通常用于数字化绘图或动画的设计，逼近样条一般用来构造物体的表面。可以简单地理解为样条曲线是经过一系列给定点的光滑曲线，且可以控制曲线与点的拟合程度。样条曲线具有连续、曲率变化均匀的特点。

命令调用方法：

（1）功能区："常用"标签→"绘图"面板→～样条曲线。

（2）菜单："绘图（D）"菜单→"样条曲线（S）"。

（3）工具栏：绘图～。

（4）命令：spline。

2.2.8 徒手画线

徒手画线对于创建不规则边界或使用数字化仪追踪非常有用。可以使用"sketch"命令绘制徒手画。徒手绘图时，定点设备就像画笔一样，单击定点设备将把"画笔"放到屏幕上，这时可以进行绘图；再次单击将提起画笔并停止绘图。徒手画由许多条直线段组成，每条直线段都可以是独立的对象或多段线，可以设置线段的最小长度或增量。使用较小的直线段可以提高精度，但会明显增加图形文件的大小，因此，要尽量少使用此工具。

绘制草图之前，请检查"CELTYPE"系统变量，确保当前线型为"BYLAYER"。如果使用点或虚线线型，并将草图直线段设置为短于间距或虚线，则将看不到间距或虚线。

徒手绘图和记录徒手画线的步骤：

（1）在命令提示下，输入"sketch"。

（2）在"记录增量"提示下，输入最小直线段长度。

（3）单击起点放下"画笔"。

（4）移动定点设备时，将以指定的长度绘制临时徒手画直线段。"sketch"命令不接受坐标输入。在命令运行期间，徒手画线以另一种颜色显示。

（5）单击端点提起"画笔"，这样在屏幕上移动光标时就不会留下笔迹。单击新起点，从新的光标位置重新开始绘图。

（6）可以随时输入“r”来记录（保存）正在数据库中绘制的和已经绘制完的直线。

（7）如果“画笔”已放下，可以在记录之后继续绘图；如果画笔已提起，单击定点设备就可以继续绘图。徒手画线从单击时光标所在的位置开始。

（8）按 Enter 键结束草图绘制并记录所有未保存的线。

2.2.9 圆 弧

要绘制圆弧，可以指定圆心、端点、起点、半径、角度、弦长和方向值的各种组合形式，如图 2.7 所示。可以使用多种方法创建圆弧。除第一种方法外，其他方法都是从起点到端点逆时针绘制圆弧。

图 2.7 “绘制圆弧”命令

（1）通过指定三点绘制圆弧。

指定三点绘制圆弧时，要求三点不在一条直线上。在图 2.8 所示图形中，圆弧的三点为捕捉到三角形的三个顶点。

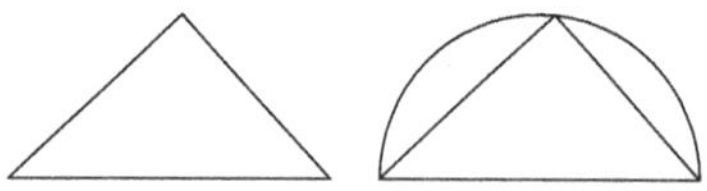

图 2.8 指定三点绘制圆弧示例

命令行提示：

命令：_arc 指定圆弧的起点或[圆心（C）]：

指定圆弧的第二个点或[圆心（C）/端点（E）]：

指定圆弧的端点：

（2）通过指定起点、圆心、端点绘制圆弧。

可以通过起点、圆心及用于确定端点的第三点绘制圆弧。图 2.9 所示为以直线左端点为起点，右端点为圆心，端点由从圆心引出的通过第三点的直线决定，绘制圆弧。

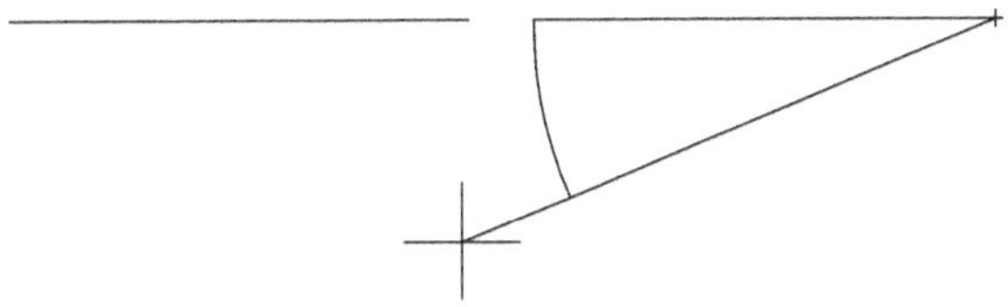

图 2.9　起点、圆心、端点绘制圆弧

命令行提示：

命令：_arc 指定圆弧的起点或[圆心（C）]：

指定圆弧的第二个点或[圆心（C）/端点（E）]：_c 指定圆弧的圆心：

指定圆弧的端点或[角度（A）/弦长（L）]：

起点和圆心之间的距离确定半径。端点由从圆心引出的通过第三点的直线决定，生成的圆弧始终从起点以逆时针绘制。使用不同的选项，可以先指定起点，也可以先指定圆心。

（3）通过指定起点、圆心、角度绘制圆弧。

可以使用起点、圆心和夹角绘制圆弧。起点和圆心之间的距离确定半径，圆弧的另一端通过指定以圆弧圆心为顶点的夹角确定，生成的圆弧始终从起点以逆时针绘制，如图 2.10 所示。使用不同的选项，可以先指定起点，也可以先指定圆心。

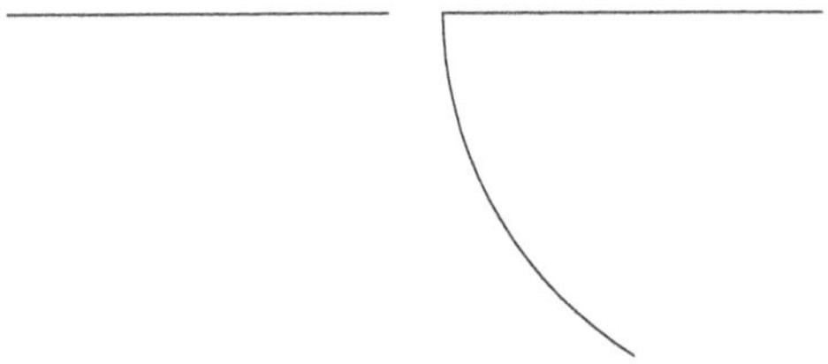

图 2.10　起点、圆心、角度绘制圆弧

命令行提示：

命令：_arc 指定圆弧的起点或 [圆心（C）]：

指定圆弧的第二个点或 [圆心（C）/端点（E）]：_c 指定圆弧的圆心：

指定圆弧的端点或 [角度（A）/弦长（L）]：_a 指定包含角：60

（4）通过指定起点、圆心、长度绘制圆弧

使用起点、圆心和弦长可绘制圆弧。起点和圆心之间的距离确定半径，圆弧的另一端通过指定圆弧起点和端点之间的弦长确定，生成的圆弧始终从起点以逆时针绘制弧的弦长决定包含角度。使用不同的选项，可以先指定起点，也可以先指定圆心。

图 2.11 所示为线段长为 100，以线段左端点为起点，中点为圆心，以线段长度为弦长，绘制半圆弧。

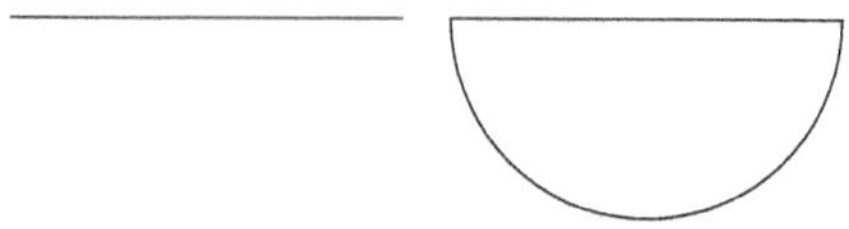

图 2.11　起点、圆心、长度绘制圆弧

命令行提示：

命令：_arc 指定圆弧的起点或 [圆心（C）]:

指定圆弧的第二个点或 [圆心（C）/端点（E）]：_c 指定圆弧的圆心：

指定圆弧的端点或 [角度（A）/弦长（L）]：_l 指定弦长：100

（5）其他方式绘制圆弧。

可以使用起点、端点和夹角绘制圆弧。圆弧端点之间的夹角确定圆弧的圆心和半径，通过指定起点、端点、方向绘制圆弧，通过在所需切线上指定一个点或输入角度指定切向，通过更改指定两个端点的顺序确定用于控制切点的端点，通过指定起点、端点、半径绘制圆弧，圆弧凸度的方向由指定其端点的顺序确定，通过输入半径或在所需半径距离上指定一个点来指定半径。

2.3　绘制多边形及面域

2.3.1　多边形

可以快速创建矩形和规则多边形。直接创建多边形是绘制等边三角形、正方形、五边形、六边形等的简单方法。

1. 绘制外切正多边形的步骤

（1）依次单击“常用”标签→“绘图”面板→ →（正多边形）。或在命令提示下，输入“polygon”。

（2）在命令提示下，输入边数。

（3）指定正多边形的圆心。

（4）输入“c”以指定与圆外切的正多边形。

（5）输入半径长度。

图 2.12 所示为绘制一正七边形，内切圆半径为 50。

命令行提示：

命令：_polygon 输入边的数目 <4>：7

指定正多边形的中心点或 [边（E）]:

输入选项 [内接于圆（I）/外切于圆（C）] <I>：c

指定圆的半径：50

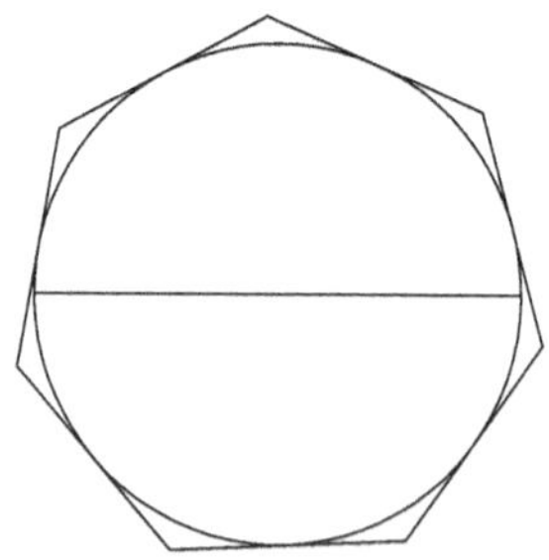

图 2.12　外切正多边形示例

2. 通过指定一条边绘制正多边形的步骤

（1）依次单击“常用”标签→“绘图”面板→ →（正多边形）。或在命令提示下，输入“polygon”。

（2）在命令提示下，输入边数。
（3）输入“e”（边）。
（4）指定一条正多边形线段的起点。
（5）指定正多边形线段的端点。
图 2.13 所示为以给定直线为边，绘制正六边形。

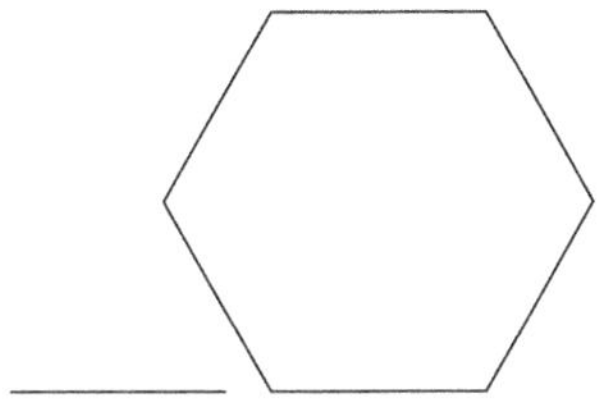

图 2.13　指定一边绘制正多边形示例

命令行提示：

命令：_polygon 输入边的数目 <7>：6
指定正多边形的中心点或 [边（E）]：e
指定边的第一个端点：
指定边的第二个端点：

3. 绘制内接正多边形的步骤

（1）依次单击“常用”标签→“绘图”面板→ →（正多边形）。
（2）在命令提示下，输入边数。
（3）指定正多边形的中心。
（4）输入“i”以指定与指定点所在的圆内接的正多边形。
（5）输入半径长度。
图 2.14 所示为绘制一正六边形，外接圆半径为 50。

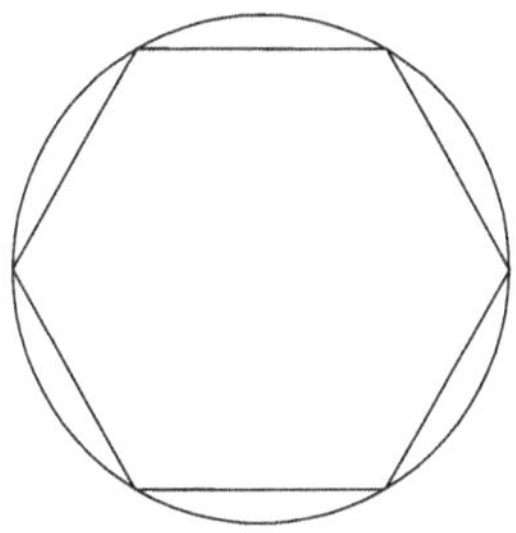

图 2.14　绘制内接正多边形

命令行提示：

命令：_polygon 输入边的数目 <6>：
指定正多边形的中心点或 [边（E）]：
输入选项 [内接于圆（I）/外切于圆（C）] <C>：i
指定圆的半径：50

4. 绘制矩形的步骤

（1）依次单击常用标签→“绘图”面板→□（矩形）；或在命令提示下，输入“rectang”。

（2）指定矩形第一个角点的位置。

（3）指定矩形其他角点的位置。

2.3.2 圆

创建圆时，可以指定圆心、半径、直径、圆周上的点和其他对象上的点的不同组合。可以使用多种方法创建圆，默认方法是指定圆心和半径。

1. 通过指定圆心和半径或直径绘制圆的步骤

（1）通过以下方式启动绘制圆命令：

① 依次单击“常用”标签→“绘图”面板→“圆”下拉式菜单→圆心，半径。

② 依次单击“常用”标签→“绘图”面板→“圆”下拉式菜单→圆心，直径。

③ 在命令提示下，输入“circle”。

（2）指定圆心。

（3）指定半径或直径。

命令行提示：

命令：_circle 指定圆的圆心或 [三点（3P）/两点（2P）/切点、切点、半径（T）]：

指定圆的半径或 [直径（D）] <50.0000>：

2. 绘制与其他对象相切的圆

切点是一个对象与另一个对象接触而不相交的点。要创建与其他对象相切的圆，请选定该对象，然后指定圆的半径。图 2.15 所示为绘制与两条直线相切的圆。

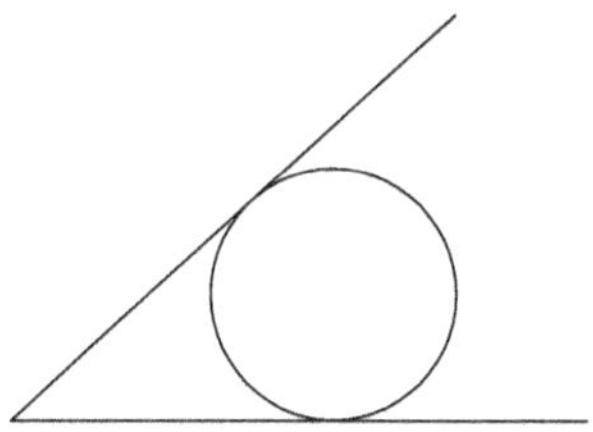

图 2.15 绘制与两条直线相切的圆

命令行提示：

命令：

命令：_circle 指定圆的圆心或 [三点（3P）/两点（2P）/切点、切点、半径（T）]：_ttr

指定对象与圆的第一个切点：

指定对象与圆的第二个切点：

指定圆的半径 <50.0000>：50

绘制三角形的内切圆：使用“相切、相切、相切”模式，打开对象捕捉，或临时捕捉切点。

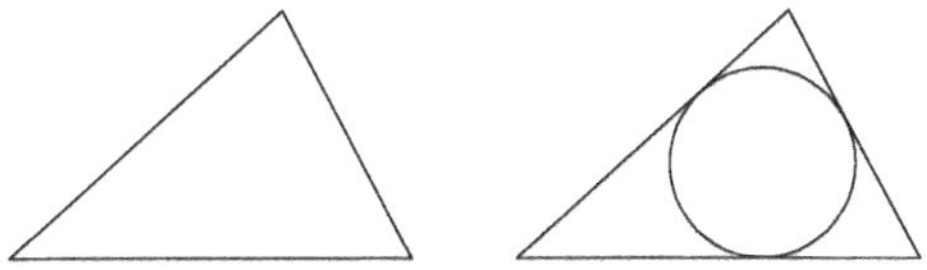

图 2.16　绘制三角形内切圆

命令行提示：

命令：_circle 指定圆的圆心或 [三点（3P）/两点（2P）/切点、切点、半径（T）]：_3p 指定圆上的第一个点：_tan

指定圆上的第二个点：_tan

指定圆上的第三个点：_tan

2.3.3　椭　圆

椭圆由定义其长度和宽度的两条轴决定。较长的轴称为长轴，较短的轴称为短轴。

1. 使用端点和距离绘制椭圆的步骤

（1）依次单击“常用”标签→“绘图”面板 →“椭圆”下拉式菜单或在命令提示下，输入 ellipse。

（2）指定第一条轴的第一个端点。

（3）指定第一条轴的第二个端点。

（4）从中点拖离定点设备，然后单击以指定第二条轴二分之一长度的距离。

图 2.17 所示为绘制一长轴为 100，短轴为 60 的椭圆。

命令行提示：

命令：_ellipse

指定椭圆的轴端点或 [圆弧（A）/中心点（C）]：_c

指定椭圆的中心点：

指定轴的端点：@50，0

指定另一条半轴长度或 [旋转（R）]：30

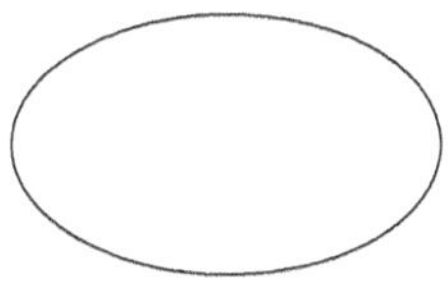

图 2.17　绘制椭圆示例

2. 使用起点和端点角度绘制椭圆弧的步骤

（1）依次单击常用 标签 →“绘图”面板→“椭圆”下拉式菜单→ 椭圆弧或在命令提示下，输入“ellipse”。

（2）指定第一条轴的端点。

（3）指定距离以定义第二条轴的半长。

（4）指定起点角度。

（5）指定端点角度。

（6）椭圆弧从起点到端点按逆时针方向绘制。

图 2.18 所示为绘制一长轴为 100，短轴为 60，起始角度为 0°，终止角度为 270°的椭圆弧。

命令行提示：

命令：_ellipse
指定椭圆的轴端点或 [圆弧（A）/中心点（C）]：_a
指定椭圆弧的轴端点或 [中心点（C）]：
指定轴的另一个端点：@100，0
指定另一条半轴长度或 [旋转（R）]：30
指定起始角度或 [参数（P）]：0
指定终止角度或 [参数（P）/包含角度（I）]：270

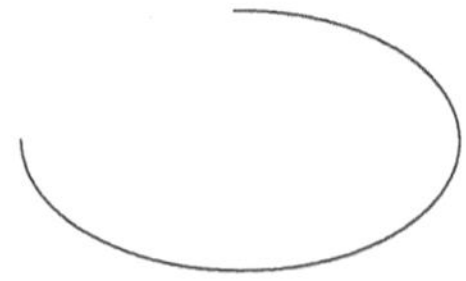

图 2.18　绘制椭圆弧示例

2.3.4　圆　环

圆环是填充环或实体填充圆，即带有宽度的闭合多段线。要创建圆环，需指定它的内外直径和圆心。通过指定不同的中心点，可以继续创建具有相同直径的多个副本。要创建实体填充圆，需将内径值指定为 0。

创建圆环的步骤为：

（1）依次单击“常用”标签→“绘图”面板→圆环。或在命令提示下，输入“donut”。
（2）指定内直径。
（3）指定外直径。
（4）指定圆环的圆心。
（5）指定另一个圆环的中心点，或者按 Enter 键结束命令。

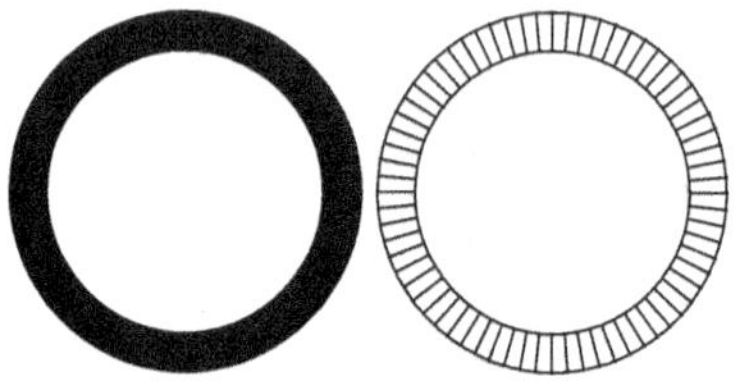

图 2.19　圆环示例

命令行提示：

命令：_donut
指定圆环的内径 <0.5000>：80
指定圆环的外径 <1.0000>：100
指定圆环的中心点或 <退出>：

可以使用“fill”命令控制填充模式。关闭“填充”模式时，仅显示并打印对象的轮廓。重生成图形后，修改“填充”模式将影响现有对象。“填充”模式设置不影响线宽的显示。

2.3.5　边界生成对象

所谓边界（Boundary）就是某个封闭区域的轮廓，使用边界命令可以根据封闭区域内的任一指定点来自动分析该区域的轮廓，并可通过多段线（Polyline）或面域（Region）的形式保存下来。边界生成对象示例如图 2.20 所示。

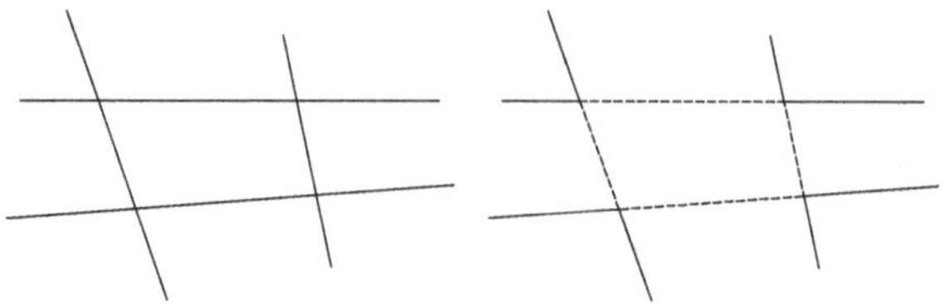

图 2.20　边界生成对象示例

该命令的调用方式为：

（1）菜单：Draw（绘图）→Boundary...（边界）。

（2）命令行：boundary。

（3）功能区："常用"标签→"绘图"面板→边界。

调用该命令后，系统弹出"BoundaryCreation（边界创建）"对话框，如图 2.21 所示。

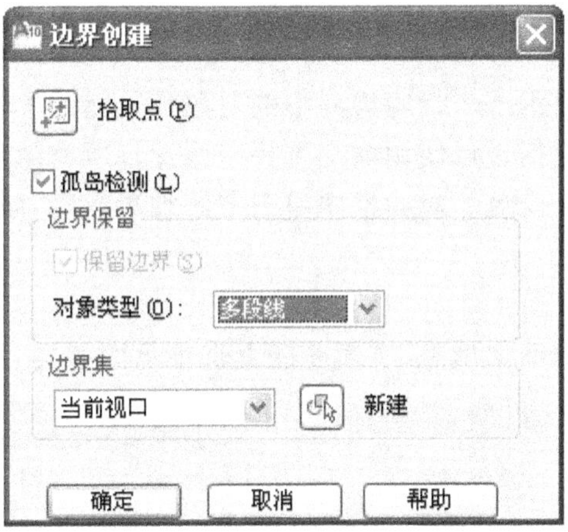

图 2.21 "边界创建"对话框

该对话框是"BoundaryHatch（边界图案填充）"对话框的一部分，关于边界填充请参见下一节。在"BoundaryCreation（边界创建）"对话框中的部分选项具体说明如下：

（1）"对象类型"：该下拉列表框中包括"多段线"和"面域"两个选项，用于指定边界的保存形式。

（2）"边界集"：该选项用于指定进行边界分析的范围，其缺省项为"当前视口"，即在定义边界时，AutoCAD 分析所有在当前视口中可见的对象。

用户也可以单击按钮回到绘图区，选择需要分析的对象来构造一个新的边界集。这时 AutoCAD 将放弃所有现有的边界集并用新的边界集替代它。

（3）"孤岛检测"：孤岛是指封闭区域的内部对象。

2.3.6 面域及运算

面域是具有物理特性（如质心）的二维封闭区域。可以将现有面域合并为单个复合面域来计算面积。面域是使用形成闭合环的对象创建的二维闭合区域。环可以是直线、多段线、圆、圆弧、椭圆、椭圆弧和样条曲线的组合。组成环的对象必须闭合或通过与其他对象共享端点而形成闭合的区域。定义面域的步骤为：

（1）依次单击"常用"标签→"绘图"面板面域，或在命令提示下，输入"region"。

（2）选择对象以创建面域。

（3）这些对象必须各自形成闭合区域，例如圆或闭合多段线。

（4）按 Enter 键。

（5）命令提示下的消息指出检测到了多少个环以及创建了多少个面域。

2.3.7 图案填充

在测绘或者地质填图中，常常需要通过不同的填充图案来表达不同的内容，图案填充的主要步骤包括：

（1）依次单击“常用”标签→“绘图”面板→图案填充或在命令提示下，输入“hatch”。

（2）在“图案填充和渐变色”对话框（见图 2.22）的“其他选项”的“边界集”下，单击“新建”。

（3）在“选择对象”提示下，指定边界集的对角点，然后按 Enter 键。

（4）如果通过从右向左指定点使用窗交选择，则选择所有封闭或窗交的对象。

（5）在“图案填充和渐变色”对话框中单击“添加边界”。如果需要，请输入“k”以指定“拾取内部点”选项。

（6）指定内部点。

（7）单击“确定”应用图案填充。（填充图案选项见图 2.23。）

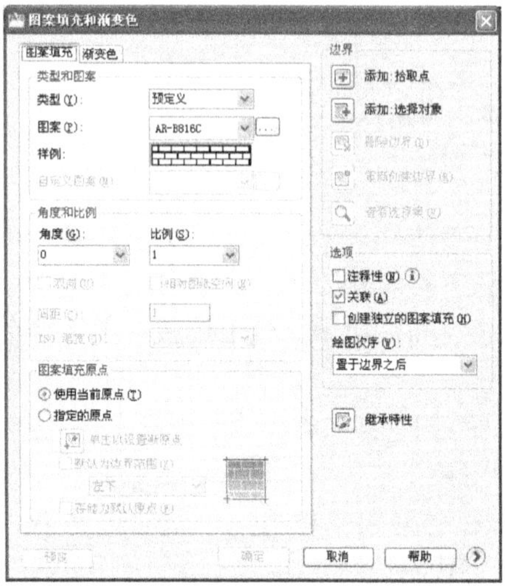

图 2.22 “图案填充与渐变色”对话框

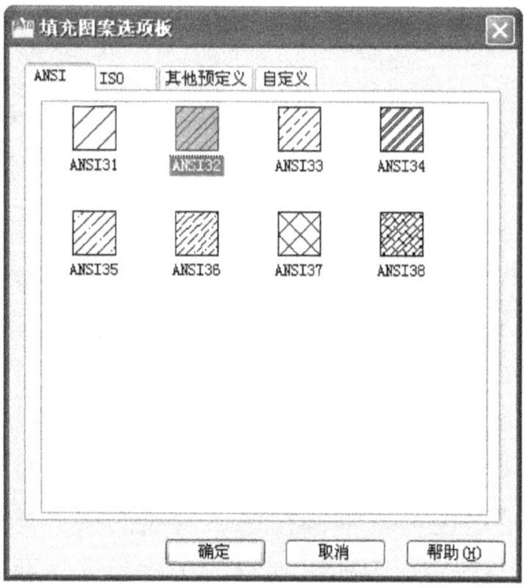

图 2.23 填充图案选项板

习题与思考题

1. 任意绘制一三角形，绘制其内切圆与外接圆。

2. 给定一直径为 100 的圆，绘制该圆的外切正九边形与内接正五边形。

3. 绘制图 2.24 所示图形。其中：内圆 R=10；内圆弧 R=12；大圆 R=18。

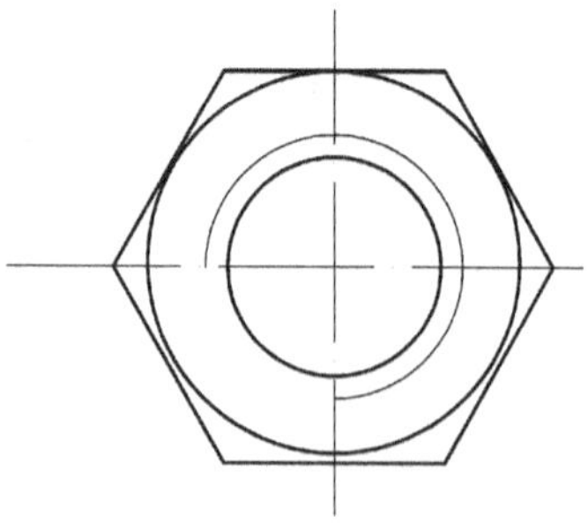

图 2.24

第 3 章　平面图形编辑

在 AutoCAD 中，如果单纯使用绘图命令或绘图工具只能创建出一些简单的图形对象，若要快速绘制比较复杂的图形，必须使用图形编辑命令。图形编辑命令包括移动、旋转、对齐、复制、偏移、镜像、倒角、圆角和打断对象等。使用这些命令，可以修改已有图形或通过已有图形构造新的复杂图形。

3.1　选择对象

在编辑图形之前，需选择图形以明确要编辑的对象。AutoCAD 用虚线亮显所选的对象构成选择集，选择集可以包含单个对象，也可以包含复杂的对象编组。

3.1.1　设置对象选择模式

对象选择模式用“选项（OPTIONS）”进行设置。可以在命令行输入“options”，也可以通过菜单“工具”→“选项”打开选项对话框，选择“选择集”选项卡，即可设置选择模式，如图 3.1 所示。对话框可以调整拾取框的大小以及选择集的模式进行设置。

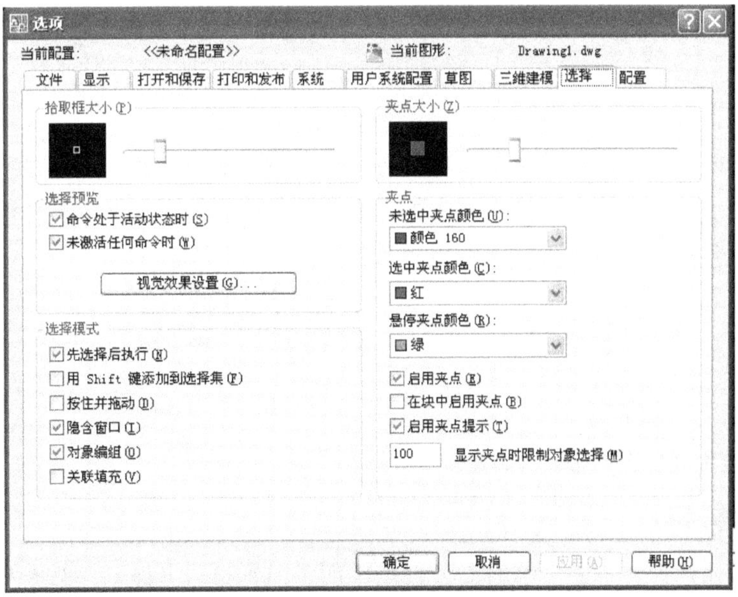

图 3.1　设置对象选择模式

“选择集模式”选项组中各选项的功能如下：

（1）“先选择后执行”复选框。

该选项默认是选中的，此时用户如果先选择对象，再调用修改命令，执行修改命令时，将跳过“选择对象:”提示，直接对已经选择的对象进行编辑；若取消复选框的选择，则调用修改命令后，将提示“选择对象:”，然后对此时选择的对象进行编辑，而不对执行命令前选择的对象编辑。

（2）“用 Shift 键添加到选择集”复选框。

该选项默认是没选中的。此时用户可以将多次选择的对象加入选择集中，如果需要取消图形的选择，需要按住 Shift 键再选择需取消选择的图形；若该选项没选中，则选择集中的对象只包含最近一次选择的图形，之前选择的图形自动取消选择，若不取消前次的选择，而要往选择集中添加对象，此时需要按住 Shift 键，再选择需要添加到选择集的对象。

（3）“按住并拖动”复选框。

该复选框默认是没有选中的。此时用户可以在绘图窗口单击矩形的两个对角点定义矩形窗口选择对象；若该复选框选中了，定义了矩形的一个对角点后，需要按住鼠标的拾取按钮并拖动光标来定义矩形的另一个角点。

（4）“隐含窗口”复选框。

该复选框默认是选中的。此时允许用户直接在图形窗口用鼠标定义一个矩形进行对象的选择；若该选项没有选中，用户只能通过“窗口”或“窗交”选项定义矩形窗口选择对象。

（5）“对象编组”对话框。

选中该复选框时，如果选择编组中的一个对象，在该对象所在的组的所有对象都被选择。

（6）“关联填充”复选框。

选中该复选框时，如果选择了填充图案，则图案的边界也一起选择，若没选中，则只选择填充图案。

3.1.2 选择对象

在对图形进行编辑之前，需要先选择要编辑的图形对象。在 AutoCAD 中，选择对象的方法有很多，如单个选择对象、窗口选择对象、栏选等。在“命令:”提示符后输入“select”或者执行编辑命令时，命令行都提示“选择对象:”，此时十字光标变成小方框（拾取框），输入“？”后，命令行将所有可用的选择方法列出。

命令行提示：

需要点或窗口（W）/上一个（L）/窗交（C）/框（BOX）/全部（ALL）/栏选（F）/圈围（WP）/圈交（CP）/编组（G）/添加（A）/删除（R）/多个（M）/前一个（P）/放弃（U）/自动（AU）/单个（SI）/子对象（SU）/对象（O）:

输入提示的字母即可进入相应的对象选择模式。

1. 逐个选择对象

这是一种默认的选择方式，不需输入选项中的任何字母。当提示“选择对象:”时，将拾取框压在要选取的对象上，单击鼠标左键，该对象变成虚线亮显，表示该对象被选中。若要选择多个对象，只需用拾取框继续点选其他对象。拾取框的大小在“选项”对话框“选择”选项卡中控制，如图 3.1 所示。

2. 矩形窗口方式

矩形窗口方式是通过绘制矩形窗口来选择对象，有窗口方式（window）和交叉窗口方式（cross window）。当提示“选择对象:”时，在默认状态下用鼠标在绘图窗口拉出一个矩形。若矩形从左向右定义，矩形的边框为实线，位于矩形内的图形全部被选中，而与矩形相交的对象不被选中，此即窗口方式；若矩形从右向左定义，矩形的边框为虚线，此时不仅矩形内的图形被选中，与矩形相交的图形也被选中，此即交叉窗口方式，如图 3.2 所示。

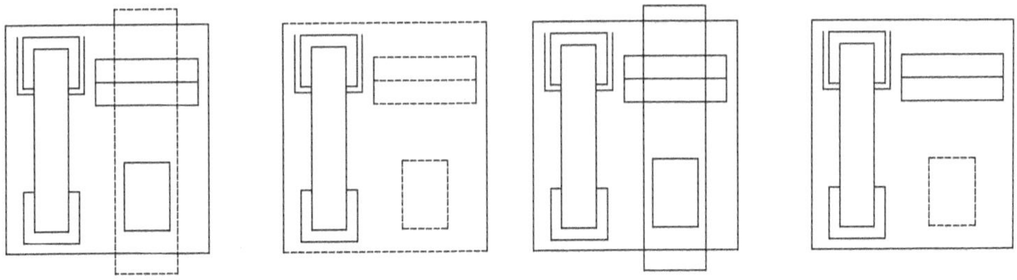

（a）窗口方式　　　　（b）交叉窗口方式

图 3.2　矩形窗口方式选择对象

3. 不规则多边形方式

不规则多边形方式通过绘制多边形来选择对象。该多边形可以为任意形状，但不能与自身相交或相切，与矩形窗口方式相似，也分为不规则窗口方式（圈围）和不规则交叉窗口方式（圈交）。若在“选择对象:”提示后输入“WP”，则执行不规则窗口方式，执行后完全位于多边形内的图形被选中，而与多边形相交或重合的图形不被选中；若在“选择对象:”提示后输入“CP”，则执行不规则交叉窗口方式，执行后位于多边形内的图形被选中，与多边形相交的图形也被选中。

4. 栏选方式（F）

栏选方式是通过绘制多段线来选择对象，与多段线相交的所有图形都被选中。在“选择对象:”的提示后输入“f”，此方式多用于复杂图形的选择，如图 3.3 所示，栏选时绘制的多段线与两个圆和一直线相交，结果与多段线相交的两个圆和直线被选中。

命令行提示：

选择对象：//输入“f”。

第一栏选点：//在屏幕上指定点

指定直线端点或[放弃（U）]：//指定点或输入“u”放弃上一个点，按空格或回车键结束指定点

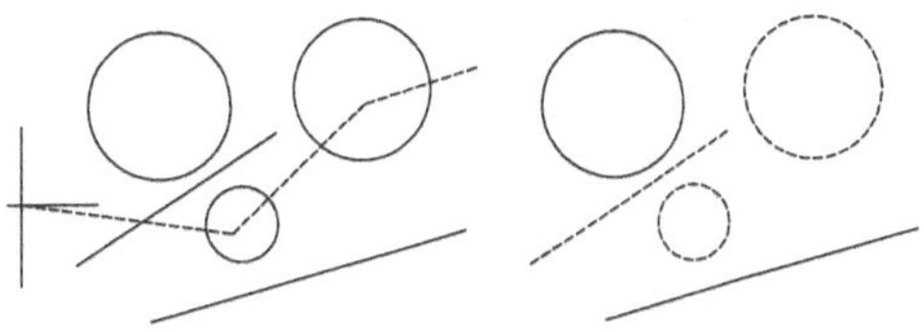

图 3.3　栏选的方法与结果

5. 其他选择方式

除了上面的选择方式外，还有很多其他的选择方式。分别简单介绍如下：

上一个（L）：选择最近一次创建的可见对象。对象必须在当前空间（模型空间或图纸空间）中，并且不能将对象的图层设置为冻结或关闭状态。

全部（All）：选择模型空间或当前布局中除冻结图层或锁定图层上（包括不可见图层）的对象之外的所有对象。

编组（G）：选择指定编组中的全部对象。

添加（A）：切换到添加模式，可以使用任何对象选择方法将选定对象添加到选择集。

删除（R）：切换到删除模式，可以使用任何对象选择方法从当前选择集中删除对象。删除模式的替换模式是在选择单个对象时按下 Shift 键，或者使用“自动”选项。

多个（M）：指定多次选择而不亮显对象，从而加快对复杂对象的选择过程。如果两次指定相交对象的交点，“多个”也将选中这两个相交对象。

前一个（P）：选择最近创建的选择集。从图形中删除对象将清除“上一个”选项设置。

放弃（U）：放弃选择最近加到选择集中的对象。

自动（AU）：切换到自动选择。指向一个对象即可选择该对象；指向对象内部或外部的空白区，将形成框选方法定义的选择框的第一个角点。

单选（SI）：切换到单选模式：选择指定的第一个或第一组对象而不继续提示进一步选择。

子对象（SU）：使用户可以逐个选择原始形状，这些形状是复合实体的一部分或三维实体上的顶点、边和面。可以选择这些子对象的其中之一，也可以创建多个子对象的选择集。选择集可以包含多种类型的子对象。

对象（O）：结束选择子对象的功能，使用户可以使用对象选择方法。

6. 向选择集中添加对象或者从选择集中删除对象

默认情况下，选中的对象都会添加到选择集中。如果要将选中的对象移出选择集，需要按下 Shift 键，同时单击需要移出的对象，对该对象的选择即被取消。

如果在“选项”对话框的“选择集”选项卡下，在“选择集模式”下的“用 Shift 建添加到选择集”复选框打上“√”，如图 3.4 所示，则和上面的选择结果刚好相反，此时按住 Shift 键是向向选择集中添加对象，而不按住 Shift 则只保留此次的选择。

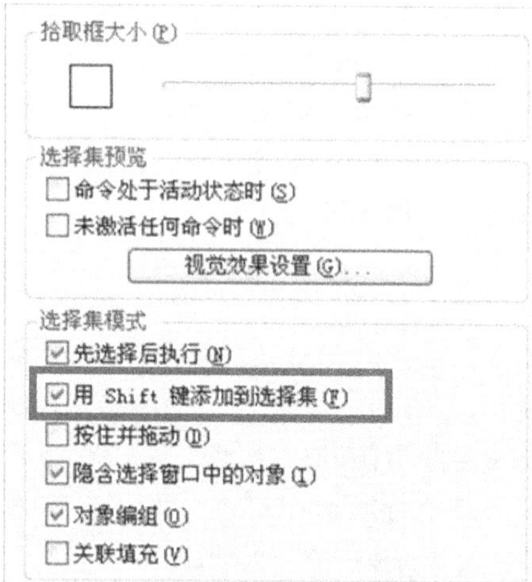

图 3.4 “选择集设置”对话框

7. 交替选择对象

交替选择对象也叫循环选择对象。若一个对象和其他对象相距很近或者重合时，我们很难准确地选择到此对象，此时需要交替选择对象。

交替选择方法：将光标放在最上面的对象上，然后按下 Shift 键，并反复按空格键，直到所需的对象被选中。

3.1.3 编组选择

编组是根据需要将有关联的对象创建一个对象集，选择时选中对象集中的一个对象，则整个对象集被全部选中。

创建编组的方法：

（1）在“命令:”提示符下输入“group”，回车后弹出图 3.5 所示对话框。

（2）在“编组名”中输入对象集的名称（自己定义），然后单击“新建”，在返回的图形窗口中用拾取框选择对象集中的对象。按空格键、回车键或鼠标右键结束对象的选择，再回到图 3.5 所示对话框。对象编组对话框还可以增加或者删除对象集中的对象，也可以增加或者删除对象集。

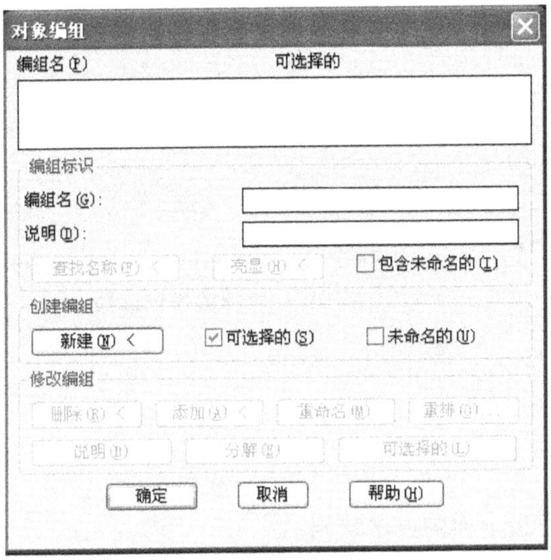

图 3.5 “对象编组”对话框

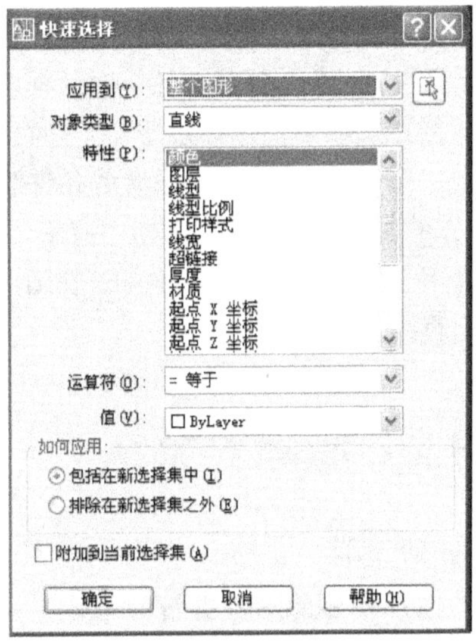

图 3.6 “快速选择”对话框

编组创建好后，单击编组中的一个对象即可实现对编组中所有对象的选择。

3.1.4 快速选择（QSELECT）

快速选择是按对象特性（如颜色、线型、线宽、图层等）和对象类型（直线、圆、多段线文字等）创建选择集。例如，只选择图形中所有红色（对象特性）的圆（对象类型）而不选择任何其他对象，或者选择除红色圆以外的所有其他对象。

访问方法：

（1）命令：qselect。

（2）菜单：工具→快速选择。

（3）功能区：“常用”标签→“实用工具”面板→快速选择。

（4）右键快捷菜单：当命令行提示为“命令:”时，在绘图区域中单击鼠标右键，然后在弹出的菜单中选择“快速选择”。

快速选择对话框如图 3.6 所示，图中的设置执行后选中图形中所有颜色为青色的圆，当前工作空间的功能区上未提供。

需要注意的是，如果图形对象的特性为随层，则该对象无法被选中，即图形所在图层的颜色如果设置为青色，且图形对象的颜色为 bylayer（随层）时，此时对话框中的颜色特性的值设置为青色，该对象不会被选中；只有颜色的值设置为 bylayer（随层）时，该对象才能被选中。

3.1.5　过滤选择（FILTER）

过滤选择是设置需要选择的对象的特性，比如颜色、尺寸等，在用矩形窗口选择对象时只选择出窗口中符合条件的对象，而不是窗口里所有的对象。在命令行中输入“filter”后，即弹出图 3.7 所示的“对象选择过滤器”对话框。在“选择过滤器”选项下，选择过滤器（如直线）；然后单击“添加到列表”，将设置的条件添加到图 3.7 上方的文本框中；最后单击“应用”，将设置的条件用于选择的对象中（例如，在图形中选择只能出直线）。

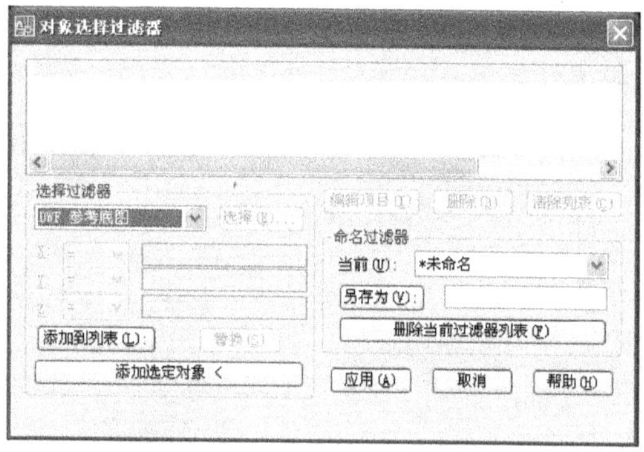

图 3.7　对象选择过滤器

3.2　删除对象

1. 功　能

从图形中删除对象并清除显示，可以通过下面的方法访问。

2. 访问方法

（1）命令：erase。

（2）功能区：“常用”标签→“修改”面板→（删除）。

（3）菜单：修改（M）→删除（E）。

（4）工具栏：“修改”工具条（删除）。

执行命令时，命令行提示：

选择对象：//选择要删除的对象

选择对象：//继续选择要删除的对象，点击右键或者按空格键结束选择

回车后，选中的对象被删除。若在执行命令前已经选择了对象，则执行命令时不提示选择对象，而是直接将选择了的对象删除。

3.3　复制对象

3.3.1　直接复制（COPY）

1. 功　能

可以从原对象以指定的角度和方向创建对象的若干副本，复制后的图形形状、大小和方向与原对象保持一致。可以指定坐标、距离、捕捉目标点等精确复制对象。

2. 访问方法

（1）命令：copy。

（2）功能区："常用"标签→"修改"面板→复制。

（3）菜单：修改（M）→复制（Y）。

（4）工具栏："修改"工具条→复制。

（5）快捷菜单：选择要复制的对象，在绘图区域中单击鼠标右键，单击"复制选择"。

3. 方法与步骤

调用命令后，命令行提示：

选择对象：//使用对象选择方法并在完成选择后按 Enter 键

当前设置：复制模式 = 多个

指定基点或 [位移（D）/模式（O）] <位移>：//指定基点或输入选项（指定的两点定义一个矢量，指示复制的对象移动的距离和方向。）

基点指定后，命令行提示：

指定第二个点或<使用第一个点作为位移>：

如果在"指定第二个点"提示下按 Enter 键，则第一个点将被判定为相对 X，Y，Z 位移。例如，指定基点为（2，3）并在下一个提示下按 Enter 键，对象将被复制到距其当前位置沿 X 方向 2 个单位，Y 方向 3 个单位的位置。

默认情况下，"copy"命令将自动重复。按 Enter 键退出该命令，使用系统变量"copymode"，可以设置是否自动创建多个副本。

如图 3.8（a）、（b）所示，若要将圆复制到矩形的四个角上，圆心与矩形角点重合。输入命令"copy"后，基点指定圆心，在随后的"指定第二个点或<使用第一个点作为位移>："提示后依次捕捉矩形的四个角点即完成了图形的复制，复制后的图形如图 3.8（c）所示。

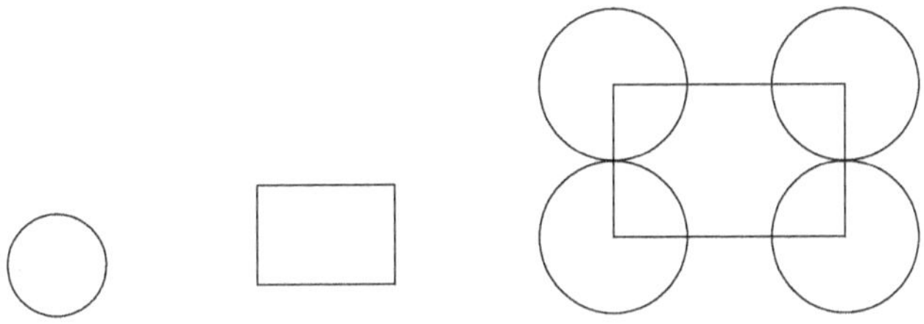

（a）　　（b）　　（c）

图 3.8　指定基点复制对象

4. 注　意

"copy"命令复制对象只适用于在同一个图形文件内部复制图形。如果要在不同文件之间进行复制图形，则需要使用 Windows 的复制和粘贴功能。

AutoCAD 2010 编辑（E）菜单下的"复制"（C）和"带基点复制"（B）也能进行图形的复制，这两个复制都是将图形文件复制到剪贴板，然后再从剪贴板粘贴到其他文件或应用程序中，和 Windows 其他应用程序的复制、粘贴功能一样。

3.3.2 镜像复制（MIRROR）

1. 功　能

镜像复制用于创建对称的图形。创建时先绘制半个对象，然后指定镜像线（即对称轴）将其镜像，而不必绘制整个对象。

2. 访问方法

（1）命令：mirror。

（2）功能区："常用"标签→"修改"面板→ （镜像）。

（3）菜单：修改（M）→ 镜像（I）。

（4）工具栏："修改"工具条→ （镜像）。

3. 方法与步骤

以绘制图 3.9（a）为例，使用镜像命令绘制图形的操作步骤为：

（1）先用相关绘图命令绘制出图形的上半部分和水平镜像线，即绘制出外面的大圆、上半部分圆弧和水平镜像线，如图 3.9（b）所示。

（2）下半部分的圆弧可以通过两次镜像得到，命令行提示：

命令：mirror　//在命令行输入"mirror"

选择对象：　//选择（b）图中的上部分的三段半圆弧，然后回车

指定镜像线的第一点：

指定镜像线的第二点：　//依次捕捉水平镜像线的两个端点，此时可以看到镜像后的对称图形

要删除源对象吗？[是（Y）/否（N）] <N>：　//默认不删除源对象，此时不需要删除上半部分圆弧，因此直接回车

得到的图形如图 3.9（c）所示，然后重复执行镜像命令：

命令：mirror　//在命令行输入 mirror，回车

选择对象：　//在选择对象时选择图（c）中水平镜像线下方的三段半圆弧，回车

指定镜像线的第一点：

指定镜像线的第二点：　//此时镜像线为竖直方向的直线，没有绘制好的镜像线，可以捕捉圆周上的竖直方向上的两个象限点

要删除源对象吗？[是（Y）/否（N）] <N>：（输入 Y 回车，此时需要删除源对象）

两次镜像后，即得到图 3.9（a）所示的图形。

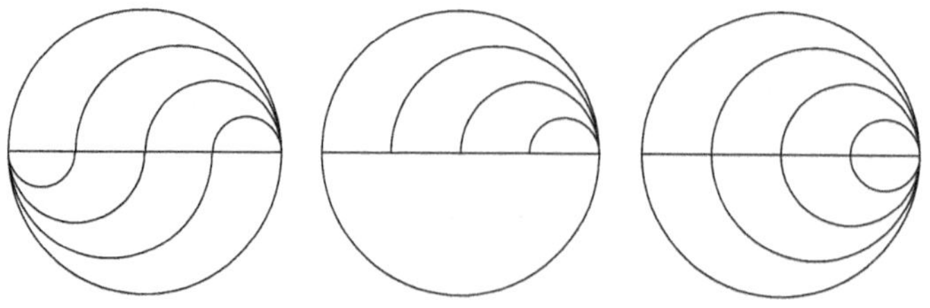

（a）　　　　（b）　　　　（c）

图 3.9　镜像复制

镜像图形中如果有文字时，默认情况下文字是不镜像的，因为文字镜像后就不可读了。若需要镜像文字，则需要设置系统变量“mirrtext”，如图 3.10 所示，“mirrtext”默认设置为 0 时，镜像图形时，图形中的文字不镜像；“mirrtext”设置为 1 时，镜像图形时，图形中的文字也要镜像。

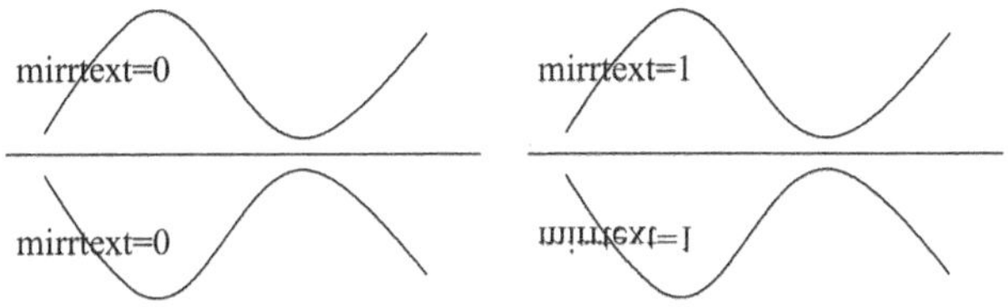

图 3.10　使用“mirrtext”系统变量设置文字镜像的效果

3.3.3　偏移复制（OFFSET）

1. 功　能

偏移对象用于创建形状与选定对象的形状平行的新对象。偏移直线创建平行线、偏移圆或圆弧创建同心圆或同心圆弧。封闭图形偏移后仍然为封闭图形。

可以执行偏移的图形有直线、矩形、多边形、圆弧、圆、椭圆和椭圆弧、二维多段线、构造线、射线和样条曲线等。偏移的效果如图 3.11 所示。偏移可通过指定通过点或者指定偏移距离实现。

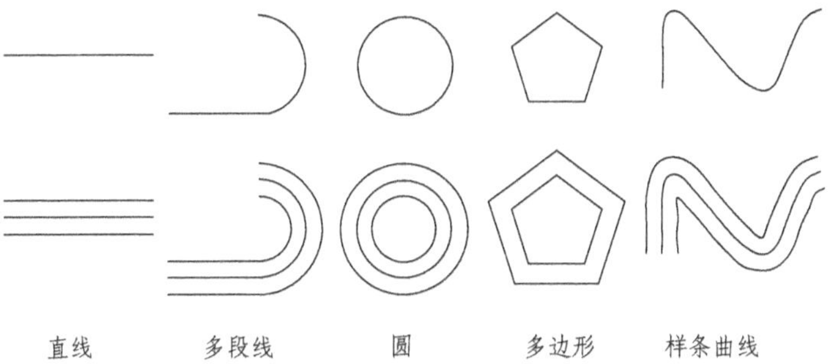

图 3.11　图形偏移实例

2. 访问方法

（1）命令行：offset。

（2）功能区：“常用”标签→“修改”面板→ （偏移）。

（3）菜单：修改（M）→ 偏移（Y）。

（4）工具栏：“修改”工具条→ （偏移）。

3. 方法与步骤

调用“偏移”命令后，命令行提示：

当前设置：删除源=否　图层=源　OFFSETGAPTYPE=0　　//提示当前的设置

指定偏移距离或 [通过（T）/删除（E）/图层（L）] <通过>:

偏移可以通过指定偏移距离和指定通过点两种方法实现，分别说明如下：

（1）指定偏移距离：在距现有对象指定的距离处创建对象。

直接在提示后输入偏移对象到源对象的距离值，回车后，命令行提示：

选择要偏移的对象，或 [退出（E）/放弃（U）]<退出>：//只能选择一个对象进行偏移

指定要偏移的那一侧上的点，或[退出（E）/多个（M）/放弃（U）]<退出>：//相对源对象，在复制的一侧任意点击一下

选择要偏移的对象，或 [退出（E）/放弃（U）]<退出>：//重复选择对象偏移复制，距离同前，也可以退出）

（2）指定通过点：通过指定点偏移复制对象。

在命令行输入“T”，执行通过指定点偏移对象。回车后，命令行提示：

选择要偏移的对象，或 [退出（E）/放弃（U）]<退出>：//选择要偏移的对象，回车

指定通过点或 [退出（E）/多个（M）/放弃（U）]<退出>：//指定偏移后对象所通过的点

其他选项的用法说明如下：

（1）删除（E）：偏移后将源对象删除。输入“E”回车后，命令行提示：

要在偏移后删除源对象吗？[是（Y）/否（N）]<当前>：//输入“y”或“n”，确定是否删除源对象）

（2）图层（L）：确定将偏移对象创建在当前图层上还是源对象所在的图层上。输入“L”回车后，命令行提示：

输入偏移对象的图层选项 [当前（C）/源（S）]<当前>：（输入选项 c 或者 s，指定偏移对象是在当前图层还是在源对象的图层）

4. 注　意

（1）偏移时一次只能选择一个对象进行偏移，但可以重复偏移命令，直到按 Enter 键结束偏移命令。

（2）向圆心一侧偏移圆弧时，偏移距离不得大于原圆弧的半径值，否则提示“无法偏移该对象”。

3.3.4　阵列复制（ARRAY）

1. 功　能

阵列对象可以在均匀隔开的矩形或环形阵列中同时创建多个对象副本，有矩形阵列和环形阵列两种方式。对于创建多个定间距的对象，阵列比复制快。

2. 访问方法

（1）命令行：array。

（2）功能区：“常用”标签→“修改”面板→（阵列）。

（3）菜单：修改（M）→阵列（A）。

（4）工具栏：“修改”工具条→（阵列）。

3. 方法与步骤

命令调用后，弹出图 3.12 所示阵列对话框，下面分别介绍矩形阵列和环形阵列的操作方法。

（1）矩形阵列。

矩形阵列是按相同的行距和列距来复制数目为行数 × 列数的对象副本（包含对象本身）。在阵列对话框中选择矩形阵列复选框，即可进行矩形阵列设置，如图 3.12 所示。设置的内容包括：阵列的对象、行数、列数、行距、列距以及阵列的角度。

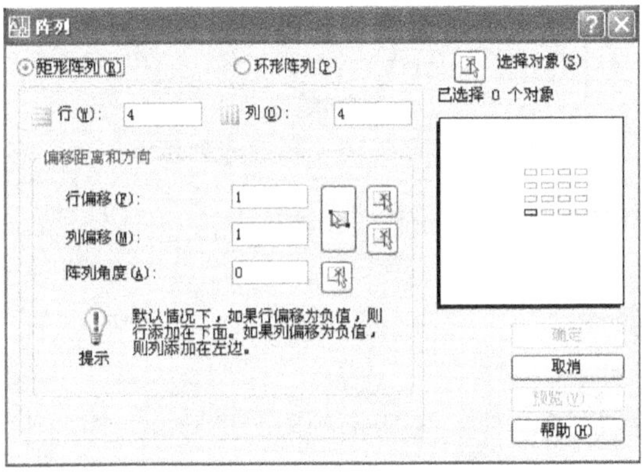

图 3.12 “矩形阵列”对话框

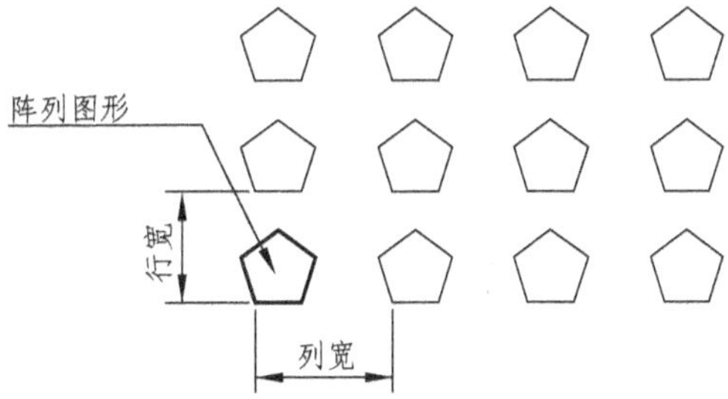

图 3.13 矩形阵列示例

以图 3.13 为例，对各项参数的说明如下（图中加粗图形为原图形）：

① 行数和列数：分别确定矩形阵列的行数和列数，图 3.13 所示图形的行数为 3，列数为 4，则复制对象的数目=行数 × 列数 − 1。

② 行偏移和列偏移：设置矩形阵列的行距和列距，值的正负决定阵列的方向。若为正值，阵列将沿 X 轴或者 Y 轴的正方向阵列复制对象，即在对象的右侧和上方复制对象；若为负值，则在原对象的左侧和下方复制图形。图 3.13 中阵列的行距和列距均为正值。行距和列距可以在文本框中输入，也可以点击文本框右侧的拾取按钮在屏幕上拾取。

③ 阵列角度：指定旋转角度。此角度通常为 0，此时行和列与当前的 X 和 Y 图形坐标轴平行。若设置了角度，则将阵列图形绕原图形的中心旋转相应的角度。

④ 选取对象按钮：单击后屏幕切换到绘图窗口，选择进行阵列的对象，单击右键结束选择后自动回到阵列对话框。

⑤“预览”按钮：单击后可在绘图窗口预览阵列效果，预览后点鼠标左键或按 Esc 键返回到对话框，单击鼠标右键接受阵列。

（2）环形阵列。

环形阵列用于创建在圆周上等间隔分布的对象副本。在阵列对话框中选中环形阵列复选框，进入图 3.14 所示环形阵列对话框。环形阵列需要设置的内容包括：环形的中心点、环形的角度或对象间隔的角度、阵列的数目等。

以图 3.15 为例说明环形阵列参数的设置，对各项参数的说明如下（图中加粗的图形为原图形）：

① 中心点：环形的中心，可以输入坐标，也可以点击“拾取中心点”按钮在屏幕上拾取圆心。图 3.15 中在“+”字的交点即阵列的中心。

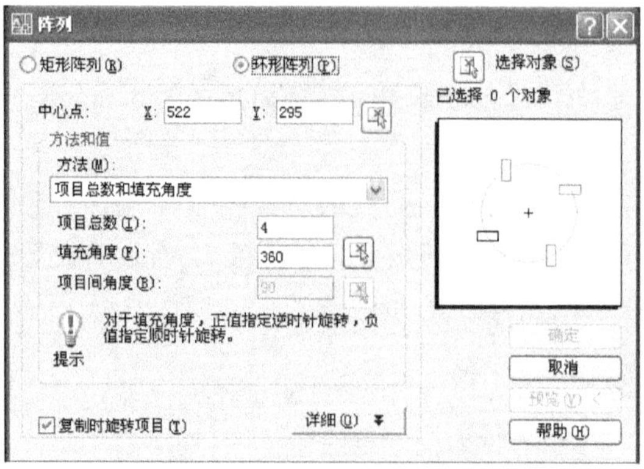

图 3.14 “环形阵列”对话框

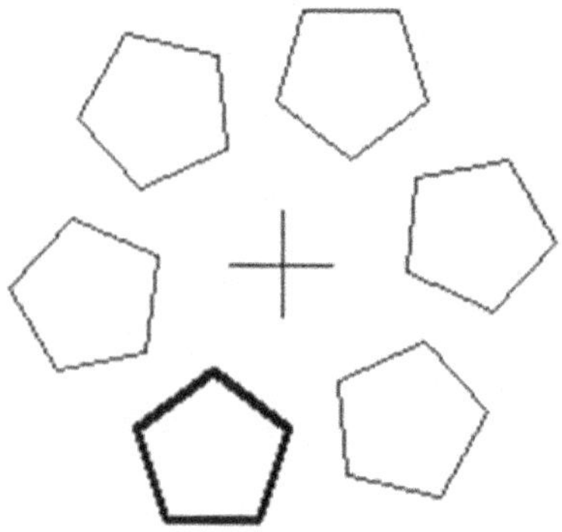

图 3.15 环形阵列示例

② 方法和值：指定用于定位环形阵列中的对象的方法和值。有 3 种方法：

a. 根据要“填充的项目总数和填充角度”阵列对象。

b. 根据“项目总数和项目间的角度”阵列对象。

c. 根据“填充角度和项目间的角度”阵列对象。

选用不同的方法，下面的文本框将有不同的设置。图 3.15 所示的阵列图形用上述 3 种方法都可以实现，采用方法（a）时，项目总数设置为 4，“填充角度”设置为 180，“项目间角度”不可用；采用方法（b）时，项目总数设置为 4，“填充角度”不可用，“项目间角度”设置为 60；采用方法（c）时，项目总数不可用，“填充角度”设置为 180，“项目间角度”设置为 60。这 3 种方法阵列的结果完全相同。

③ 说明：

a.“项目总数”指阵列后的对象总数（含源对象）。

b.“填充角度”指阵列中第一个对象（源对象）和最后一个阵列对象的基点之间的包含角。角度的正负控制阵列的方向，为正则按逆时针方向阵列源对象，为负则按顺时针方向阵列源对象。

c.“项目间的角度”指阵列后相邻两对象所包含的圆心角。填充角度和项目间的角度除了输入值以外，也可以在屏幕上拾取角度指定。

3.4 移动、旋转和对齐对象

3.4.1 移动对象（MOVE）

1. 功 能

移动（MOVE）可以将源对象以指定的角度和方向移动到指定的位置。该命令仅改变图形的位置，不改变图形的方向和大小。可以通过捕捉基点实现位移，也可通过设置位移量实现位移。

2. 访问方法

（1）命令行：move。

（2）功能区：“常用”标签//“修改”面板→（移动）。

（3）菜单：修改（M）→移动（V）。

（4）工具栏：“修改”工具条→（移动）。

（5）快捷菜单：选择要移动的对象，并在绘图区域中单击鼠标右键，单击“移动”。

3. 方法与步骤

以图 3.16 为例，要将“电话机”移到矩形的左上角，角点电话机的左上角点与矩形的左上角点重合。

命令行提示：

命令：move//调用“move”命令

选择对象：//拉框选择电话机

选择对象：//继续选择对象，按空格键或者右键结束选择

指定基点或[位移（D）]<位移>：→捕捉电话的左上角点作为基点

指定第二个点或 <使用第一个点作为位移>：//指定矩形的左上角点，即基点的目的点

这样就通过指定基点和目的点完成了电话机的移动。

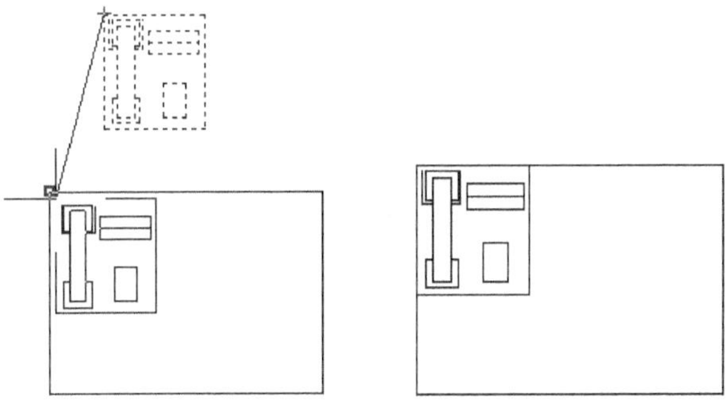

移动前　　　　移动后

图 3.16　移动对象

4. 说　明

若已知位移量，则可以不用指定基点，而是直接输入位移量实现移动。在“指定基点或[位移（D）]<位移>:”提示下输入“D”，在“指定位移<0，0，0>:”提示下输入图形位移量（相对坐标），即可使用相对坐标实现位移。

3.4.2　旋转（ROTATE）

1. 功　能

旋转可以绕指定基点旋转图形中的对象，可以指定旋转的角度旋转图形，也可以指定参照角度，请输入角度值，然后使用光标进行拖动，或者指定参照角度，以便与绝对角度对齐。

2. 访问方法

（1）命令行：rotate。

（2）功能区：“常用”标签→“修改”面板→（旋转）。

（3）菜单：修改（M）→旋转（R）。

（4）工具栏：“修改”工具条→（旋转）。

（5）快捷菜单：选择要移动的对象，并在绘图区域中单击鼠标右键，单击“旋转”。

3. 方法与步骤

旋转图形有两种实现方法：一是指定旋转角度，二是通过指定对象的起始方向和目的方向来旋转图形。调用命令后，命令行提示：

UCS 当前的正角方向：ANGDIR=逆时针　ANGBASE=0　//说明当前正角度的方向（逆时针），零角度方向与 X 轴正方向的夹角（0°）

选择对象：//选择需要旋转的对象

选择对象：//继续选择对象，选择完毕则退出选择

指定基点：//在屏幕上捕捉图形旋转的中心，此点不旋转

指定旋转角度，或 [复制（C）/参照（R）] <0>:

（1）指定旋转角度。

直接在“指定旋转角度，或 [复制（C）/参照（R）] <0>:”提示下输入图形绕基点旋转的角度，角度为正则图形做逆时针旋转，角度为负则图形做顺时针旋转（要改变角度正负值与图形旋转方向的关系，可以用系统变量“ANGDIR”设置，也可以用“units”命令设置）。角度输入后回车，图形即从当前位置绕基点旋转了指定的角度。

（2）参照。

如果基准边的起始角度未知，旋转角度也未知，但是知道基准边旋转后在坐标系中的角度，此时可以使用参照进行旋转。

以图 3.17 为例，图中的“电话机”是倾斜放置的，要将它方正，此时需用参照进行。方法如下：

在“指定旋转角度，或 [复制（C）/参照（R）] <0>:”提示下输入“R”，进入参照，命令行提示：

指定参照角 <0>：//输入基准边的初始角度或者在屏幕上捕捉，捕捉基准边上的两点，图 3.17 中，12 边为基准边，先后捕捉 1 点和 2 点

指定新角度或 [点（P）] <0>：//指定基准边旋转后在坐标系中的角度，电话机摆正后基准边 12 的角度为 90°，因此输入 90

回车后，电话机就绕基点旋转到了位置就摆正了，结果如图 3.17 所示。

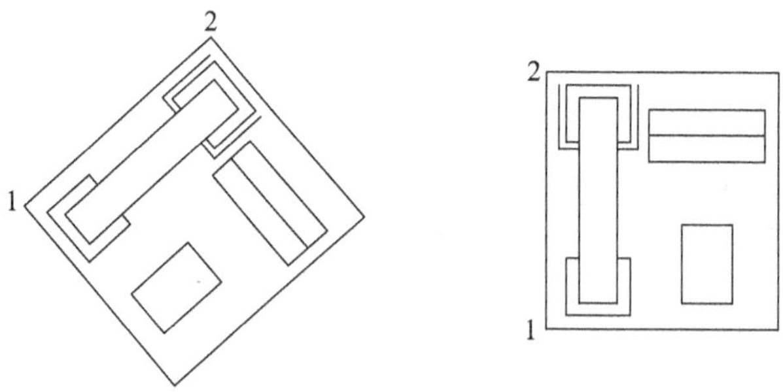

（a）旋转前　　（b）旋转后

图 3.17　使用“参照”旋转对象

4. 说　明

从 AutoCAD 2006 之后，AutoCAD 的“旋转”命令加入了复制的功能，即旋转后可以保

留原始图形。在提示“指定旋转角度，或 [复制（C）/参照（R）] <0>:”后输入“C”，则命令行继续提示“指定旋转角度，或 [复制（C）/参照（R）] <0>:”，之后可以用前面的两种方法来旋转图形，但不同的是，旋转后原始图形没有删除。

3.4.3 对齐对象

1. 功 能

在二维和三维空间中将对象与其他对象对齐。可以指定一对、两对或三对源点和定义点以移动、旋转或倾斜选定的对象，从而将它们与其他对象上的点对齐，如图 3.18 所示。

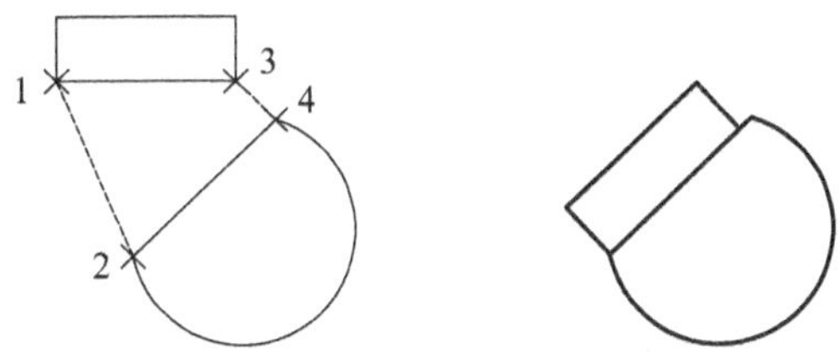

图 3.18 对齐对象示例

2. 访问方法

（1）命令：align。

（2）功能区：“常用”选项卡→“修改”面板→ “对齐”。

（3）菜单：修改（M）→ 对齐（L）。

3. 方法与步骤

在对齐二维对象时，可以指定 1 对或者 2 为对齐点（源点和目标点），在对齐三维对象时，需指定 3 对对齐点。

在对齐对象时，如果命令行显示“是否基于对齐点缩放对象？[是（Y）/否（N）]<否>:”时，选择“否（N）”选项，则对象改变位置，对象的第一源点与目标点重合，第二源点位于第一目标点与第二目标点的连线上，即对象先平移，后旋转；选择“是（Y）”时，则对象除了平移和旋转外，还要基于对齐点进行缩放。由此可见，“对齐”命令是“移动”、“旋转”和“缩放”命令的组合。

3.5 修改对象的形状和大小

可以调整现有对象相对于其他对象的长度，而无论是否对称，包括修剪对象、延伸对象、缩放对象、拉长对象和拉伸对象。

3.5.1 修剪对象（TRIM）

1. 功　能

“修剪”命令（trim）在绘制图形时经常用到。可以通过删除（修剪）或拉长（延伸），使对象与其他对象的边相接。图 3.19（a）所示竖直线 1、3 条超过了水平直线，2、4 条未及水平直线，使用“修剪”命令后，4 条竖直线都与水平直线相接，如图 3.19（b）所示。“修剪”命令同时具有修剪和延伸的功能，但它主要用于修剪，延伸主要使用“extend”命令。

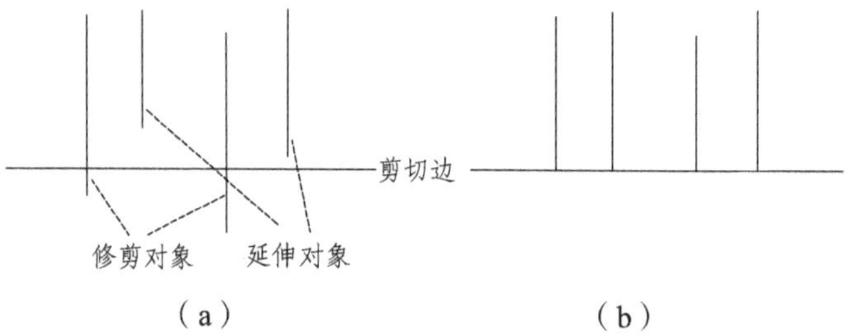

图 3.19　修剪对象效果图

2. 访问方法

（1）命令行：trim。
（2）功能区：“常用”标签→“修改”面板→ -/-- ▾（修剪）。
（3）菜单：修改（M）→ -/--（修剪）。
（4）工具栏：“修改”工具条 ▸ -/--（修剪）。

3. 方法与步骤

修剪对象是当图形和剪切边相交时，将图形中超过剪切边的部分删除，修剪对象分两步完成：第一步，指定剪切边、被剪切图形的边界，剪切边可以是直线、多段线、圆、样条曲线、多边形等；第二步选择要修剪的对象，即被剪刀打断的图形。执行后即删除图形超过剪切边的不需要保留的部分。

图 3.19（a）中的第 1、3 条竖直线超过了水平直线，需要剪掉水平直线下方的部分，若直接使用删除命令将删除整个竖直线，因此必须使用修剪命令（trim）。

命令行提示：

命令：trim　//调用“修剪”命令

当前设置：投影=UCS，边=延伸

选择剪切边...

选择对象或 <全部选择>：找到 1 个　//选剪切边，剪切边能打断与它相交的图形。图 3.19（a）中选择水平直线

选择对象：　//继续选择剪切边，右键或回车结束选择

选择要修剪的对象，或按住 Shift 键选择要延伸的对象：或[栏选（F）/窗交（C）/投影（P）/边（E）/删除（R）/放弃（U）]：　//选择需要剪掉的图形，可以用窗选、栏选等多种选择方式进行选择，图

3.19（a）中选择水平直线下方的直线

各选项的含义如下：

选择剪切边：剪切边可以将与之相交的图形在交点处断开。图 3.19（a）中要剪断水平直线下方的直线，需选择水平直线作为剪切边。

选择要修剪的对象：选择被剪切边剪断的图形不需保留的一侧，选择后被剪对象上位于拾取点一侧的图形将被删除，图 3.19（a）中选择第 1、3 条直线位于水平直线下方的部分，删除后如图 3.19（b）所示；如果此时选择水平直线上方的部分，则直线下面部分保留，而上面部分删除。

按住 Shift 键选择要延伸的对象：将没相交的图形经过延长相交。图 3.19（a）中，按住 Shift 键选择与水平直线没有相交的第 2、4 条竖直线，则 2、4 条竖直线延长到水平直线，结果如图 3.19（b）所示。

栏选（F）和窗交（C）：使用栏选和窗交选择对象。

投影（P）：指定执行修剪的空间，有“[无（N）/UCS（U）/视图（V）”三个选项。“无（N）”选项只修剪在三维空间中实际相交的图形；“UCS（U）”选项修剪投影到当前 XY 平面相交的图形，三维空间中不一定相交；“视图（V）”修剪投影到当前视图平面上（计算机绘图平面）的图形。

边（E）：确定剪切方式，输入“E”后，提示“输入隐含边延伸模式 [延伸（E）/不延伸（N）] <延伸>:”，“延伸（E）”指当剪切边与被剪切边实际上没有相交，但延长可以相交时，允许进行修剪；而“不延伸（N）”指当剪切边与被剪切边没有相交就不允许进行修剪。

删除（R）：删除选定的对象。此选项提供了一种用来删除对象的简便方式，无需退出“trim”命令。

放弃（U）：放弃“trim”命令执行过程中的上一步操作。

4. 说　明

被剪切边剪断的图形的最后一部分不能在“选择要修剪的对象”中删除，例如在图 3.19（a）中，如果已经在“选择要修剪的对象”中删除了水平直线下方的直线部分，则水平直线上方的直线不能在“选择要修剪的对象”中进行删除，要删除它可以进入“删除（R）”选项进行删除，也可以退出“修剪”命令后用“删除”命令（ERASE）进行删除。

3.5.2　延伸对象（EXTEND）

1. 功　能

“延伸对象”命令（extend）和“修剪对象”命令（trim）相似，也同时具有修剪和延伸的功能，其不同之处在于：“extend”命令延伸对象时不需要按住 Shift 键，而使用“修剪”命令时需要按住 Shift 键选择对象。

2. 访问方法

（1）命令：extend。

（2）功能区：“常用”标签→“修改”面板→--/（延伸）。

（3）菜单：修改（M）→--/（延伸）。

（4）工具栏："修改"工具条→--/（延伸）。

3. 执行步骤

"extend"命令的执行步骤与"trim"命令相似。图 3.19 所示图形的修剪和延伸也可以用"extend"命令实现，步骤如下：

命令：extend　　//调用"extend"命令

当前设置：投影=UCS，边=无　　//说明当前的设置

选择边界的边...

选择对象或 <全部选择>：找到 1 个　　//选择延伸的边界边，即选择图 3.19 中的水平直线

选择对象：　//继续选择边界边，空格或者右键结束选择

选择要延伸的对象，或按住 Shift 键选择要修剪的对象，或[栏选（F）/窗交（C）/投影（P）/边（E）/放弃（U）]：　//直接选择需要到边界边的直线，即选择图 3.19 中的第 2、4 条竖直线，使其延伸到水平直线，按住 Shift 键选择图 3.19 中的第 1、3 条竖直线，删除竖直线在水平直线下方的部分

选择要延伸的对象，或按住 Shift 键选择要修剪的对象：　//继续选择对象，按右键或者回车键退出

如此则完成了图 3.19 中图形的修剪与延伸。各选项的含义同"trim"命令。

3.5.3　缩放对象（SCALE）

1. 功　能

使用缩放对象命令（scale）可以将对象按统一比例放大或缩小，即缩放后的图形与原图形相似。缩放对象需指定基点和比例因子。基点是缩放图形时保持不动的点，比例因子大于 1 时将放大对象；比例因子介于 0 和 1 之间时将缩小对象。

2. 访问方法

（1）命令行：scale。

（2）功能区："常用"标签→"修改"面板→（缩放）。

（3）菜单：修改（M）→（缩放 L）。

（4）工具栏："修改"工具条→（缩放）。

（5）快捷菜单：选择要缩放的对象，然后在绘图区域中单击鼠标右键，单击"缩放"。

3. 方法与步骤

缩放对象需指定基点，然后通过比例因子或者参照进行缩放，和旋转对象类似。图 3.20 所示为一个半径为 10 的圆，圆的中间内接了一个长是宽 2 倍的矩形（粗实线）。绘图分析：绘制半径为 10 的圆很容易，但是要在半径为 10 的圆中做出长宽比为 2∶1 的矩形比较麻烦，因此可以考虑先做任意长宽比为 2∶1 的矩形，然后捕捉矩形上的三点完成圆的绘制，最后用矩形的对角线或者圆的半径作为参照进行整图的缩放。步骤如下：

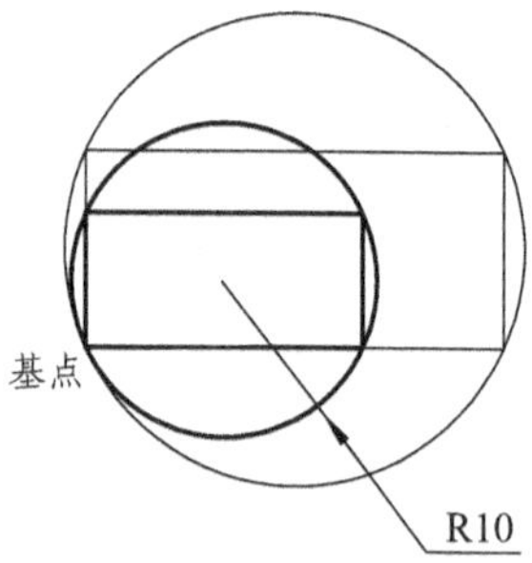

图 3.20　缩放对象示例

（1）先绘制长宽比为 2∶1 的矩形，和通过矩形的任意三点的圆，如图 3.20 中的细实线图形所示。

（2）缩放对象。

调用缩放命令后，命令行提示：

选择对象：找到 2 个　//选择进行缩放的图形，图 3.20 中细实线绘制的圆和矩形

选择对象：　//继续进行选择，右键或者回车结束选择

指定基点：　//捕捉矩形的左下角点作为基点

指定比例因子或 [复制（C）/参照（R）] <0.6667>：　//直接输入图形缩放的比例因子，比例因子大于 1 则图形放大，介于 0 和 1 之间则图形缩小，等于 1 则图形不缩放，“<　>”中的数值为上次缩放的比例

图 3.20 中的图形由于不知道缩放的比例，因此用参照进行缩放，输入“R”，进入参照，命令行提示：

指定参照长度：　//指定原始基线长度，可以捕捉，捕捉矩形的两个对角点（即圆直径）作为原始基线

指定新的长度或 [点（P）]：　//输入基线缩放后的长度，输入 20，选项“[点（P）]”用于在屏幕上捕捉缩放后的基线长度

缩放后的图形如图 3.20 中粗实线所示。

4. 说　明

在“指定比例因子或 [复制（C）/参照（R）] <0.6667>：”中有个复制选项，和旋转命令（rotate）一样，输入“C”后，再用比例因子或者参照进行缩放后原图形保留，如果没有输入复制（C）选项，缩放后原图形将删除。

3.5.4　拉长对象（LENGTHEN）

1. 功　能

拉长对象（lengthen）用于更改对象的长度和圆弧的包含角，可以指定百分比、增量或最终长度或角度对象进行拉长或者缩短。

2. 访问方法

（1）命令行：lengthen。

（2）功能区：“常用”标签→“修改”面板→（拉长）。

（3）菜单：修改（M）→（拉长 G）。

（4）工具栏：修改工具条→（拉长）。

3. 方法与步骤

调用“lengthen”命令后，命令行提示：

选择对象或 [增量（DE）/百分数（P）/全部（T）/动态（DY）]：　//选择一个对象或输入选项

选项中列出了进行拉长对象的不同方式，说明如下：

（1）增量（DE）：以指定的增量（为绝对量，如长度或者角度）修改对象的长度或者圆弧的圆心角，该增量从距离选择点最近的端点处开始测量。增量为正则拉长对象，为负则缩短对象，增量为 0 图形不变。

（2）百分数（P）：通过指定对象拉长或者缩短后的长度（圆心角）与的原长度（圆心角）的百分比来设置对象长度（圆心角）。大于 100 则图形对象将拉长，0 ~ 100 则图形对象将缩短，等于 100 则图形对象不变。

（3）全部（T）：通过指定拉长或者缩短后对象的总长度（圆心角）的绝对值来设置选定对象的长度（圆心角）。

（4）动态（DY）：动态拖动对象的一个端点，通过拖动端点来改变对象的长度。其他端点保持不变。

4. 注　意

（1）“拉长”（lengthen）命令指定拉长的方式和尺寸后，命令行将一直重复提示“选择要修改的对象或 [放弃（U）]:”，可以对多个对象或者同一个对象多次执行拉长，直到按 Enter 键结束命令。

（2）“拉长”（lengthen）命令仅改变直线的长度，不改变方向。

（3）能用“lengthen”命令进行改变长度的对象有：直线、圆弧、开放的多段线、椭圆弧和开放的样条曲线。直线可以用上面的五种方式进行拉长或者缩短；圆弧（椭圆弧）拉长或者缩短后的圆心角的值必须大于 0 且小于 360。若超过范围，圆弧将不做拉长；多段线可以用增量（DE）、百分数（P）和全部（T）实现拉长或者缩短，但不能采用（DY）；样条曲线只能缩短，不能拉长。

3.5.5　拉伸对象（STRETCH）

1. 功　能

拉伸对象（stretch）是将选取的对象局部拉伸或者移动。必须以交叉窗口或交叉多边形选择要拉伸的对象，当整个对象位于窗口内时，执行的结果是对象发生移动；若对象与窗口相交，对象位于窗口内的顶点将移动，而窗口外的顶点不会移动，因此执行的结果是对象被拉伸或压缩。图 3.21 中的图形对象有圆、矩形、直线、有宽度的多段线、圆弧和填充图案。窗口的位置如图 3.21（a）所示，执行拉伸（stretch）后的结果如图 3.21（b）所示。

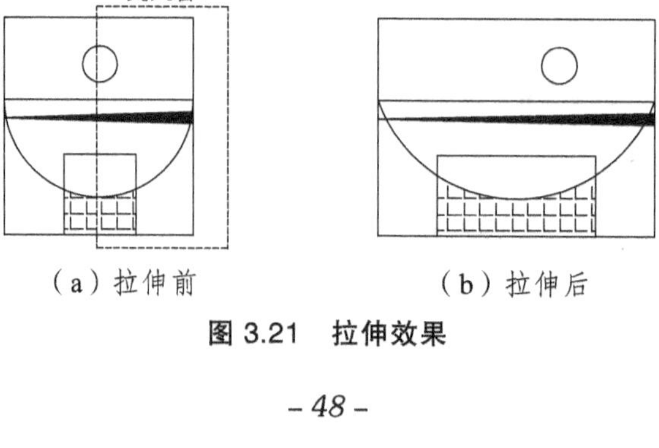

（a）拉伸前　　（b）拉伸后

图 3.21　拉伸效果

2. 访问方法

（1）命令行：stretch。

（2）功能区："常用"标签→"修改"面板→（拉伸）。

（3）菜单：修改（M）→（拉伸 H）。

（4）工具栏：修改工具条→（拉伸）。

3. 方法与步骤

以图 3.21 为例说明拉伸的方法与步骤。调用拉伸命令后，命令行提示：

以交叉窗口或交叉多边形选择要拉伸的对象...

选择对象：//从右往左绘制矩形交叉窗口选择对象，或输入"cp"，以交叉多边形绘制窗口选择对象

选择对象：//用交叉窗口选择对象，右键或回车结束选择

指定基点或 [位移（D）] <上次位移>：//指定基点或输入位移坐标

指定第二个点或 <使用第一个点作为位移>：//指定第二点或按 Enter 键使用以前的坐标作为位移

4. 注　意

（1）从图 3.21 可以看出，可以执行拉伸的对象有直线、多段线、矩形、多边形、样条曲线，圆弧、椭圆弧等，但圆、椭圆不能进行拉伸，只能移动。

（2）拉伸直线时，窗口外的端点不动，端口内的端点移动，窗口内外两端点确定新的直线的位置。

（3）拉伸圆弧时，窗口外的端点不动，窗口内的端点移动，变形过程中圆弧的弦高保持不变，但圆心随之改变。

（4）拉伸多段线和样条曲线与拉伸直线相似，但多段线的线宽、拟合信息不变，样条曲线的切线方向保持不变。

（5）如果对象有填充，拉伸后的对象依旧有填充，填充的图案不变，填充的范围随对象的变化增大或者缩小。

（6）其他对象：如果定义点在位于窗口内，则对象移动，否则对象不动。圆和椭圆的定义点为图形中心，文本的定义点为字符串的基线端点。

3.6　圆角、倒角、打断、合并和分解对象

"圆角"命令和"倒角"命令可以修改对象使其以圆角或平角相接。"打断"命令和"合并对象"命令可以在对象中创建或闭合间隔。

3.6.1　创建圆角（FILLET）

1. 功　能

圆角（fillet）是用指定半径的圆弧与两个对象相切，实现圆弧对两个对象的连接，如图

3.22 所示。倒圆角时，需先设定圆弧的半径，再指定需要连接的两个对象。能倒圆角的对象很多，有圆弧、圆、椭圆和椭圆弧、直线、多段线、射线、样条曲线、构造线等。

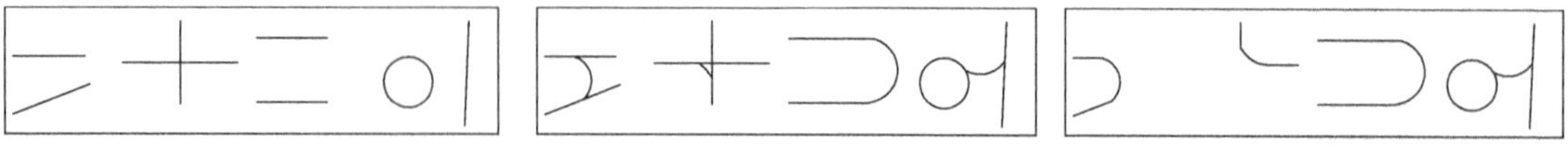

图 3.22 倒圆角示意图

2. 访问方法

（1）命令：fillet。
（2）功能区：“常用”标签→“修改”面板→倒角和圆角下拉式按钮→（圆角）。
（3）菜单：修改（M）→（圆角 F）。
（4）工具栏：修改工具条→（圆角）。

3. 方法与步骤

调用“fillet”命令后，命令行提示：

当前设置：模式 = 修剪，半径 = 上次设定值//提示当前倒角后要进行修剪以及当前倒圆角的半径值

选择第一个对象或 [放弃（U）/多段线（P）/半径（R）/修剪（T）/多个（M）]:

选项说明如下：

（1）选择第一个对象：选取要创建圆角的第一个对象，选取后，命令行提示“选择第二个对象，或按住 Shift 键选择要应用角点的对象:”，在此提示下，选择另一个对象，AutoCAD 将按当前的设置为它们创建圆角。

（2）多段线（P）：为整个二维多段线以指定半径统一创建圆角，若多段线的距离不够创建圆角，则不创建。图 3.23 所示为对多段线进行倒圆角的示例。

图 3.23 多段线倒圆角示例

（3）半径（R）：设置圆角的半径，之后“fillet”一直默认以该值进行倒圆角，直到改变。

（4）修剪（T）：设置创建圆角的修剪模式，即创建圆角后是否对相应的对象进行修剪。修剪与不修剪的效果对比如图 3.22 所示。

（5）多个（M）：圆角命令默认只对两个对象进行创建圆角，然后退出命令。多个（M）选项可以不退出命令，对多组对象创建圆角，直至按 Enter 键结束该命令。

4. 说　明

（1）对相交对象创建圆角时，如果采用的是修剪模式，那么在创建圆角之后，AutoCAD 保留选择对象时所拾取的那部分对象。

（2）AutoCAD 可以为平行直线创建圆角，圆角半径默认设为平行线间距的一半。图 3.22 中有为平行线创建圆角的示例。

（3）当圆角半径为 0 时，圆角命令将对两个对象进行修剪或者延伸，以使他们相接。

3.6.2　创建倒角（CHAMFER）

1. 功　能

倒角连接两个对象，使它们以平角或倒角相接，如图 3.24 所示。可以倒角的对象有：直线、多段线、射线、构造线等。

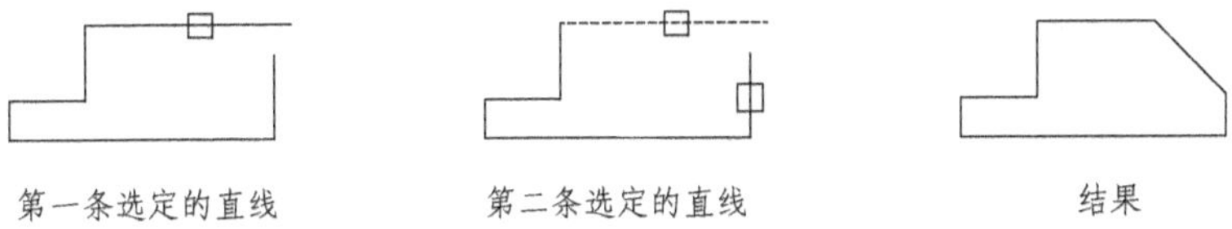

图 3.24　倒角示意图

2. 访问方法

（1）命令行：chamfer。

（2）功能区："常用"标签→"修改"面板→倒角和圆角下拉式按钮下拉→（倒角）。

（3）菜单：修改（M）→（倒角 C）。

（4）工具栏：修改工具条→（倒角）。

3. 方法与步骤

创建倒角（chamfer）和创建圆角（fillet）的方法和步骤类似，也是先设置倒角距离，再对对象进行倒角。调用"倒角"（chamfer）命令后，命令行提示：

（"修剪"模式）当前倒角距离 1 = 0.0000，距离 2 = 0.0000//提示当前的修剪模式与倒角距离值

选择第一条直线或 [放弃（U）/多段线（P）/距离（D）/角度（A）/修剪（T）/方式（E）/多个（M）]:

选项也和倒圆角接近，说明如下：

（1）选择第一条直线：选择创建倒角的一条直线，选择后，系统继续提示"选择第二条直线:"，选择后按当前设置完成倒角。

（2）多段线（P）：和倒圆角一样，对整个二维多段线倒角，倒角成为多段线的新线段。如果多段线包含的线段过短以至于无法容纳倒角距离，则不对这些线段倒角。

（3）距离（D）：设置倒角至选定边端点的距离。输入"D"后，命令行依次提示：

指定第一个倒角距离 <当前>:

指定第二个倒角距离 <当前>:

输入倒角距离完成设置。需注意的是，如果倒角距离设置不一样，则选择对象的先后顺

序不一致，倒角的结果也不一致，图 3.25 中，第一倒角距离设置为 20，第二倒角距离设置为 10。

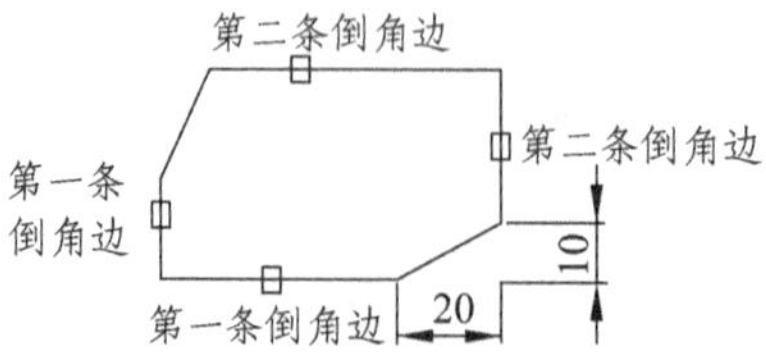

图 3.25 倒角距离与倒角边选择顺序的关系

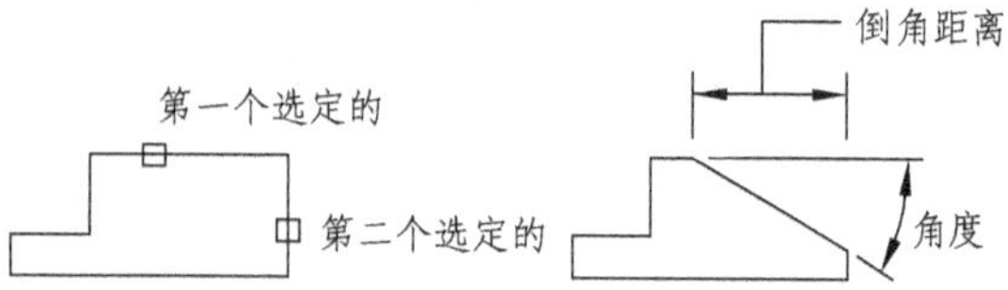

图 3.26 按指定长度和角度进行倒角

（4）角度（A）：用第一条线的倒角距离和第二条线的角度设置倒角距离。输入“A”后，命令行提示：

指定第一条直线的倒角长度 <当前>：//输入倒角距离

指定第一条直线的倒角角度 <当前>：//输入角度

角度和距离设置好后，AutoCAD 即按长度和角度进行倒角，如图 3.26 所示。

如果将两个距离均设置为零，则“chamfer”将延伸或修剪两条直线，以使它们终止于同一点。

（5）修剪（T）：设置倒角后是否修剪对象，同倒圆角。

（6）方式（E）：设置“chamfer”是使用两个距离还是一个距离和一个角度来创建倒角。输入“E”后，命令行提示：

输入修剪方法 [距离（D）/角度（A）] <当前>：

（7）多个（M）：为多组对象的边倒角，直至用户按 Enter 键结束命令。

3.6.3 打断对象（BREAK）

1. 功　能

“break”命令可以从指定的点将对象分成两部分（打断于点），或删除指定两点间的部分（打断），如图 3.27 所示。“break”命令通常用于为块或文字创建空间。除块、标注、多线、面域外，其余很多对象都可以被打断。

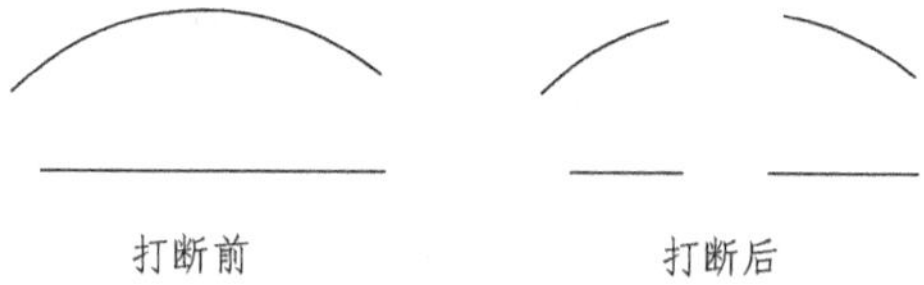

图 3.27 打断对象示例

2. 访问方法

（1）命令行：break。

（2）功能区：“常用”标签→“修改”面板→ →（打断）、（打断于点）。

（3）菜单：修改（M）→（打断 K）。

（4）工具栏：修改工具条→（打断）、（打断于点）。

3. 方法与步骤

（1）打断对象。

调用“打断”命令后，命令行提示：

选择对象：//选择需要打断的对象，选取的地方默认为第一个打断点，选取对象时不能使用捕捉指定点

指定第二个打断点 或 [第一点（F）]：//指定第二个打断点，也可以输入“F”重新指定第一个打断点，可捕捉指定点

执行后，对象将在第一个打断点和第二个打断点间断开，如图 3.28 所示。

图 3.28　打断

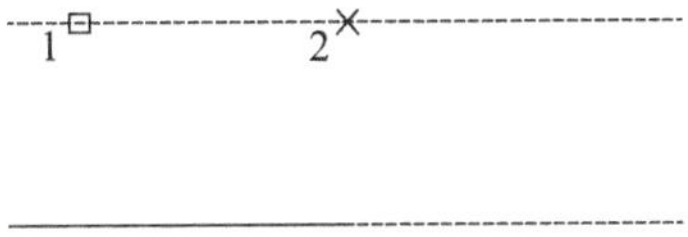

图 3.29　打断于点

（2）打断于点。

在选项板和工具栏可访问“打断于点”命令。执行后，命令行提示：

选择对象：//选择要打断的对象

指定第二个打断点 或 [第一点（F）]：_f//系统自动选择 f

指定第一个打断点：//捕捉第一个打断点

指定第二个打断点：@//第二个打断点系统自动输入“@”，即第二点与第一点重合

由此可见，打断于点是打断的一种方式。打断于点的结果如图 3.29 所示。

4. 注　意

（1）圆可以执行打断，不能执行打断于点，因为没有 360° 的圆弧。圆执行打断时，圆将沿着逆时针顺序从第一个打断点到第二个打断点间断开。

（2）执行打断对象时，在“指定第二个打断点：”时输入“@”，即执行打断于点的命令。

3.6.4　合并对象（JOIN）

1. 功　能

将某一连续图形的两个部分（中间可以断开）合并为一个对象，或者将某段圆弧闭合成圆。

能执行合并的对象有：直线、多段线、圆弧、椭圆弧、样条曲线或螺旋等。相同类型的对象必须满足条件才能进行合并；不同类型对象不能合并，比如圆弧不能进行合并。

2. 访问方法

（1）命令行：join。

（2）功能区：“常用”标签→“修改”面板→ → （合并）。

（3）菜单：修改（M）→ （合并 J）。

（4）工具栏：修改工具条→ ⟶⟵（合并）。

3. 方法与步骤

调用“合并”（join）命令后，命令行提示：

选择源对象：　//选择一条直线、多段线、圆弧、椭圆弧、样条曲线或螺旋

根据选定的源对象，命令行有不同的提示。下面对不同源对象的提示和对合并对象的要求分别进行说明。

（1）直线。

选择要合并到源的直线：　//选择一条或多条直线并按 Enter 键

对象只能是直线，所选的直线和源直线可以断开，但必须共线（位于同一无限长的直线上）。

（2）多段线。

选择要合并到源的对象：　//选择一个或多个对象并按 Enter 键

对象可以是直线、多段线或圆弧。对象之间不能有间隙，且必须位于与 UCS 的 XY 平面平行的同一平面上。

（3）圆弧。

选择圆弧，以合并到源或进行 [闭合（L）]：　//选择一个或多个圆弧并按 Enter 键，或输入“L”

对象只能是圆弧，所选圆弧与源圆弧可以有间隙，但必须位于同一假想的圆上，“闭合“L”” 选项可将源圆弧转换成圆。注意：合并两条或多条圆弧时，将从源对象开始按逆时针方向合并圆弧。

（4）椭圆弧。

选择椭圆弧，以合并到源或进行 [闭合（L）]：　//选择一个或多个椭圆弧并按 Enter 键，或输入“L”

对椭圆弧的要求同圆弧，所选椭圆弧与源椭圆弧位于同一假想的椭圆，也是逆时针方形合并椭圆弧。

（5）样条曲线。

选择要合并到源的样条曲线或螺旋：　//选择一条或多条样条曲线或螺旋并按 Enter 键

样条曲线和螺旋对象必须相接（端点对端点），合并的结果是单个样条曲线。

（6）螺旋。

选择要合并到源的样条曲线或螺旋：　//选择一条或多条样条曲线或螺旋并按 Enter 键

螺旋对象必须相接（端点对端点），合并的结果也是单个样条曲线。

3.6.5　分解对象（EXPLODE）

1. 功　能

可以分解多段线、标注、图案填充或块参照等复合对象，将其转换为单个的元素。常用对象分解的结果如下：

多段线：分解成直线和圆弧，宽度信息不再保留。

面域：分解成直线、圆弧或样条曲线。

标注和图案填充：分解后将消除其所有的关联性，标注或填充对象被替换为单个对象（如直线、文字、点和二维实体）。

块：一次删除一个编组级。即如果一个块包含一个多段线或嵌套块，那么对该块的分解就首先显露出该多段线或嵌套块，然后再分别分解该块中的各个对象。

多行文字：分解成文字对象。

多行：分解成直线和圆弧。

2. 访问方法

命令行：expllode。

功能区："常用"标签→"修改"面板→（分解）。

菜单：修改（M）→（分解 X）。

工具栏：修改工具条→（分解）。

3. 方法与步骤

调用"分解"命令后，命令行提示：

选择对象：//选择需要进行分解的对象

选择对象：//继续选择对象，按右键或者回车键结束选择

结束选择后，对象即被分解。对于不能分解的对象，命令行将提示"不能分解 XX（对象名）"。

3.7 编辑复杂二维图形对象

复杂二维图形主要是指多段线、多线以及样条曲线，他们都有专门的命令来实现对图形的编辑。

3.7.1 多段线编辑（PEDIT）

1. 功　能

对用"多段线"（pline）命令绘制的多段线进行编辑。"pedit"命令的常见功能有：合并二维多段线、将线条和圆弧转换为二维多段线以及将多段线转换为近似 B 样条曲线的曲线（拟合多段线）。

2. 访问方法

（1）命令行：pedit。

（2）菜单：修改（M）→对象（O）→多段线（P）。

（3）工具栏：修改 II→（编辑多段线）。

（4）快捷菜单：选择要编辑的多段线，在绘图区域单击鼠标右键，然后选择“编辑多段线”。

3. 方法与步骤

调用“pedit”命令后，命令行提示：

选择多段线或 [多条（M）]：//选择需要进行编辑的对象

（1）默认选择为单个对象时，选择一个多段线对象后，命令行提示：

输入选项 [闭合（C）/合并（J）/宽度（W）/编辑顶点（E）/拟合（F）/样条曲线（S）/非曲线化（D）/线型生成（L）/反转（R）/放弃（U）]：

（2）若拾取的对象为直线或者圆弧，命令行将提示：

选定的对象不是多段线

是否将其转换为多段线？<Y>（回车）

输入“Y”后，直线和圆弧将被转换为可编辑的单段二维多段线。使用此操作可以将直线和圆弧合并为多段线。回车后，命令行的提示和（1）中的相同，即

输入选项 [闭合（C）/合并（J）/宽度（W）/编辑顶点（E）/拟合（F）/样条曲线（S）/非曲线化（D）/线型生成（L）/反转（R）/放弃（U）]：

（3）若输入“M”，可以选择多个多段线，选择多个多段线后，命令行提示：

输入选项 [闭合（C）/打开（O）/合并（J）/宽度（W）/拟合（F）/样条曲线（S）/非曲线化（D）/线型生成（L）/反转（R）/放弃（U）]：

各选项按照功能说明如下：

（1）闭合（C）：用于创建多段线的闭合线，使多段线首尾连接并闭合。没经过“闭合”选项闭合的多段线，即使首尾相接，也会认为多段线是开放的。

打开（O）：经过闭合的多段线，选项“闭合（C）”就被“打开（O）”替代。打开（O）的执行结果是删除多段线闭合时首尾相接的线，使多段线开放，如图 3.30 所示。

（2）合并（J）：将与多段线相连的直线、圆弧及其他多段线合并成一条多段线。若输入合并（J）且只选择了一条多段线，则命令行提示：

选择对象：　//选择要与已选择的多段线进行合并的相连的直线、圆弧或多段线

选择对象：　//继续选择对象，按右键或者回车键结束选择

选择结束后，命令行提示“多段线已增加 X 条线段”，表示已增加 X 条线段到多段线。

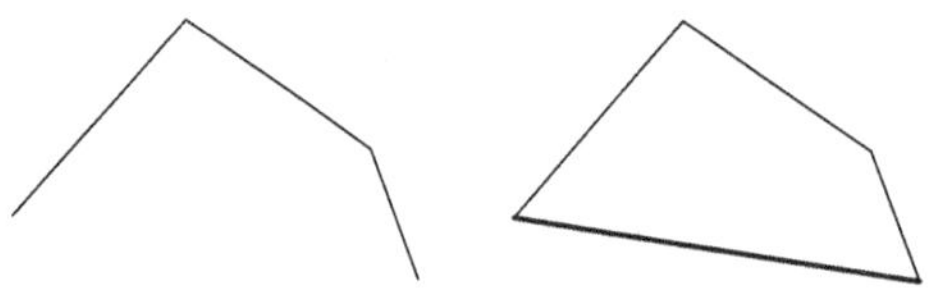

图 3.30　打开与闭合

图 3.31　合并选项

如果提示“多段线已增加 0 条线段”，则多段线没有增加线段，原因可能是所选的对象与多段线没有相连，所以无法增加如图 3.31 所示。若输入“合并（J）”且选择了不止一条多段线，则命令行提示：

输入模糊距离或 [合并类型（J）]<当前值>：//输入模糊距离值

“模糊距离”是允许没相连的两多段线进行合并的最大间隔，若两多段线没有相连，但相隔的距离小于输入的模糊距离值，则多段线仍可以合并。

（3）宽度（W）：为整个多段线指定新的统一宽度。若要多段线起点和端点的宽度不一致，需要使用“编辑顶点”选项的“宽度”选项来更改。

（4）编辑顶点（E）：可以对顶点进行移动、增加、删除，还可以分别指定多段线起点和端点不同的宽度。以在屏幕上绘制“X”标记多段线当前可以编辑的顶点为例，输入“E”后命令行提示：

[下一个（N）/上一个（P）/打断（B）/插入（I）/移动（M）/重生成（R）/拉直（S）/切向（T）/宽度（W）/退出（X）]<当前>：输入选项或按 Enter 键

可以通过选项“下一个（N）”和“上一个（P）”改变当前顶点；可以用“打断（B）”将多段线从当前顶点处或者指定两顶点间断开；“插入（I）”是在多段线的当前顶点之后添加新的顶点并连接；“移动（M）”用于改变当前顶点的位置；“重生成（R）”用于重新生成多段线；“拉直（S）”用于删除两个选定顶点之间的所有线段和顶点，并用直线连接；“宽度（W）”用于修改当前顶点之后线段的起点宽度和端点宽度；“切向（T）”设置当前顶点的切线方向并标记出来，以便用于以后的曲线拟合。

（5）拟合（F）：该选项是用一条光滑曲线拟合所选定的多段线。

（6）样条曲线（S）：该选项用于将多段线进行样条拟合。

（7）非曲线化（D）：该选项用于将多段线的拟合曲线和样条曲线还原成多段线，把多段线的所有的曲线段变成直线段（包括圆弧）。

（8）线型生成（L）：该选项用于生成经过多段线顶点的连续图案线型。关闭此选项，将在每个顶点处以点画线开始和结束生成线型。

（9）反转（R）：反转多段线顶点的顺序。顶点的信息（如线宽）随位置的改变而作相应的改变。

3.7.2 多线编辑（MLEDIT）

1. 功　能

用于编辑两条多线的交点。

2. 访问方法

（1）命令行：mledit。

（2）菜单：修改（M）→对象（O）→多线（M）…

3. 方法与步骤

调用命令后，将弹出图 3.32 所示的多线编辑对话框。

该对话框用三行四列显示多线编辑工具，并以列分类。第一列控制交叉的多线，第二列控制 T 形相交的多线，第三列控制角点结合和顶点，第四列控制多线中的打断。各工具的用法分列简单说明如下：

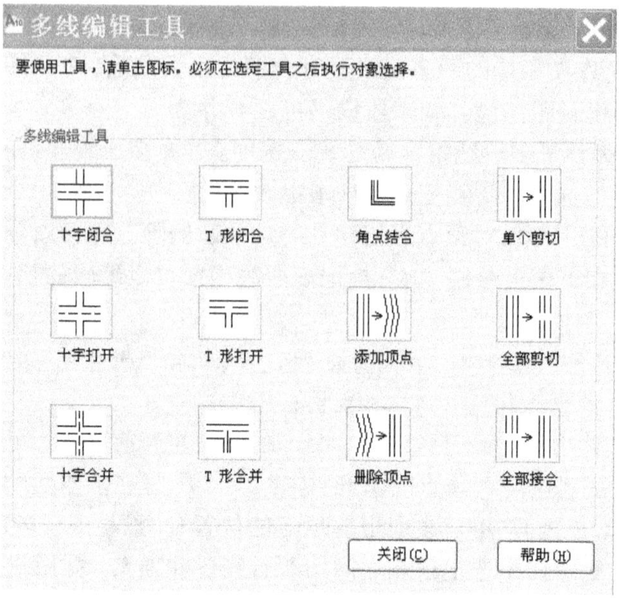

图 3.32 “多线编辑工具”对话框

（1）十字闭合，十字打开，十字合并：这三种“十字形”多线编辑工具是在相交的两条多线之间创建十字交点。当选择其中的任一工具后，需要选择创建十字交点的两条多线，AutoCAD 总是切断所选的第一条多线，并根据所选工具切断第二条多线。在使用“十字合并”工具时可以生成配对元素的直角，如果没有配对元素，则多线将不被切断，如图 3.33 所示。

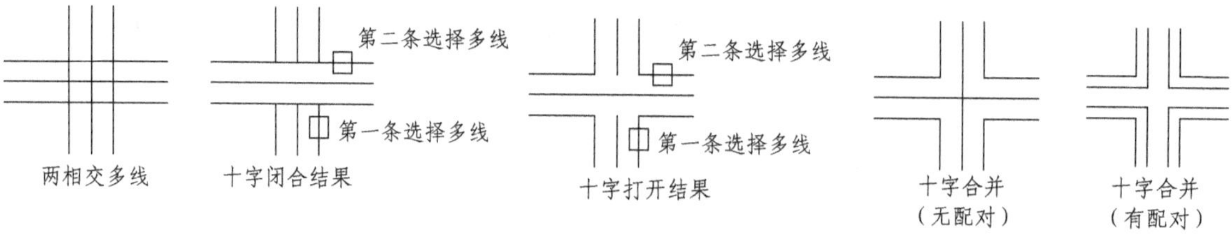

图 3.33 十字闭合、十字打开和十字合并示例

（2）T 形闭合，T 形打开，T 形合并：在两条相交的多线之间创建 T 形交点。选取工具后，需要选择两条多线，第一条选择的多线将被第二条选择的多线打断，并保留选取一侧的部分。“T 形合并”和“十字合并”类似，中间元素若配对，则剪断形成直角，若没配对，则不修剪，如图 3.34 所示。

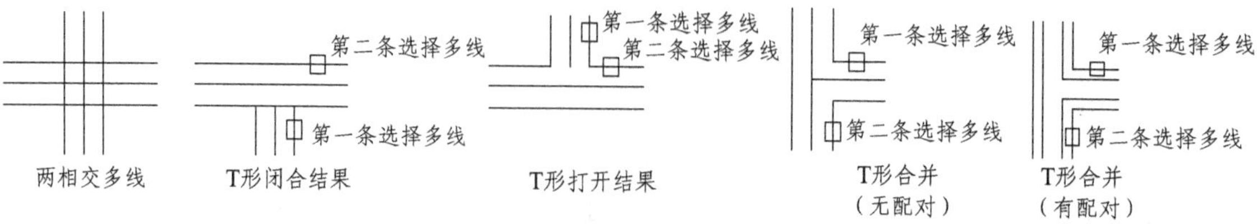

图 3.34 T 形闭合、T 形打开和 T 形合并示例

（3）角点结合 ：在两多线间创建一个角的角点连接，将两多线经过修剪或延伸到角点处，如图 3.35 所示。

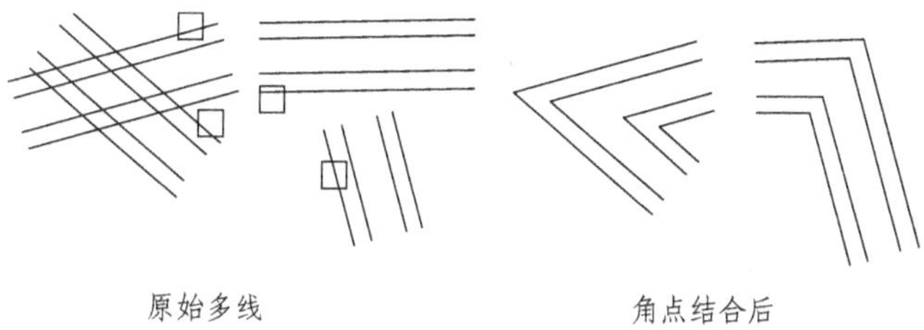

图 3.35　角点结合示例

（4）添加顶点，删除顶点：在多线上添加或者删除一个顶点。

（5）单个剪切，全部剪切：在选定多线的一个元素（单个剪切）或者整条多线（全部剪切）中创建打断，如图 3.36 所示。

（6）全部接合：将被单个剪切和全部剪切打断的多线重新接合起来。

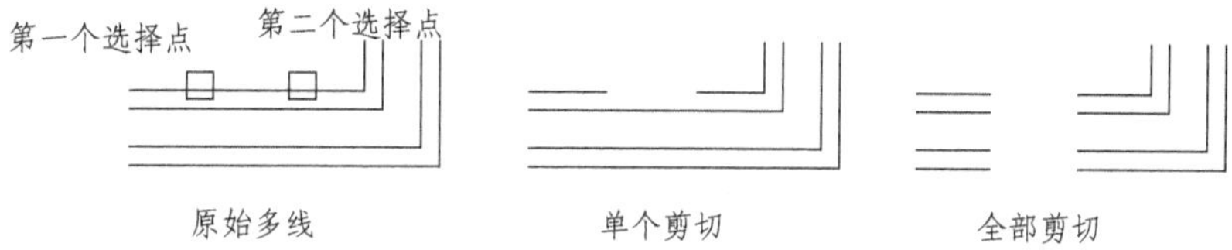

图 3.36　单个剪切与全部剪切

3.7.3　样条曲线编辑（SPLINEDIT）

1. 功　能

编辑由“spline”命令绘制的样条曲线或者将样条曲线拟合成多段线。

2. 访问方法

（1）命令行：splinedit。

（2）菜单：修改（M）→对象（O）→样条曲线（S）。

（3）工具栏：修改（M）→（编辑样条曲线）。

（4）快捷菜单：选择要编辑的多段线，在绘图区域单击鼠标右键，然后选择“编辑样条曲线”。

3. 方法与步骤

调用“splinedit”命令后，命令行提示：

选择样条曲线：//选择进行编辑的样条曲线，只能选择一条，此时夹点为样条曲线的控制点

输入选项 [拟合数据（F）/闭合（C）/移动顶点（M）/优化（R）/反转（E）/转换为多段线（P）/放弃（U）]:

各选项的含义及用法如下：

（1）拟合数据（F）：用于编辑样条曲线的拟合点，输入“F”后，夹点由控制点变为拟合点。“拟合数据（F）”可以添加、删除和移动拟合点、打开闭合样条曲线，编辑样条曲线的起点和端点切向的方向等。输入“F”后，命令行提示：

输入拟合数据选项[添加（A）/闭合（C）/删除（D）/移动（M）/清理（P）/相切（T）/公差（L）/退出（X）]<退出>:

各选项的含义及操作如下：

① 添加（A）或删除（D）：在样条曲线的指定拟合点后添加新的拟合点，或者从样条曲线中删除指定的拟合点，并用现有拟合点重新拟合样条曲线。

② 闭合（C）：闭合开放的样条曲线，使其在端点处相切连续（平滑）。如果样条曲线的起点和端点相同，则使样条曲线在两点处均相切连续。

若是闭合的样条曲线，则该选项变为“打开（O）”，“打开（O）”使封闭的样条曲线打开，则样条曲线会返回到其原始状态，起点和端点保持相同，但失去其相切连续性。

③ 移动（M）：移动样条曲线指定拟合点的位置，移动后样条曲线根据拟合点的新位置重新生成。

④ 清理（P）：从图形数据库中删除样条曲线的拟合点。之后进行样条曲线编辑时，“拟合数据”选项将不再显示。

⑤ 相切（T）：编辑样条曲线的起点和端点的切向。

⑥ 公差（L）：修改拟合当前样条曲线的公差。根据新公差将样条曲线重新拟合至现有点。如果公差设置为 0，则样条曲线通过拟合点。公差越大，允许曲线偏离拟合点的值越大。

（2）闭合（C）：同“拟合数据（F）”中的“闭合（C）”选项。

（3）移动顶点（M）：与“拟合数据（F）”中的“移动（M）”相似，不同的是移动顶点是对控制点进行操作，而“拟合数据（F）”中的“移动（M）”是对拟合点进行操作。

（4）优化（R）：对样条曲线的控制点进行细化操作。输入“R”后，命令行提示：

输入优化选项 [添加控制点（A）/提高阶数（E）/权值（W）/退出（X）]<退出>:

输入相应的选项，“优化（R）”可以增加样条曲线的控制点或者控制样条曲线的阶数（阶数越高所需要的控制点越多），也可以改变不同控制点的权值，权值越大，样条曲线控制点越接近控制点。

（5）反转（E）：反转样条曲线的方向。此选项主要适用于第三方应用程序。

（6）转换多段线（P）：将样条曲线转换为多段线。输入“P”后，命令行提示：

指定精度 <10>：//输入新的精度值或按 Enter 键

精度值为 0 ~ 99 的整数，决定多段线与源样条曲线拟合的精确程度。值越大，多段线的采样点越密，多段线则越接近样条曲线。

4. 提　示

拟合点与控制点：不执行任何命令时选择样条曲线，则夹点为拟合点；进入样条曲线编辑后选择样条曲线，则夹点为控制点，如图 3.37 所示。

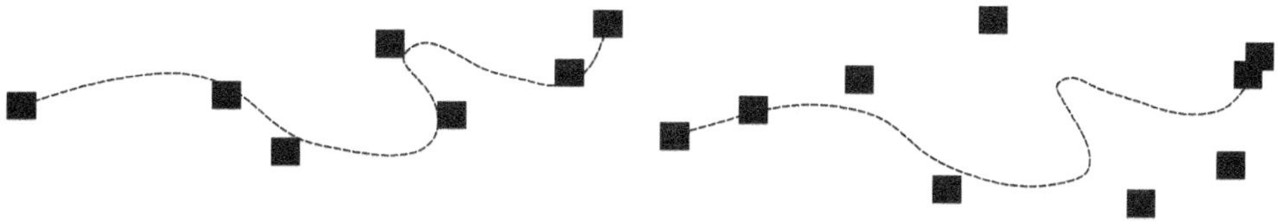

图 3.37 样条曲线的拟合点（左图）和控制点（右图）

3.8 夹点编辑

夹点是实心小方框，默认是蓝色的。在不执行任何命令的情况下选择对象，该对象上就会显示出夹点，夹点是对象的特征点。常见图形的夹点如图 3.38 所示，直线是两端点和中点，圆和椭圆的夹点是中心和四个象限点，圆弧和椭圆弧的夹点是中心点、端点和中点，多段线的直线段是两端点，圆弧段是中点和两端点，块的夹点为插入点，样条曲线的夹点为控制点和拟合点，文本的夹点一般为文字行定位点。

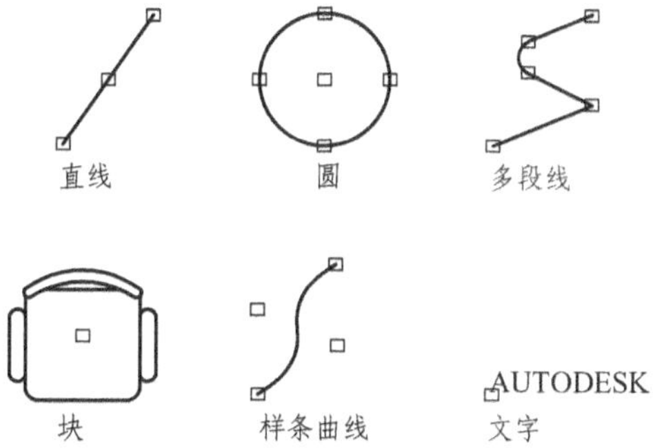

图 3.38 常见对象的夹点

当鼠标放在夹点上时，夹点会变成红色，此夹点是操作点，也称热点。可以拖动热点对图形进行拉伸或者移动，也可以选中此夹点并单击鼠标右键，在弹出的菜单中选择相应的功能进行旋转、拉伸、镜像、复制、移动等操作。

3.8.1 打开和设置夹点

在命令提示下，输入“options”。

在弹出的“选项”对话框的“选择集”选项卡中可以设置夹点是否显示、夹点的大小和颜色等，如图 3.39 所示。要选上“启用夹点”前的复选框，选择对象时才显示夹点，否则不显示。光标放在夹点上左键单击，即选中夹点，此时单击右键，会弹出可执行的操作的快捷菜单，如图 3.40 所示。

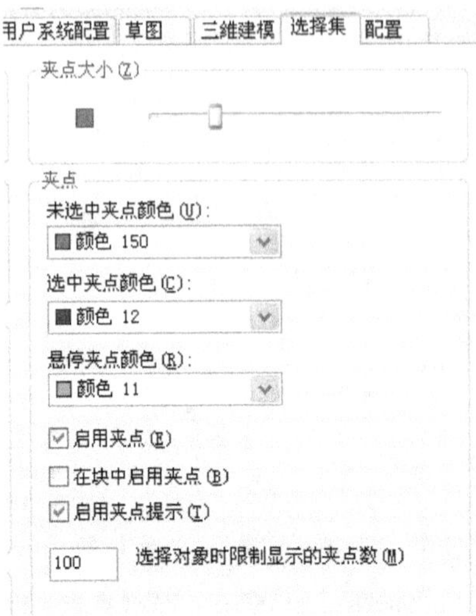

图 3.39　夹点设置对话框图

图 3.40　夹点编辑快捷菜单

3.8.2　夹点编辑的方法

（1）直接编辑。

选中要编辑的夹点，命令行立即提示：

** 拉伸 **

指定拉伸点或 [基点（B）/复制（C）/放弃（U）/退出（X）]:

可以直接将选定的夹点移动到新位置来拉伸对象。文字、块参照、直线中点、圆心和点对象上的夹点将移动而不是拉伸它。这是移动块参照和调整标注的好方法。

（2）快捷菜单。

选中夹点后，在绘图区单击右键，会弹出可执行操作的快捷菜单，如图 3.40 所示。包括移动、镜像、旋转、缩放、拉伸等。

3.8.3　使用夹点拉伸对象

选中要编辑的夹点后，即可根据命令行提示进行拉伸；或者在图 3.40 所示的快捷菜单中选择拉伸，之后命令行提示：

** 拉伸 **

指定拉伸点或 [基点（B）/复制（C）/放弃（U）/退出（X）]: //指定选中夹点的新的位置，实现拉伸

然后可以指定选中夹点的新的位置。“基点（B）”选项用于重新指定位移的起点，“复制（C）”选项允许用户进行多次拉伸操作，并且保留原图形。

说明：利用夹点功能拉伸对象时，如果没有通过“基点（B）”选项指定基点，执行拉伸操作时将选中夹点作为拉伸点，选中夹点将根据其原位置移动到新位置的位移来拉伸图形。若指定了基点，选中夹点将根据基点和新位置的位移量来拉伸图形。

3.8.4 使用夹点移动对象

1. 功　能

对选中的图形实现移动。

2. 访问方法

（1）选中图形后，选择图形上任一夹点，在“** 拉伸 ** 指定拉伸点或 [基点（B）/复制（C）/放弃（U）/退出（X）]:”提示下直接回车或者输入“mo”后回车。

（2）选中图形一夹点，右键单击，在图 3.40 所示的快捷菜单中选择移动。

之后命令行提示：

** 移动 **

指定移动点或 [基点（B）/复制（C）/放弃（U）/退出（X）]:

若不重新指定基点，则以选中的夹点为移动的基点。也可以通过选项“基点（B）”重新指定基点，图形的位移量即为基点到目标点位移量；选项“复制（C）”可以实现多次移动，并保留原图形。

3.8.5 旋转对象

1. 功　能

对选中的图形实现旋转。

2. 访问方法

（1）选中图形后，选择任一夹点，在“** 拉伸 ** 指定拉伸点或 [基点（B）/复制（C）/放弃（U）/退出（X）]:”提示下连续两次回车或者输入“SC”后回车。

（2）选中图形一夹点，在图 3.40 所示的快捷菜单中选择“旋转”。

之后命令行提示：

* ** 旋转 **

指定旋转角度或 [基点（B）/复制（C）/放弃（U）/参照（R）/退出（X）: //输入旋转的角度

输入角度后，图形以选中夹点为基点旋转指定的角度。选项“基点（B）”可以重新设置旋转的基点；选项“复制（C）”可以实现多次旋转，并保留原图形；选项“参照（R）”是将指定边旋转到指定角度，同 3.4.2 节中“旋转”命令的参照选项。

3.8.6 使用夹点缩放对象

1. 功　能

对选中的图形实现缩放。

2. 访问方法

（1）选中图形后，选择任一夹点，在“** 拉伸 ** 指定拉伸点或 [基点（B）/复制（C）/放弃（U）/退出（X）]:”提示下连续三次回车或者输入“SC”后回车。

（2）选中图形一夹点，在图 3.40 所示的快捷菜单中选择“缩放”。

命令行提示：

** 比例缩放 **

指定比例因子或 [基点（B）/复制（C）/放弃（U）/参照（R）/退出（X）]: //输入比例因子

输入比例因子后，图形以选中夹点为基点进行缩放。选项“基点（B）”可以重新设置缩放的基点；选项“复制（C）”可以实现多次缩放，并保留原图形；选项“参照（R）”是按指定边的指定长度和原长度的比例进行缩放对象，同 3.5.3 节中“缩放”命令的参照选项。

3.8.7 使用夹点镜像对象

1. 功　能

可以以临时镜像线为选定对象创建镜像。

2. 访问方法

（1）选中要进行镜像的图形后，选择任一夹点，在“** 拉伸 ** 指定拉伸点或 [基点（B）/复制（C）/放弃（U）/退出（X）]:”提示下连续四次回车或者输入“MI”后回车。

（2）选中图形一夹点，在图 3.40 所示的快捷菜单中选择“镜像”。

命令行提示：

** 镜像 **

指定第二点或 [基点（B）/复制（C）/放弃（U）/退出（X）]: //在屏幕上指定镜像线的第二点，完成镜像

镜像线的第一点是选中的夹点，第二点在屏幕上指定。若要改变镜像线的第一点，则输入“基点（B）”选项重新指定。选项“复制（C）”可以实现多次镜像，并保留原图形；若没有输入“复制（C）”选项，则镜像后将删除原图形。

3.8.8 夹点编辑说明

（1）夹点编辑时先选择要进行编辑的对象（可以选择对个），然后选中其中的一个夹点作为操作点，才能执行相应的编辑。

（2）夹点编辑默认编辑后都要删除原图形，且执行一次操作就退出编辑。若要重复执行编辑或者需要保留原图形，可以先输入“复制（C）”选项，再进行相应的操作。

3.9　编辑对象特性

1. 功　能

对象特性分常规特性和几何特性。常规特性包括对象的颜色、线型、图层及线宽设置等，几何特性包括对象的尺寸和位置。他们都可以在“特性”选项板中进行查看和修改。

2. 访问方法

（1）命令行：properties。

（2）功能区：“视图”选项卡→“选项板”面板→ “特性”。

（3）工具栏：标准→ “特性”。

（4）快捷菜单：选择要查看或修改其特性的对象，在绘图区域中单击鼠标右键，然后单击“特性”。

3. 编辑对象特性方法与步骤

调用“特性”命令后，打开图 3.41 所示的“特性”选项板。“特性”选项板默认处于浮动状态。在“特性”选项板的标题栏单击右键，将弹出如图 3.42 所示的快捷菜单。该快捷菜单可设置选项板的外观：如是否隐藏选项板、是否固定选项板以及固定的位置，选项板是否透明等。

（a）无选择时，显示图形的整体特性　（b）单个对象的全部特性　（c）两个对象的共有特性

图 3.41　“特性”选项板

“特性”选项板上端有三个按钮，分别是“切换 PICKADD 系统变量的值” 、“选择对象” 和“快速选择” 。各按钮的作用说明如下：

（1）切换 PICKADD 系统变量的值。

打开或关闭 PICKADD 系统变量。打开 PICKADD 时，每个选定对象（无论是单独选择或通过窗口选择的对象）都将添加到当前选择集中；关闭 PICKADD 时，最近一次选择的对象将替换当前选择集中的对象。

（2）选择对象。

使用任意选择方法选择所需对象。“特性”选项板将显示选定对象的共有特性，然后可以在“特性”选项板中修改选定对象的特性或输入编辑命令对选定对象做其他修改。

（3）快速选择。

显示“快速选择”对话框。使用“快速选择”创建基于过滤条件的选择集。

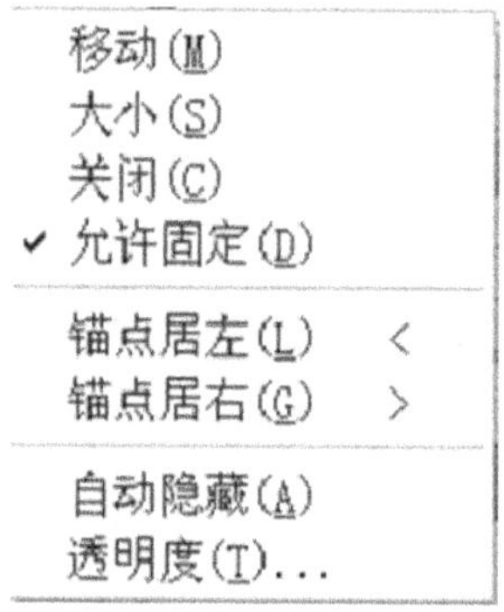

图 3.42 “特性”选项板快捷菜单

4. 对象特性的查看与修改

在没有选中任何对象时，选项板显示整个图纸的特性及其当前设置[见图 3.41（a）]；当选择一个对象后，则选项板内列出该对象的全部特性及其当前值[见图 3.41（b）]；当选择多个对象时，则选项板内列出这些对象的共有特性及其当前设置[见图 3.41（c）]。

选项板中对象的特性点击特性后的文本框作可以指定新值以修改任何可以更改的特性。单击该值并使用以下方法之一即可更改：

（1）输入新值。

（2）单击右侧的向下箭头并从列表中选择一个值。

（3）单击“拾取点”按钮，使用定点设备更改坐标值。

（4）单击“快速计算器”计算器按钮可计算新值。

（5）单击左箭头或右箭头可增大或减小该值。

（6）单击“...”按钮并在对话框中更改特性值。

3.10 特性匹配

1. 功　能

把某一对象（源对象）的特性如颜色、图层、线型、线型比例、线宽、文字样式、标记样式、打印样式和填充图案等应用到其他若干目标对象上。

2. 访问方法

命令行：painter 或 matchprop（“matchprop”用于透明使用）。

功能区：“常用”选项卡→“剪贴板”面板→（特性匹配）。

菜单：修改→特性匹配（M）。

工具栏：标准→（特性匹配）。

3. 方法与步骤

调用“特性匹配”命令后，命令行提示：

选择源对象：//选择源对象，只能选择一个对象

选择完毕后，命令行立即提示当前选中对象可用于目标对象的特性。

当前活动设置：颜色 图层 线型 线型比例 线宽 厚度 打印样式 标注 文字 填充图案 多段线 视口 表格材质 阴影显示 多重引线

选择目标对象或 [设置（S）]：//选择要进行特性匹配的目标的对象

选择目标对象或 [设置（S）]：//继续选择，可多选

选择后目标对象立即具有和源对象相同的特性。

4. 说　明

在“选择目标对象或 [设置（S）]:”提示后输入“S”，可打开“特性设置”对话框，如图 3.43 所示，对话框中列出了可匹配的基本特性和特殊特性，默认设置为全部特性都可匹配。若取消特性前复选框的“√”，则目标对象的该特性与源对象不匹配。

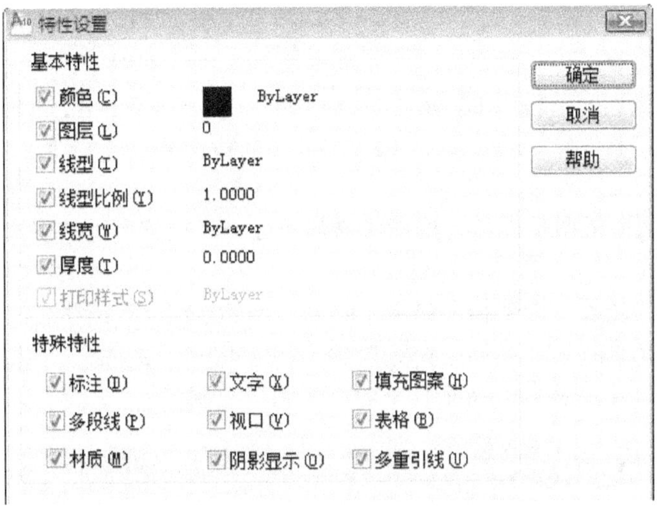

图 3.43 “特性设置”对话框

3.11　上机实验

本节的上机实验主要练习 AutoCAD 2010 中使用修改命令编辑二维图形的方法以及综合运用修改命令绘制图形。

1. 使用“偏移”和“阵列”命令绘制图形

使用偏移和阵列命令绘制图 3.44 所示的图形。

图 3.44　偏移阵列绘制图形图

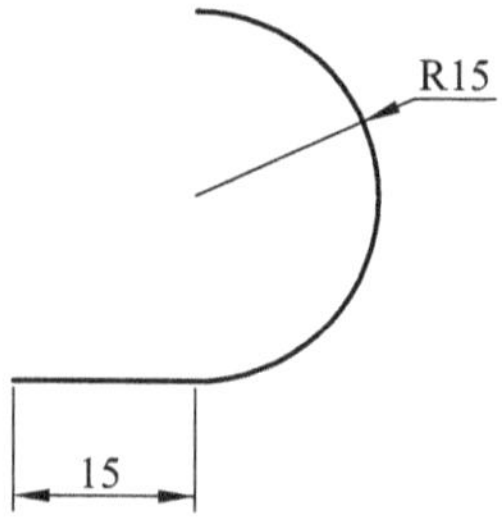

图 3.45　绘制多段线

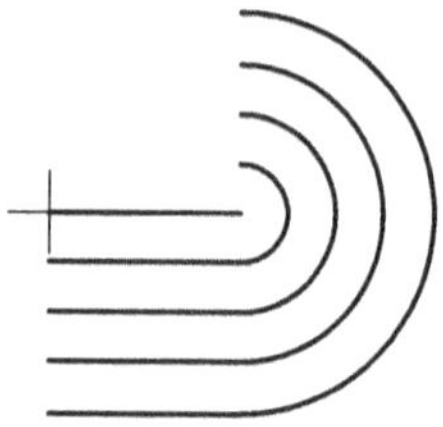

图 3.46　偏移多段线

（1）绘制多段线。在“绘图”选项板单击“多段线”按钮，在绘图窗口绘制一条长 15 的水平直线和半径为 15 的半圆弧，如图 3.45 所示。

（2）偏移。在“修改”选项板上单击“偏移”按钮，将多段线进行偏移。命令行提示：

指定偏移距离或 [通过（T）/删除（E）/图层（L）] <0>：15/4　//输入偏移距离

选择要偏移的对象，或 [退出（E）/放弃（U）] <退出>：　//选择图 31001 中的多段线

指定要偏移的那一侧上的点，或 [退出（E）/多个（M）/放弃（U）] <退出>：　//在直线的上方任意点击一点

选择要偏移的对象，或 [退出（E）/放弃（U）] <退出>：　//继续偏移，选取刚偏移产生的多段线

指定要偏移的那一侧上的点，或 [退出（E）/多个（M）/放弃（U）] <退出>：　//多段线上方任意点击一点

重复执行三次上面的两步操作，偏移对象都是上一步偏移产生的多段线，直到绘制出图 3.45 的图形。

（3）阵列。在“修改”选项板上单击“阵列”按钮，对偏移后的多段线进行阵列操作。阵列对话框设置如图 3.47 所示。阵列对象为图 3.46 所示的图形，中心点为图中小“十”字的交点。阵列的结果如图 3.44 所示，至此完成图形绘制。

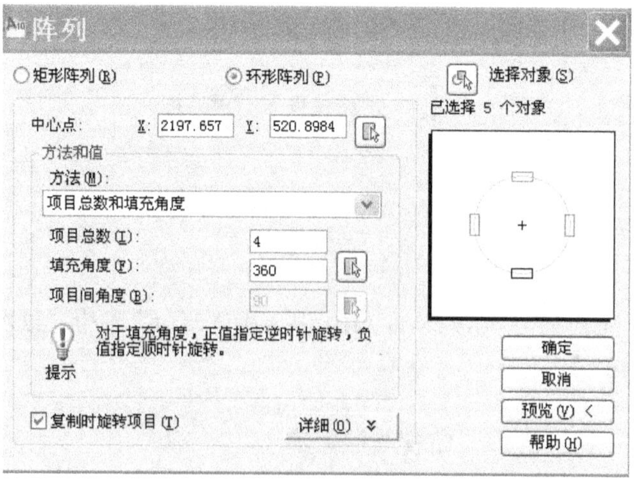

图 3.47　阵列图形设置

2. 用“倒角”等命令绘制挂钩

此例是对偏移、打断、倒角、圆角、修剪、特定匹配等命令的综合应用。挂钩的示意图如图 3.48 所示。

（1）设置图层。建立辅助线层、图形层和标注层，辅助线层用虚线、图形层用线宽为 0.3 的粗实线，标注层用细实线。

（2）在辅助线层用“直线”命令绘制的辅助线。先绘制一条水平线和一条竖直线作为中心线，然后将水平线向下偏移 9 个单位，竖直线向右偏移 5 个单位，如图 3.49 所示。

（3）绘制圆。用“圆心，半径”绘制以 A 点为圆心，半径为 12 的圆和以 B 点为圆心，半径为 29 的圆，如图 3.50 所示。

（4）绘制圆心在固定直线上，与另一圆相切的圆。

同样用“圆心，半径”命令。以 A 点为圆心，绘制半径为 36 的圆，然后以此圆和直线 2 的交点为圆心绘制半径为 24 的圆。此时半径为 24 的圆圆心在直线 2 上，且与半径为 12 的圆外切。然后以 B 点为圆心，绘制半径为 43 的圆，再以此圆与直线 1 的交点绘制半径为 14 的圆，同理绘制出半径为 14、圆心在直线 1 上且与半径为 29 的圆外切的圆，最后删除半径为 36 和 43 的辅助圆，如图 3.51 所示。

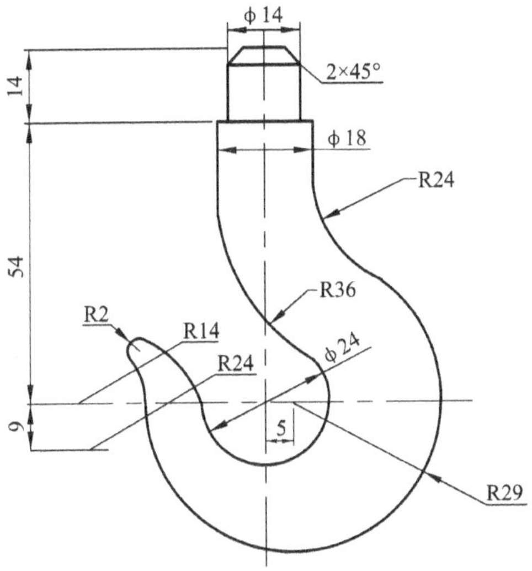

图 3.48　挂钩剖面图

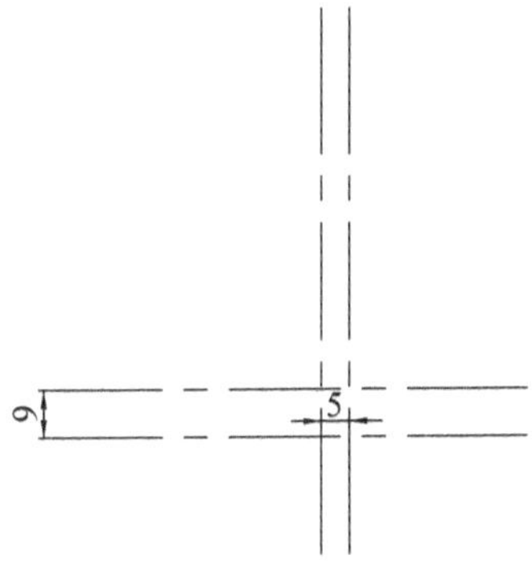

图 3.49　绘制辅助线

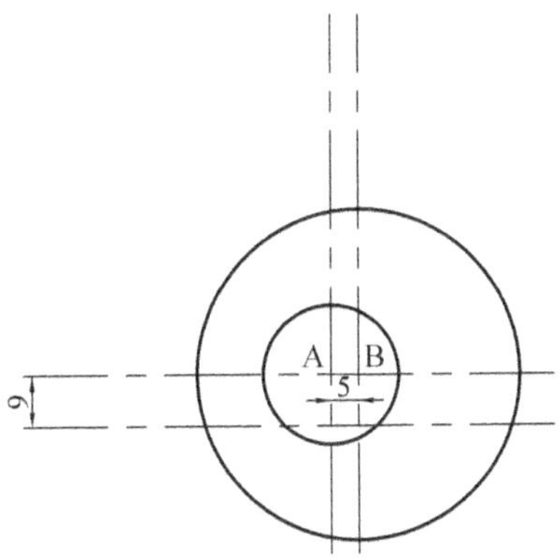

图 3.50　绘制圆

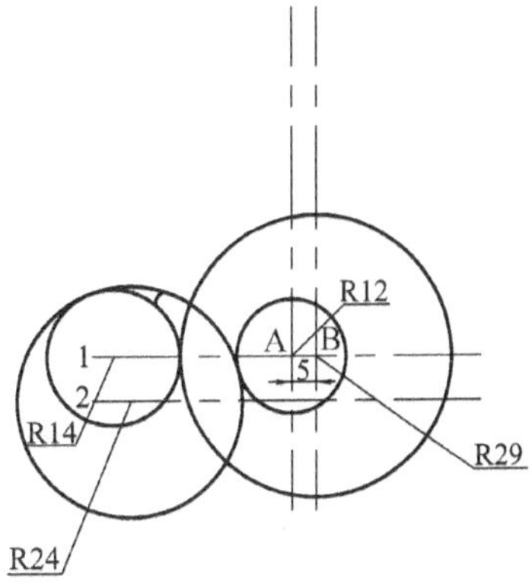

图 3.51　绘制相切圆

（4）用“倒圆角”的命令对钩嘴进行倒圆角，半径设置为 2，倒圆角后如图 3.51 所示。

（5）用“修剪”（trim）命令对图 3.51 所示的圆进行修剪。为了方便，剪切边可以指定为所有的圆和圆弧，修剪结果如图 3.52 所示。

（6）绘制挂钩的上半部分。

① 偏移。使用“偏移”（offset）命令将辅助线层水平中心线向上偏移三次，偏移距离分别为 54、65、68。然后将竖直中心线向左右分别偏移两次，距离分别为 9 和 7，如图 3.53 所示。偏移的对象的特性和源对象保持一致，也在辅助线层。

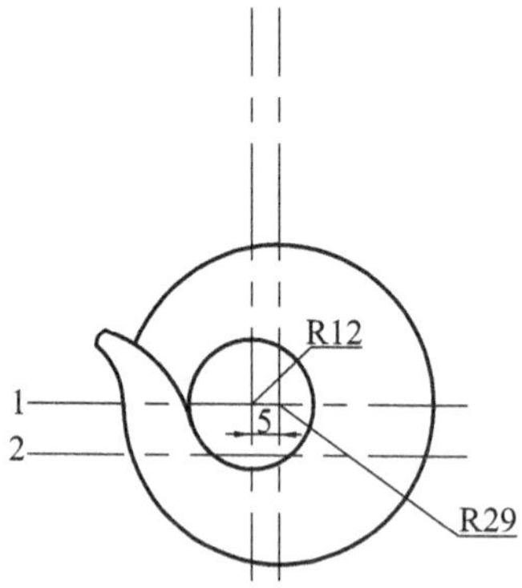

图 3.52　修剪圆

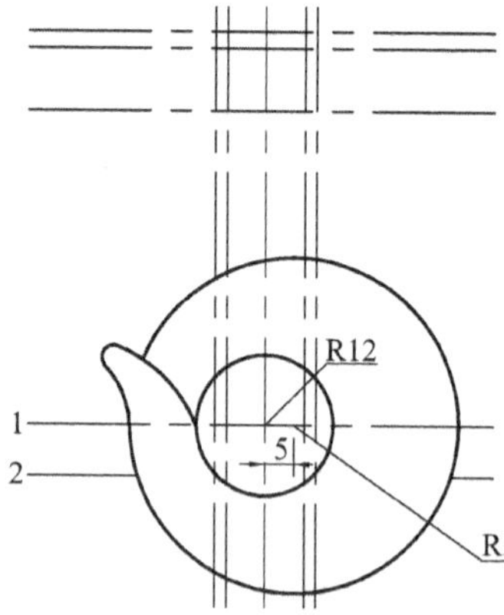

图 3.53　偏移中心线绘制挂钩上半部分

② 修剪。使用“修剪”（trim）命令对刚偏移的直线进行修剪，剪切边选择刚偏移产生的七条直线，修剪结果如图 3.54 所示。

③ 特性匹配。修改偏移出的直线的特性，使之和图形层的圆的特性保持一致。点击“剪贴板”面板→（特性匹配），命令行提示：

选择源对象：//用拾取框拾取图形层中的任一圆

当前活动设置：颜色 图层 线型 线型比例 线宽 厚度 打印样式 标注 文字 填充图案 多段线 视口 表格材质 阴影显示

选择目标对象或 [设置（S）]：//选择需要修改特性的直线，可以窗选

选择目标对象或 [设置（S）]：//继续选择需要修改特性的直线，空格或者回车键结束选择

执行结果如图 3.54 所示。

（7）倒角。点击“修改”选项板的（倒角）对倒钩的上部执行倒角，先设置倒角距离为 3，“修剪模式” = “修剪”，然后再点击执行倒角的两直线。完成一个角后，再重复执行，结果如图 3.55 所示。

（8）圆角。对挂钩的上部的直线和下部的圆弧进行圆弧连接。点击“修改”选项板的（圆角）后，命令行提示：

当前设置：模式 = 修剪，半径 = 2.0000　//当前设置模式=修剪，不用更改，半径要改）

选择第一个对象或 [放弃（U）/多段线（P）/半径（R）/修剪（T）/多个（M）]：r

指定圆角半径<2.0000>：//输入 r，修改半径的大小

指定圆角半径<2.0000>：24//输入圆角半径 24

选择第一个对象或 [放弃（U）/多段线（P）/半径（R）/修剪（T）/多个（M）]：//将拾取框压

在直线上（见图 3.55 中方框 1 附近）

选择第二个对象，或按住 Shift 键选择要应用角点的对象：　//将拾取框压在半径为 29 的圆上，见图 3.55 中方框 2 附近）

命令自动退出第一个圆角完成。重复执行圆角命令。修剪模式仍然为修剪，圆角半径设置为 36，圆角对象为另一个直线和圆，选择图 3.55 中方框 3 和方框 4 附近。注意拾取圆时要拾取在直线的右方，如果拾取在左方，圆角的结果会不一致。如此完成第二个圆角，圆角的结果如图 3.56 所示。

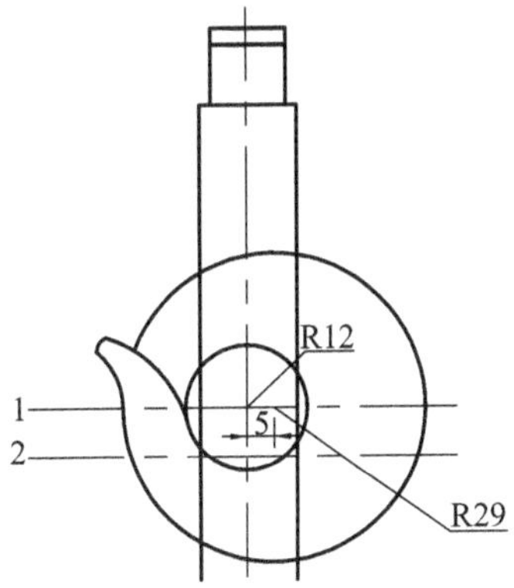

图 3.54　修剪与特性匹配

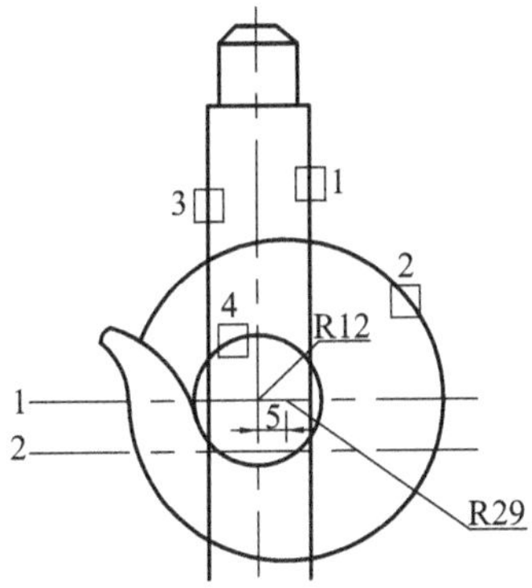

图 3.55　倒角

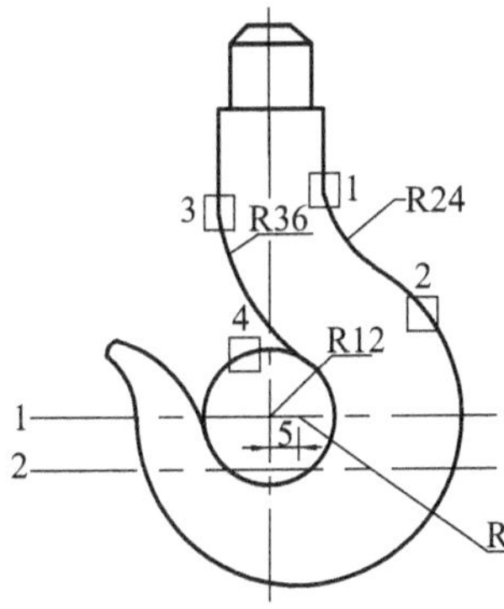

图 3.56　圆角

倒圆角也可以用“相切，相切，半径”和“修剪”两个命令实现。先用“相切，相切，半径”绘制出圆，然后用“修剪”命令修剪掉多余的圆弧即可。

（9）修剪。修剪掉半径为 12 的圆上的多余圆弧。点击“修改”选项板上的 -/-- （修剪）后，命令行提示：

选择剪切边...

选择对象或<全部选择>：　//选择与半径为 12 的圆相切的两段圆弧

选择对象：找到 1 个，总计 2 个

选择对象：　//右键结束选择对象

选择要修剪的对象，或按住 Shift 键选择要延伸的对象，或

[栏选（F）/窗交（C）/投影（P）/边（E）/删除（R）/放弃（U）]：　//选择半径为 12 的圆位于两端圆弧中间的部分，即方框 4 所在的圆弧

选择要修剪的对象，或按住 Shift 键选择要延伸的对象，或

[栏选（F）/窗交（C）/投影（P）/边（E）/删除（R）/放弃（U）]：　//右键结束选择，退出命令

（10）如此完成了挂钩的绘制，如图 3.48 所示。（有些不需要的辅助线在绘图过程中已删除）

习题与思考题

1. 在 AutoCAD 2010 中，选择对象的方法有哪些？如何利用“窗口”和“窗交”命令选择对象？

2. 复制对象的命令有哪些？它们有什么区别？

3. 在 AutoCAD 2010 中，命令“打断”和“打断于点”有什么区别？“修剪”和“延伸”有什么区别？

4. 用“偏移”、“镜像”、“修剪”、“阵列”等命令绘制图 3.57 所示的图形（没有尺寸的图形自定尺寸）。

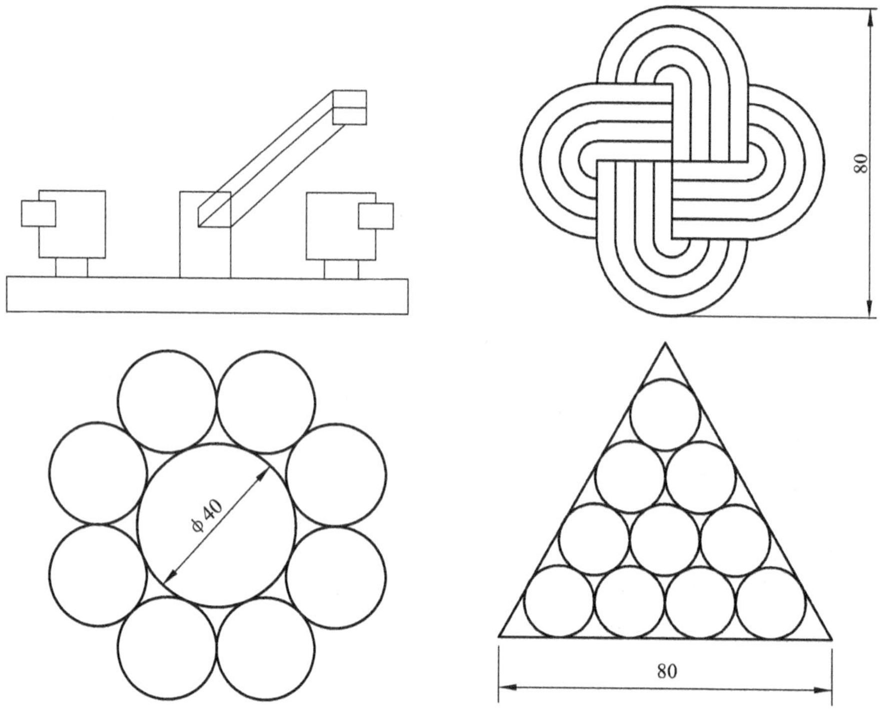

图 3.57　绘图练习 1

5. 用“阵列”、“修剪”等命令绘制图 3.58 所示图形。

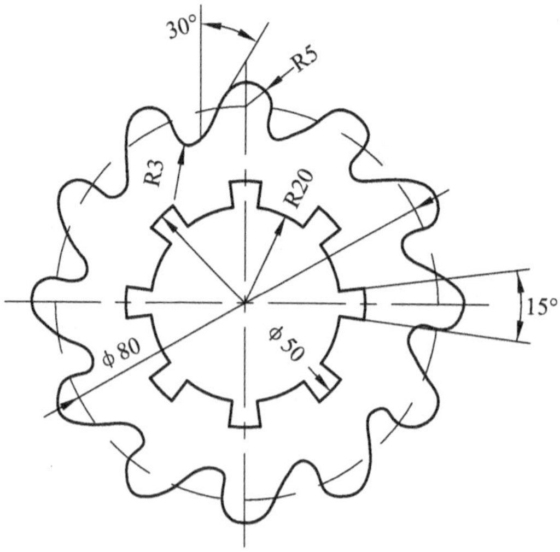

图 3.58　绘图练习 2

6. 用“偏移”、“圆角”等命令绘制图 3.59 所示图形。

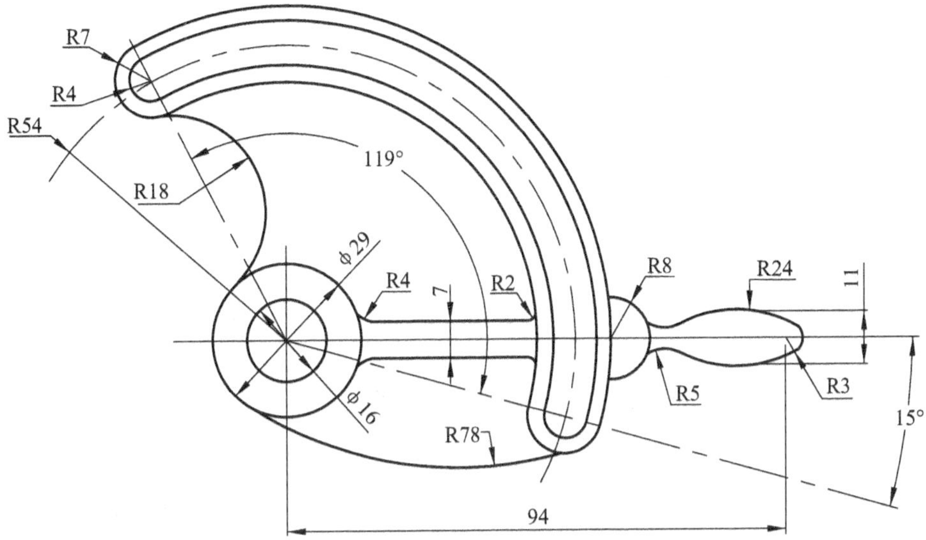

图 3.59 绘图练习 3

8. 用“镜像”、“旋转”、“偏移”等命令绘制图 3.60 所示图形。

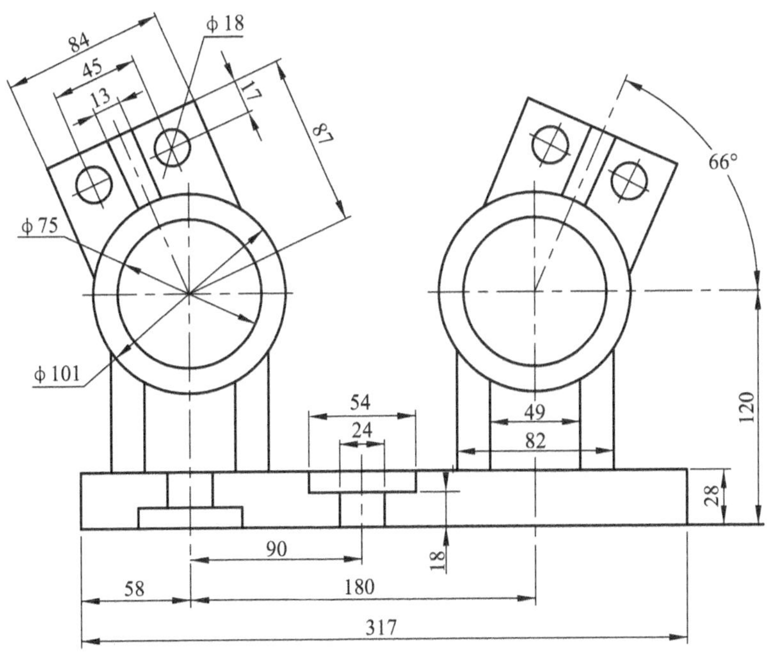

图 3.60 绘图练习 4

9. 用“倒角”、“偏移”、“阵列”等命令绘制图 3.61 所示图形。

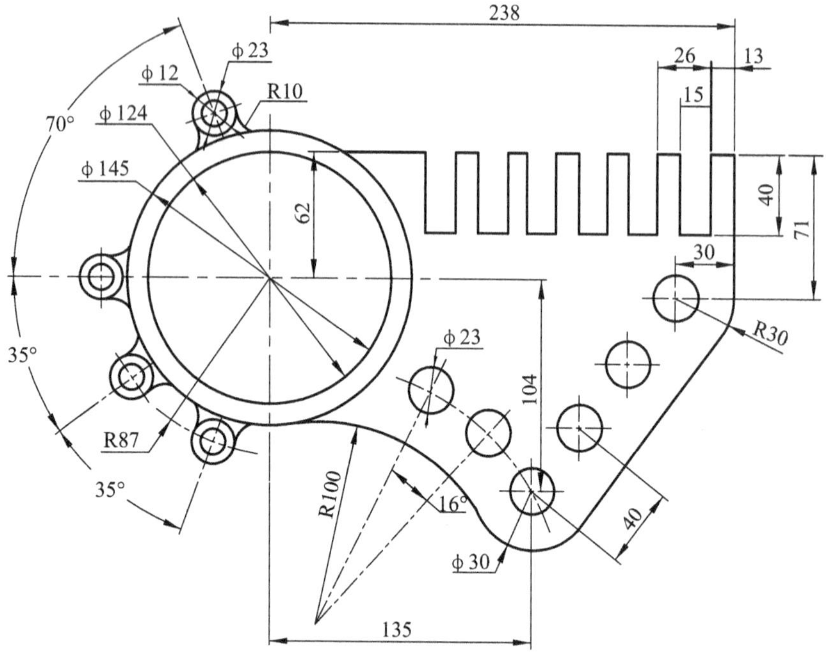

图 3.61　绘图练习 5

第 4 章　图形显示与精确定位

4.1　视图显示控制

“视图”是指按一定比例、观察位置和角度显示的图形。经过命名的视图，可以在以后的绘图过程中恢复，可以调用跨越多个绘图任务的视图。AutoCAD 提供了相机视图、模型视图、布局视图和预设视图，其中，预设视图包括六种正交视图和四个方向的等轴测视图。

4.1.1　视图管理器

AutoCAD 提供了视图管理器（见图 4.1）以新建、管理各类视图。可以通过以下方法打开视图管理器：

（1）菜单栏：“视图|命名视图”。

（2）工具面板：“视图”→“命名视图”。

（3）在命令行中输入“view”或者“v”并回车。

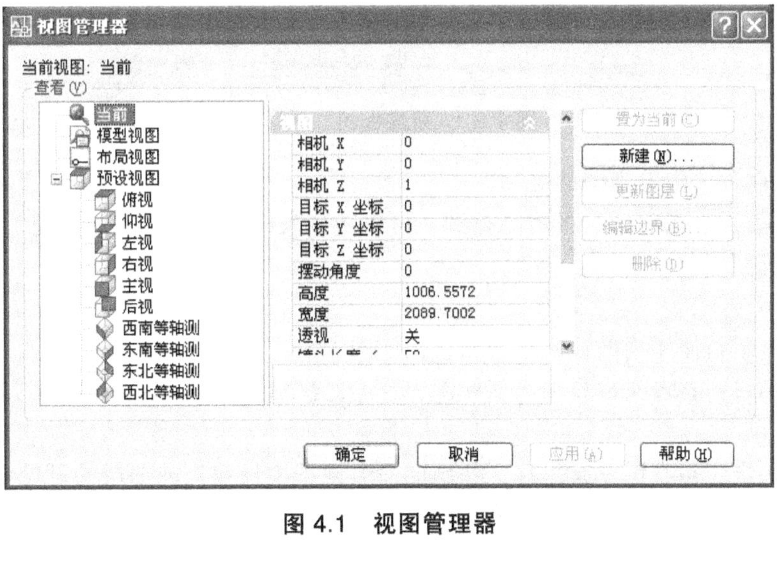

图 4.1　视图管理器

1）查看：左侧的“查看”选项栏显示可用的视图列表。中间的一栏显示视图特性（包括基本、查看和剪裁等）。

（1）当前：显示当前视图及其“查看”和“剪裁”特性。

（2）模型视图：显示命名视图和相机视图列表，并列出选定视图的“基本”、“查看”和“剪裁”特性。

（3）布局视图：在定义视图的布局上显示视口列表，并列出选定视图的“基本”和“查看”特性。

（4）预设视图：显示正交视图和等轴测视图列表，并列出选定视图的“基本”特性。

2）置为当前：将选定视图设置为当前视图。

3）新建：新建命名视图，弹出“新建视图”对话框，如图 4.2 所示。

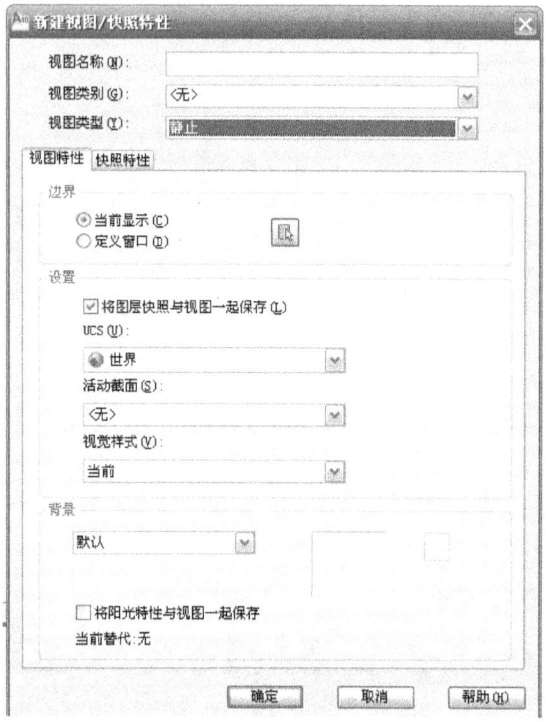

图 4.2 “新建视图”对话框

（1）视图名称：指定视图的名称。

（2）视图类别：指定命名视图的类别。可以从列表中选择一个视图类别，输入新的类别或保留此选项为空。

（3）边界：

① 当前显示：使用当前显示作为新视图。

② 定义窗口：自定义窗口作为新视图，在绘图区域指定两个对角点来定义。

（4）设置：

① 将图层快照与视图一起保存：在新的命名视图中保存当前图层的可见性设置。

② UCS：从列表中选择与新视图一起保存的 UCS 坐标系，适用于模型视图和布局视图。

③ 活动截图：从列表中指定恢复视图时应用的活动截面，仅适用于模型视图。

④ 视觉样式：从列表中指定要与视图一起保存的视觉样式，仅适用于模型视图。

（5）背景：从列表中指定应用于选定视图的背景类型。

① 将阳光特性与视图一起保存：切换“阳光与天光”数据是否与命名视图一起保存。选择“阳光与天光”作为背景类型时，将自动选择该选项。

② 预览框：显示当前背景。

③ 选择按钮：可以更改当前背景的设置。

4）更新图层：更新与选定的视图一起保存的图层信息，使其与当前模型空间和布局空间中的图层可见性匹配。

5）编辑边界：切换到绘图区，可以使用鼠标选定视图的边界。

6）删除：删除选定的视图。

4.1.2 保存命名视图

（1）在命令行中输入“v”并回车，弹出“视图管理器”对话框。

（2）单击对话框中的“新建”按钮，弹出“新建视图”对话框。

（3）设置完毕后，单击“确定”，退出“新建视图”对话框。然后单击“确定”，退出“视图管理器”对话框。

4.1.3 编辑命名视图

（1）在命令行中输入“v”并回车，弹出“视图管理器”对话框。

（2）在对话框中间的视图“特性”面板中，单击或双击要更改的特性选项。

（3）设置完毕后，单击“确定”。

4.1.4 恢复命名视图

（1）在命令行中输入“v”并回车，弹出“视图管理器”对话框。

（2）在对话框中左侧的“查看”选项栏中选择要恢复的视图名称。

（3）单击“置为当前”按钮，然后单击“确定”。

4.1.5 重命名视图

（1）在命令行中输入“v”并回车，弹出“视图管理器”对话框。

（2）在对话框中中间的视图“特性”面板中，单击或双击“基本”中的“名称”，输入新的名称。

（3）设置完毕后，单击“确定”。

4.1.6 删除命名视图

（1）在命令行中输入“v”并回车，弹出“视图管理器”对话框。

（2）在对话框中左侧的“查看”选项栏中选择要恢复的视图名称。

（3）单击“删除”按钮，然后单击“确定”。

4.2 点位定位

4.2.1 坐标定位

通常用户在输入 AutoCAD 命令时，还需要提供该命令相应的指示与参数，以指引该命令所要完成的工作或动作执行的方式、位置等。直接使用鼠标虽然使得作图方便了许多，但当要精确地定位一点时，仍然得采用键盘输入坐标值的方式进行定位。对于绘图与编辑命令，大部分输入数据均以坐标点的方式输入。

1. AutoCAD 中的坐标系统

在 AutoCAD 中，使用坐标系进行定位。AutoCAD 中存在两个坐标系，一个是被称为世界坐标系（WCS）的固定坐标系，一个是被称为用户坐标系（UCS）的可移动坐标系。默认情况下，这两个坐标系在新图形中是重合的，一般表示为世界坐标系。在 WCS 中，原点位于屏幕左下角，X 轴为水平方向，方向向右为正；Y 轴为垂直方向，方向向上为正。

用户坐标系（UCS）是用户自己建立的坐标系统，可以创建多个用户坐标系。UCS 可以移动、旋转到任何需要的位置，来适应要绘制的图形的形状。因此，在三维图形绘制时，UCS 比较灵活，使用较多。

为了区别用户坐标系与世界坐标系，AutoCAD 中采用了不同的图标代表当前的坐标系统，如图 4.3 所示，用户坐标系的 X、Y 轴之间没有小方块。

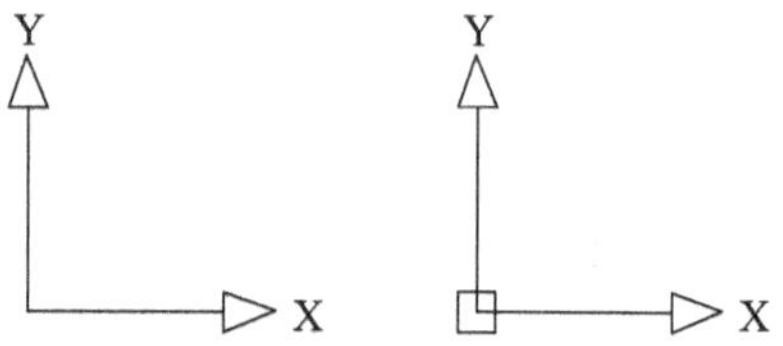

（a）用户坐标系　　（b）世界坐标系

图 4.3　AutoCAD 中坐标系标识

2. 坐标输入

常用的坐标输入方式有：绝对坐标、相对坐标、极坐标和相对极坐标。其中相对坐标与相对极轴坐标的原理一样，只是格式不同。

在二维图形绘制中，可以在 XY 平面（工作平面）通过输入坐标来输入点。工作平面类似于平铺的网格纸。在 AutoCAD 中，可以通过输入绝对、相对二维笛卡儿坐标和极坐标方式精确定位对象位置。

笛卡儿坐标的 X 值指定水平距离，Y 值指定垂直距离。原点（0，0）表示两轴相交的位置。极坐标使用距离和角度来定位点。根据输入坐标的原点不同，坐标又可分为绝对坐标或相对坐标，使用笛卡儿坐标和极坐标均可以基于原点（0，0）输入绝对坐标，或基于上一指定点输入相对坐标。

输入相对坐标的另一种方法是：通过移动光标指定方向，然后直接输入距离。此方法称为直接距离输入。

通常在二维视图中，WCS 的 X 轴水平，Y 轴垂直，其原点为 X 轴和 Y 轴的交点（0，0）。图形文件中的所有对象均由其 WCS 坐标定义。但是，使用可移动的 UCS 创建和编辑对象通常更方便。

AutoCAD 采用笛卡儿坐标系来确定位置，该坐标系也称绝对坐标系。在进入 AutoCAD

绘图区时，系统自动进入笛卡儿坐标系第一象限，其原点在绘图区内的左下角点。

（1）绝对坐标。

绝对坐标分为绝对直角坐标和绝对极轴坐标两种。绝对直角坐标是以笛卡儿坐标系的原点（0，0，0）为基点定位绘图区内所有图形的点，用户可以通过输入（X，Y，Z）坐标的方式来定义一个点的位置。如果 Z 方向坐标为 0，则可省略，一般在二维平面绘图中 Z 轴的坐标数省略不输入。

例如，使用绝对坐标绘制直线时，命令行提示：

命令：line

指定第一点：100，100

指定下一点或 [放弃（U）]：500，500

绝对极坐标是以坐标原点（0，0，0）为极点定位 AutoCAD 绘图区内所有的点位置，通过输入极距和角度的方式来定义一个点的位置。AutoCAD 的默认角度正方向是逆时针方向。起始角是 X 轴正向，用户输入极距和角度即可确定一个点的位置，其使用格式为“距离<角度”。

例如，使用绝对极坐标绘制直线时，命令行提示：

命令：line

指定第一点：0<0

指定下一点或 [放弃（U）]：20<60

指定下一点或 [放弃（U）]：10<0

指定下一点或 [闭合（C）/放弃（U）]：0<0

（2）相对坐标。

① 相对直角坐标。

相对坐标是以上一点为坐标原点来确定下一点的位置。相对于上点坐标（X，Y，Z）的增量为（ΔX，ΔY，ΔZ）的坐标点的输入格式为（@ΔX，ΔY，ΔZ）。“@”字符是指定与上一个点的偏移量。

例如，使用相对直角坐标绘制矩形时，命令行提示：

命令：rectang

指定第一个角点或 [倒角（C）/标高（E）/圆角（F）/厚度（T）/宽度（W）]：100，100

指定另一个角点或 [面积（A）/尺寸（D）/旋转（R）]：@100，100

② 相对极坐标。

相对极坐标是以上一点为基点，输入极距增量和角度来定义下一个点的位置。其使用格式为“@距离<角度”。在绘图时，运用多种坐标输入方式，使绘图更灵活，再配合目标捕捉、夹点编辑等方式，会让绘图得心应手。

例如，使用相对极坐标绘制直线时，命令行提示：

命令：line

指定第一点：0，0

指定下一点或 [放弃（U）]：@20<30

指定下一点或 [放弃（U）]：@10<－90

指定下一点或 [闭合（C）/放弃（U）]：c

在“@20<30”中，20 表示下一点到当前点的距离，30 表示下一点同当前点连线同 X 轴正半轴的夹角。(以 X 轴正轴为 0 度，逆时针方向为正。)

4.2.2 栅格捕捉

要提高绘图的速度和效率，可以显示并捕捉矩形栅格。还可以控制其间距、角度和对齐。

栅格是点或线的矩阵，遍布指定为栅格界限的整个区域。栅格类似于在图形下放置一张坐标纸。利用栅格可以对齐对象并直观显示对象之间的距离。栅格主要是辅助绘图，在图形打印时，并不打印栅格。

捕捉模式用于限制十字光标，使其按照用户定义的间距移动。当“捕捉”模式打开时，光标能附着或捕捉到不可见的栅格。捕捉模式有助于使用箭头键或定点设备来精确地定位点。用户在同时启用了“栅格”模式和“捕捉”模式后，使用鼠标绘制图形时会发现光标有跳跃感，这是因为捕捉栅格模式下，系统会自动定位到光标附近的栅格点上。

“栅格”模式和“捕捉”模式各自独立，但经常同时打开。

打开捕捉和栅格选项卡有以下几种方法：

(1) 依次单击工具(T)菜单→草图设置(F)。在“草图设置”对话框的“捕捉和栅格”选项卡上，选择“启用栅格”以显示栅格，选择“启用捕捉”以启用捕捉功能。

(2) 在命令提示下，输入“dsettings”。

(3) 在状态栏上“捕捉模式”或“栅格显示”按钮上，单击右键，在快捷菜单中点击“设置”。具体界面如图 4.4 所示。

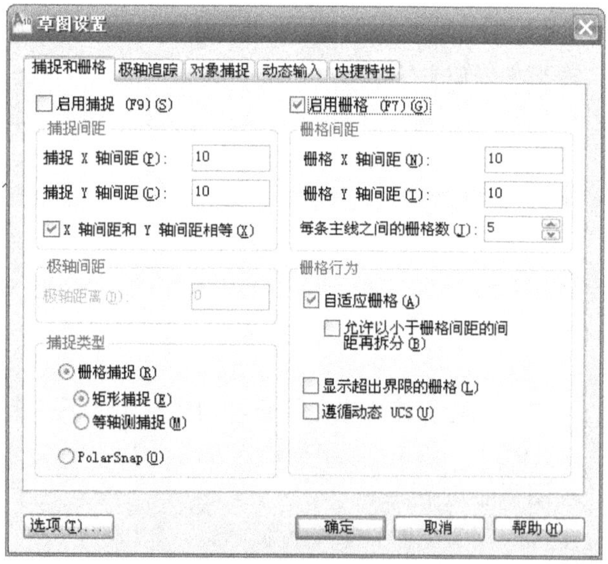

图 4.4 捕捉和栅格

还可以使用功能键 F7 或状态栏上的按钮，启用或关闭栅格模式，当启用栅格模式时，AutoCAD 绘图区会出现栅格点矩阵，如图 4.5 所示。使用 F9 或状态栏上按钮，可启用或关闭捕捉模式。

图 4.5　栅格点矩阵

4.2.3　对象捕捉

使用对象捕捉可指定对象上的精确位置。比如圆心、中点、端点、切点及垂足等。例如，使用对象捕捉可以绘制到圆心或多段线中点的直线。

不论何时提示输入点，都可以指定对象捕捉。默认情况下，当光标移到对象的对象捕捉位置时，将显示标记和工具提示。

设置对象捕捉的主要步骤如下：

（1）依次单击工具（T）菜单→草图设置（F）。在“草图设置”对话框中的“对象捕捉”选项卡上，选择要使用的对象捕捉。最后单击“确定”。

（2）在命令提示下，输入“osnap”。

（3）在状态栏上“对象捕捉”按钮上，单击右键，在快捷菜单中点击“设置”，来设置要捕捉的点的类型。

使用功能键 F3 可打开或关闭“对象捕捉”功能。对象捕捉设置界面如图 4.6 所示。

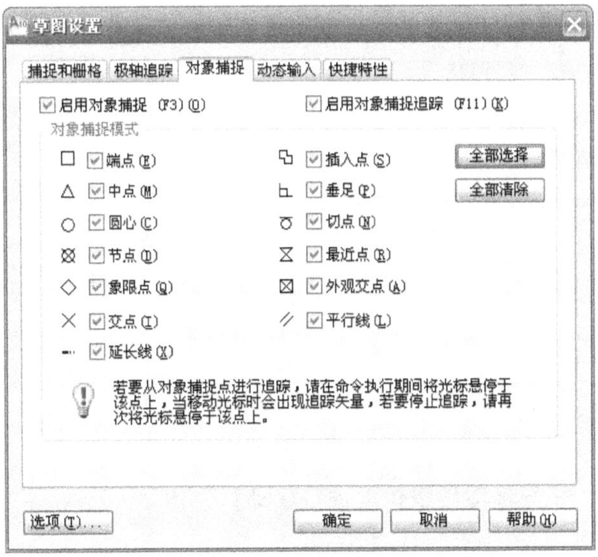

图 4.6　对象捕捉设置

4.2.4 自动追踪

自动追踪可以帮助用户按照指定的角度或按照与其他对象的特定关系绘制对象。当“自动追踪”打开时，临时对齐路径有助于以精确的位置和角度创建对象。自动追踪包括两个追踪选项：极轴追踪和对象捕捉追踪。

点击菜单“工具”→“选项”，会弹出“选项”对话框，切换至“草图”选项卡，在“AutoTrack 设置”选项组中勾选上“显示自动追踪工具提示”复选框，如图 4.7 所示，然后单击“确定”，即打开了自动追踪功能。该复选框主要是控制自动捕捉标记、工具提示和磁吸的显示。

使用对象捕捉追踪，可以沿着基于对象捕捉点的对齐路径进行追踪。已获取的点将显示一个小加号（+），一次最多可以获取七个追踪点。获取点之后，当在绘图路径上移动光标时，将显示相对于获取点的水平、垂直或极轴对齐路径。例如，可以基于对象端点、中点或者对象的交点，沿着某个路径选择绘制到垂直于对象端点或中点的点。

与临时追踪点一起使用对象捕捉追踪，在提示输入点时，输入“tt”，然后指定一个临时追踪点，该点上将出现一个小的加号（+）。移动光标时，将相对于这个临时点显示自动追踪对齐路径。要将这点删除，请将光标移回到加号（+）上面。

获取对象捕捉点之后，使用直接距离沿对齐路径（始于已获取的对象捕捉点）在精确距离处指定点。要指定点提示，请选择对象捕捉点，移动光标以显示对齐路径，然后在命令提示下输入距离。

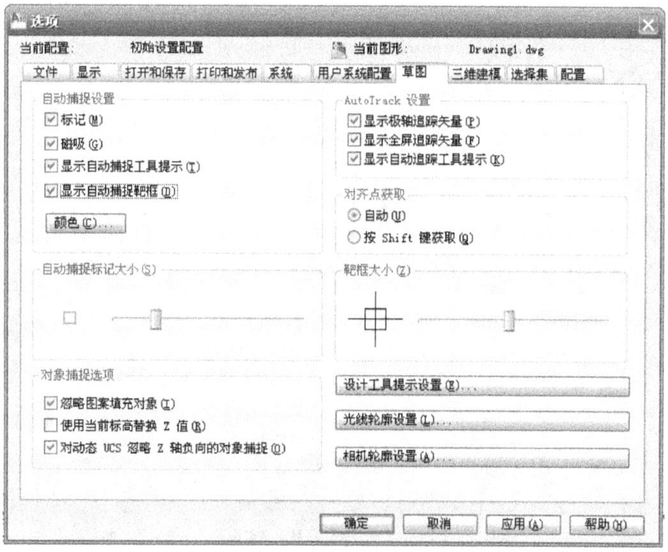

图 4.7　自动追踪设置

4.2.5 极轴追踪

使用极轴追踪时，光标将按指定角度进行移动；使用“PolarSnap”时，光标将沿极轴角度按指定增量进行移动。

创建或修改对象时，可以使用“极轴追踪”以显示由指定的极轴角度所定义的临时对齐路径。极轴角与当前用户坐标系（UCS）的方向和图形中基准角度约定的设置相关。在“图形单位”对话框中设置角度基准方向。

单击状态栏上的极轴按钮，或按 F10 键启动极轴追踪功能。当要临时打开或者关闭极轴追踪时，使用 F10 键。

使用 PolarSnap 沿对齐路径按指定距离进行捕捉。例如，在图 4.8 中绘制一条从点 A 到点 B 的 100 个单位的直线，然后绘制一条到点 C 的 100 个单位的直线，并与第一条直线成 45°。如果打开了 45°极轴角增量，当光标跨过 0°或 45°时，将显示对齐路径和工具提示。当光标从该角度移开时，对齐路径和工具提示消失。

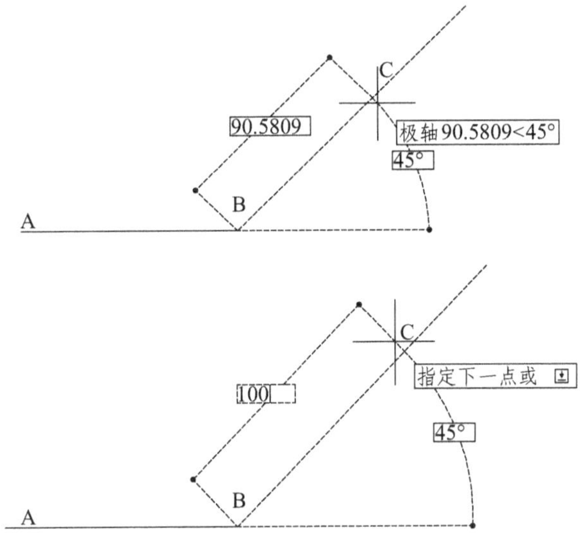

图 4.8　极轴追踪

4.2.6　创建临时参照

AutoCAD 的对象捕捉功能不仅能将光标精确地定位到图上的特殊点，还可以以该点为参照点，将光标定位到另一个坐标点上。

例如，在圆心右上方（100，100）处，绘制一边长为 100 的矩形（以圆心为左下点），命令行提示：

命令：rectang

指定第一个角点或 [倒角（C）/标高（E）/圆角（F）/厚度（T）/宽度（W）]：from

基点：<偏移>：@100，100

指定另一个角点或 [面积（A）/尺寸（D）/旋转（R）]：@100，100

在键入“from”后，记得打开对象捕捉功能，使用对象捕捉，将基点设置为圆心，然后使用相对坐标表示即可。当捕捉到圆心时，会有靶心出现并提示为圆心，如图 4.9 所示。

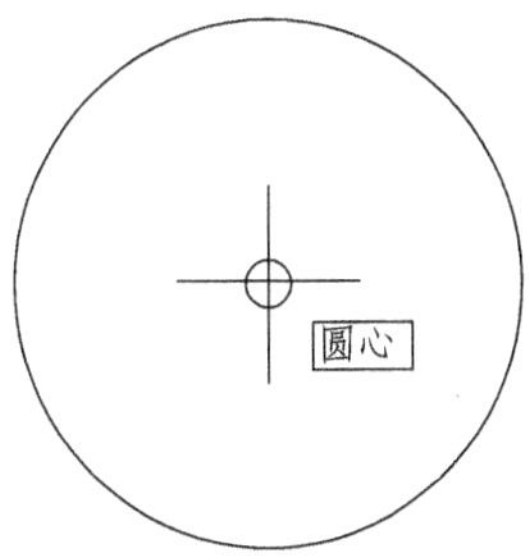

图 4.9　捕捉临时参照点示例

4.2.7 点过滤

可以使用坐标过滤器从现有对象上的位置一次提取一个坐标值。

坐标过滤器使用一个位置的 X 值、第二个位置的 Y 值和第三个位置的 Z 值来指定新的坐标位置。与对象捕捉一起使用时，坐标过滤从现有对象提取坐标值。

坐标过滤器通常用于定位矩形的中心，以及定位 UCS 的 XY 平面上三维点的投影。

要在命令提示下指定过滤器，请输入一个句号以及一个或多个 X、Y 和 Z 字母。下一项输入将限定于特定的坐标值。

例如，现需要以指定矩形的中心点为圆心绘制半径为 50 的圆。方法：使用点过滤分别获得中心点的 X、Y 坐标。

命令行提示：

命令：_rectang

指定第一个角点或 [倒角（C）/标高（E）/圆角（F）/厚度（T）/宽度（W）]：

指定另一个角点或 [面积（A）/尺寸（D）/旋转（R）]：@100，100

命令：circle

指定圆的圆心或 [三点（3P）/两点（2P）/切点、切点、半径（T）]：.x

于 mid

于（需要 YZ）：mid

于

指定圆的半径或 [直径（D）] <100.0000>：50

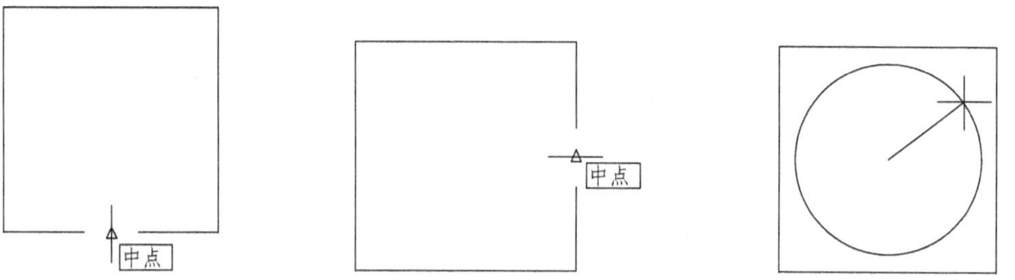

第一步：使用点过滤获取中心点 X 坐标　　第二步：使用点过滤获取中心点 Y 坐标　　第三步：以 X、Y 为圆心绘制圆

图 4.10　点过滤示意图

点过滤和追踪提供了在图形中不需要指定完整的坐标，而相对于其他点定位某一点的两种其他方法。使用点过滤，可以输入部分坐标，然后让 AutoCAD 提示输入其余的坐标信息。无论何时，只要 AutoCAD 提示输入一个坐标，都可以通过“.坐标”的方式用 X、Y、Z 点过滤响应命令的提示。

其中，“坐标”表示 X、Y、Z 字母中的一个或多个。然后 AutoCAD 提示使用一个过滤器过滤出所需的坐标值。例如，如果键入“.XY”，则 AutoCAD 首先保存指定的下一点的 X 和 Y 坐标，然后提示输入 Z 坐标。过滤器“.X”、“.Y”、“.Z”、“.XY”、“.XZ”、“.YZ”都是有效的过滤条件。

追踪与点过滤类似，除了点过滤需要指定过滤条件外，通过追踪可以相对于图形中其他点可见地确定点的位置。

4.2.8 计算点和值

通过在命令提示计算器中输入表达式，可以快速解决数学问题或定位图形中的点。启动命令方式为在命令行中输入“'cal”。

例如，要在一带槽口的圆形断面上绘制一小孔，要求圆孔圆心为槽口线中点与外圆圆心的中点，即其圆心为两个点的中点，半径为外圆的 1/5，如图 4.11 所示，绘制方法如下：

命令：circle

指定圆的圆心或 [三点（3P）/两点（2P）/相切、相切、半径（T）]：'cal

>>>>表达式：（mid+cen）/2

>>>>选择 MID 捕捉的图元：选择槽口线（1）

>>>>选择 CEN 捕捉的图元：选择大圆（2）

直径（D）/<半径>：'cal

>>>>表达式：1/5*rad

>>>>为函数 RAD 选择圆、圆弧或多段线线段：选择大圆（3）

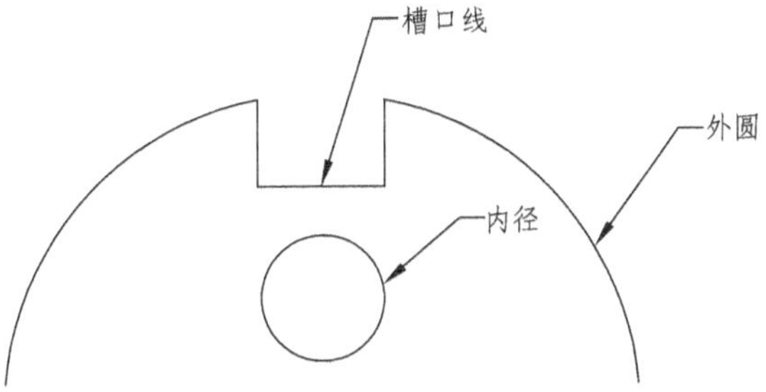

图 4.11　使用 CAL 命令绘制图形示意图

4.3 信息查询

4.3.1 坐　标

一般结合对象捕捉功能来进行坐标查询。可以通过菜单“工具”→“查询”→“点查询”来查询点坐标；也可以通过工具选项板“常用|实用工具”面板，点击“ ”，会看到坐标查询按钮，点击后按照提示进行选择查询点即可；或者直接在命令行中输入命令“ID”，回车后，命令行会提示“指定点”，用鼠标指定欲查询点即可。（因读者选点与作者选点不一致，查询的值与本书不同为正常现象，读者不必深究。）

命令：ID

指定点：X = 2580.2132　　Y = 1512.0489　　Z = 0.0000

4.3.2 长　度

测量两点之间或者多线段上的距离。可以通过以下几种方式查询：

（1）命令行：measuregeom。

（2）菜单：工具（T）→查询（Q）→距离（D）。

（3）实用功能区："实用"工具面板→"测量"下拉菜单→距离。

命令行提示：

命令：measuregeom

输入选项 [距离（D）/半径（R）/角度（A）/面积（AR）/体积（V）]<距离>：

指定第一点：

指定第二个点或 [多个点（M）]：

距离 ＝1277.0538，XY 平面中的倾角 ＝330，与 XY 平面的夹角 ＝0

X 增量 ＝1105.9611，Y 增量 ＝－638.5269，Z 增量 ＝0.0000

或实用"dist"命令，命令行提示：

命令：DIST

指定第一点：

指定第二个点或 [多个点（M）]：

距离 ＝1277.0538，XY 平面中的倾角 ＝330，与 XY 平面的夹角 ＝0

X 增量 ＝1105.9611，Y 增量 ＝－638.5269，Z 增量 ＝0.0000

4.3.3 面积与周长

可以测量通过指定的点所定义的任意形状闭合面域。这些点所在的平面必须与当前 UCS 的 XY 平面平行。可以获取由选定对象或点序列定义的面积、周长和质量特性。

操作方法如下：

（1）命令行：area。

（2）菜单：工具（T）→查询（Q）→面积（A）。

（3）工具栏：按钮。

（4）工具选项卡区域："常用"标签→"实用"工具面板→"测量"下拉菜单→面积。

命令：_measuregeom

输入选项 [距离（D）/半径（R）/角度（A）/面积（AR）/体积（V）]<距离>：_area

指定第一个角点或 [对象（O）/增加面积（A）/减少面积（S）/退出（X）]<对象（O）>：

选择对象：

面积 ＝1018118.7597，圆周长 ＝3576.8782

4.3.4 列表显示

为选定对象显示特性数据。

命令调用方式：

（1）命令行：list。

（2）功能区：常用标签→特性面板→列表。

（3）菜单：工具（T）→查询（Q）→列表（L）。

用户可以使用 LIST 显示选定对象的特性，然后将其复制到文本文件中。

文本窗口将显示对象类型、对象图层、相对于当前用户坐标系（UCS）的 X、Y、Z 位置以及对象是位于模型空间还是图纸空间。

4.3.5 对象特性查询

可用以下方式调用对象特性功能：

（1）命令行：properties。

（2）功能区：“视图”选项卡→“选项板”面板→特性。

（3）菜单：修改（M）→特性（P）。

（4）工具栏：标准。

（5）快捷方式：选择要查看或修改其特性的对象，在绘图区域中单击鼠标右键，然后单击“特性”。

使用“对象特征查询”命令时，可以先选定对象，再调用属性面板；也可以调出属性面板后，再选定对象，属性面板如图 4.12 所示。

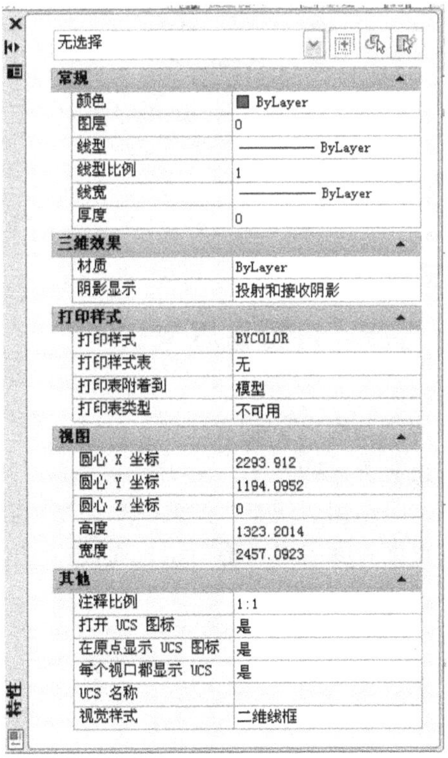

图 4.12 属性面板

4.3.6 快速计算

使用“快速计算器”（一个外观和功能与手持计算器相似的界面），用户可以执行数学、科学和几何计算，转换测量单位，操作对象的特性以及计算表达式。

可以像使用桌面计算器那样直接使用“快速计算器”，也可以在命令或“特性”选项板中透明地使用它。

使用“快速计算器”的方式有三种：

（1）直接从“工具”菜单、“标准”工具栏、快捷菜单或在命令提示下使用。

（2）在命令执行期间从快捷菜单或命令提示中透明地使用。

（3）从“特性”选项板中透明地使用。

选择哪种方式取决于用户使用“快速计算器”的方式。

图 4.13 计算器

习题与思考题

1. 什么是世界坐标系？什么是用户坐标系？
2. 如何输入相对坐标与相对极坐标？
3. 使用对象捕捉功能，练习使用“切点、切点、半径”画圆。
4. 使用面积查询命令，查询一封闭多边形面积、周长。

第 5 章　图块和外部参照

在实际绘图中，经常会遇到绘制相同或相似的图形，利用 AutoCAD 提供的块可以快捷地解决这个问题，它是 AutoCAD 图形设计中的一个重要概念。在绘制图形时，如果图形中有大量相同或者相似的内容，或者所绘制的图形与已有的图形文件相同，则可以把要重复绘制的图形创建成块，在需要的时候直接插入它们；也可以将已有的图形文件直接插入到当前图形中，从而提高绘图效率。此外，用户还可以根据需要为块创建属性，用来指定块的名称、用途及设计等信息。

当然，也可以使用外部参照功能，把已有的图形文件以参照的形式插入到当前图形中。在绘制图形时，如果一个图形需要参照其他图形或者图像来绘图，而又不希望占用太多的存储空间，这时就可以使用 AutoCAD 的外部参照功能。

5.1　图　块

块是一个或多个对象集合，常用于绘制复杂、重复的图形。一旦一组对象组合成块，就可以根据作图需要将这组对象插入到图中任意指定位置，而且还可以按不同的比例和旋转角度插入。

图块就是将多个实体组合成一个整体，并给这个整体命名保存，在以后的图形编辑中这个整体就被视为一个实体。一个图块包括可见的实体以及可见或不可见的属性数据。图块作为图形的一部分储存，它能帮我们更好地组织工作，快速创建与修改图形，减小图形文件的大小。同时只要修改图块的定义，图形中所有的图块引用体都会自动更新。

5.1.1　块的特点

块具有以下特点：

（1）提高绘图速度。

（2）节省存储空间。

AutoCAD 要保存图中每一个对象的相关信息，如对象的类型、位置、图层、线型及颜色等，这些信息要占用存储空间。如果一幅图中包含有大量相同的图形，就会占据较大的磁盘空间；但如果把相同的图形事先定义成一个块，绘制它们时就可以直接把块插入到图中的各个相应位置。这样既满足了绘图要求，又可以节省磁盘空间。虽然在块的定义中包含了图形的全部对象，但系统只需要一次这样的定义，对块的每次插入，AutoCAD 仅需要记住这个块对象的有关信息（如块名、插入点坐标及插入比例等）。对于复杂但需多次绘制的图形，这一优点更为明显。

（3）便于修改图形。

一张工程图纸往往需要多次修改，如某构件采用旧的国家标准，需要用新国家标准修改，既费时又不方便。但如果某构件是通过插入块的方法绘制的，那么只要简单地对块进行再定义，就可对图中的所有构件进行修改。

（4）可以添加属性。

很多块还要求有文字信息以进一步解释其用途。AutoCAD 2010 允许用户为块创建这些文字属性，并可在插入的块中指定是否显示这些属性。此外，还可以从图中提取这些信息并将它们传送到数据库中。

5.1.2 块的定义

AutoCAD 中块的定义有两种方式：block 和 wblock。两者的区别在于：用“block”命令定义的图块只能在定义图块的图形中调用，而不能在其他图形中调用；“wblock”命令可以看成是“write”加“block”，也就是写块，可将图块写入一个新的图形文件，其他图形文件均可以将它作为块调用，所定义的图块是一个独立存在的图形文件。

5.1.2.1 “block”命令定义块

1. 访问方法

（1）命令行：block（B）。

（2）菜单：绘图（D）→块（K）→创建（M）。

（3）工具栏：绘图→创建块。

2. 块定义

在 AutoCAD 2010 绘图工具栏中，选取“创建块”，系统弹出如图 5.1 所示的“块定义”对话框。

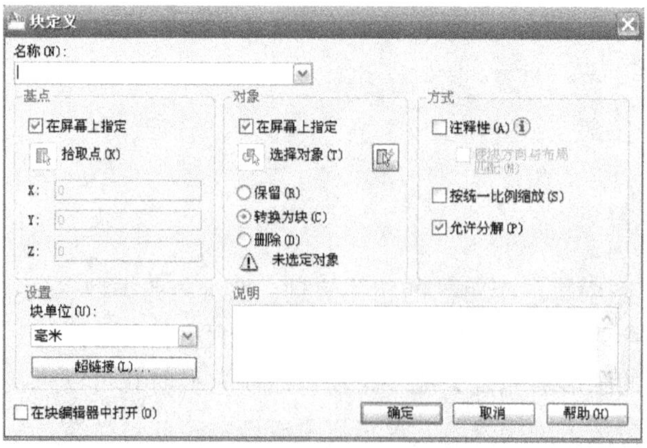

图 5.1 “块定义”对话框

该对话框各选项功能如下：

名称（N)：此框用于输入图块名称，下拉列表框中还列出了图形中已经定义过图块名。

预览：用户在选取组成块的对象后，将在“名称”框后显示所选择组成块的对象的预览图形。

基点：该区域用于指定图块的插入基点。用户可以通过（拾取点）按钮或输入坐标值确定图块插入基点。

拾取点（K)：单击该按钮，“块定义”对话框暂时消失，此时需用户使用鼠标在图形屏幕上拾取所需点作为图块插入基点，拾取基点结束后，返回到“块定义”对话框，X、Y、Z文本框中将显示该基点的X、Y、Z坐标值。(为了使图块在插入当前图形中时能够准确定位，给图块指定一个插入基点，以它作为参考点将图块插入到图形中的指定位置。例如，图块在插入时需旋转角度，该基点将作为旋转轴心。)

X、Y、Z：在该区域的 X、Y、Z 编辑框中分别输入所需基点的相应坐标值，以确定出图块插入基点的位置。

对象：该区域用于确定图块的组成实体。

选择对象：单击该按钮，“块定义”对话框暂时消失，此时用户需在图形屏幕上用任一目标选取方式选取块的组成实体，实体选取结束后，系统自动返回对话框。

快速选择：开启“快速选择”对话框，通过过滤条件构造对象。将最终的结果作为所选择的对象。

保留（R)：点选此单选项后，所选取的实体生成块后仍保持原状，即在图形中以原来的独立实体形式保留。

转换为块（C)：点选此单选项后，所选取的实体生成块后在原图形中也转变成块，即在原图形中所选实体将具有整体性，不能用普通命令对其组成目标进行编辑。

删除（D)：点选此单选项后，所选取的实体生成块后将在图形中消失。

3. 操作过程

其操作步骤如下：

（1）执行“block”命令；

（2）输入新块名称；

（3）先点击“拾取点”按钮，再指定；

（4）指定窗口右下角点；

（5）指定窗口左上角点；

（6）提示已选中对象数；

（7）回车完成定义内部块操作。

5.1.2.2 “wblock”命令定义块

1. 访问方法

“wblock”命令可以看成是“write”加“block”，也就是写块，它可以将对象保存到文件或将块转换为文件，其实也就是一个“.dwg”图形文件。

2. 块定义

在命令行输入命令“wblock”，回车后，系统弹出如图 5.2 所示的“写块”对话框。其中，对话框中各项含义如下：

源：该区域用于定义写入外部块的源实体。

块（B）：该单选项指定将内部块写入外部块文件，可在其后的输入框中输入块名，或在下拉列表框中选择需要写入文件的内部图块的名称。

预览：用户在选取写块的对象后，将显示所选择写块的对象的预览图形。

整个图形（E）：该单选项指定将整个图形写入外部块文件。该方式生成的外部块的插入基点为坐标原点（0，0，0）。

对象（D）：该单选项将用户选取的实体写入外部块文件。

基点：该区域用于指定图块插入基点，该区域只对源实体为对象时有效。

对象：该区域用于指定组成外部块的实体以及生成块后源实体是保留、消除或是转换成图块。该区域只在以源实体为对象时有效。

目标：该区域用于指定外部块文件的文件名、储存位置以及采用的单位制式。它包括如下的内容：

文件名和路径（F）：用于输入新建外部块的文件名及外部块文件在磁盘上的储存位置和路径。单击输入框后的按钮，弹出下拉列表框，框中列出几个路径供用户选择。还可单击右边的按钮，弹出浏览文件夹对话框，系统提供更多的路径供用户选择。

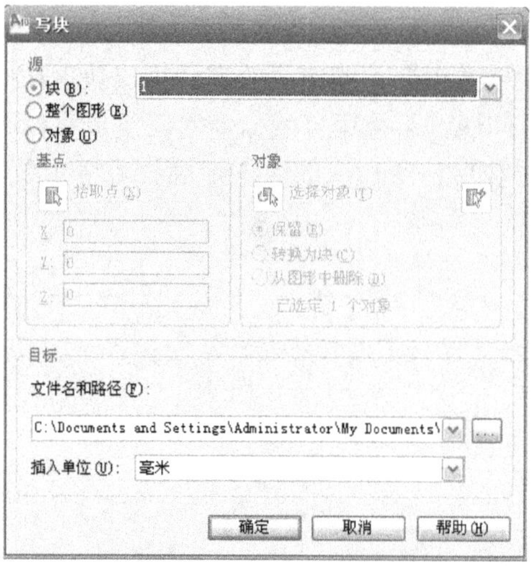

图 5.2 “写块”对话框

3. 操作过程

（1）执行“wblock”命令，弹出写块对话框；

（2）将写入外部块的源指定为整个图形；

（3）指定对象；

（4）确定外部块名称；

（5）完成定义外部块操作。

5.1.3 块的插入

如果在图形中调用已定义好的图块以提高绘图效率，可以调用插入图块的命令：Insert。

1. 访问方法

（1）命令行：insert/ddinsert。

（2）菜单：插入→块（B）。

（3）工具栏：绘图→插入块。

2. 插入块

在 AutoCAD 2010 绘图工具栏中，选取“插入块”，系统弹出如图 5.3 所示的“插入块”对话框。

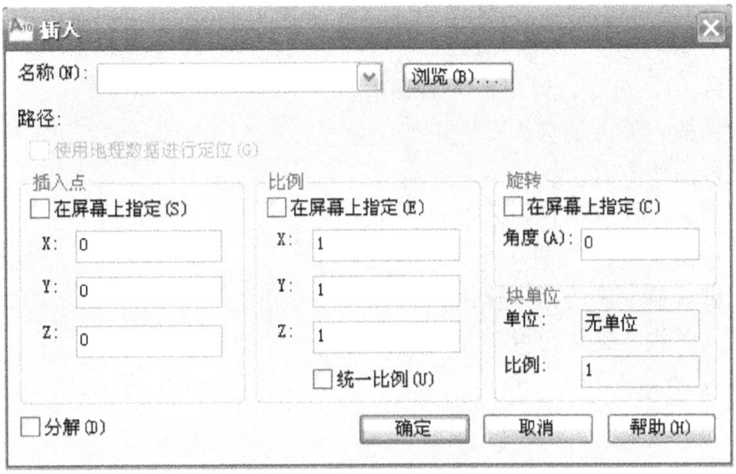

图 5.3 “插入块”对话框

对话框中各项含义如下：

名称（N）：在该下拉列表框中选择欲插入的内部块名。如果没有内部块，则是空白。

浏览（B）：系统显示插入图形对话框，选择要插入的外部图块文件路径及名称，点击“打开”。再回到“插入块”对话框，单击“插入”按钮，此时命令行提示指定插入点，键入插入比例、块的旋转角度。完成操作后，图形就插入到指定插入点。

路径：指定块的路径。

插入点（X、Y、Z）：此三项输入框用于输入坐标值确定在图形中的插入点。当选“在屏幕上指定”后，此三项呈灰色，不能用。

比例（X，Y，Z）：此三项输入框用于预先输入图块在 X 轴、Y 轴、Z 轴方向上缩放的比例因子。这三个比例因子可相同，也可不同。当选用“在屏幕上指定”后，此三项呈灰色，不能用，缺省值为 1。

在屏幕上指定：勾选此复选框后，将在插入时对图块定位，即在命令行中定位图块的插入点，X、Y、Z 的比例因子和旋转角度；不勾选此复选框，则需键入插入点的坐标比例因子和旋转角度。

旋转：图块在插入图形中时可任意改变其角度，在此输入框指定图块的旋转角度。当选用“在屏幕上指定”后，此项呈灰色，不能用。

块单位：显示有关块单位的信息。

单位：指定插入块的图形单位值。

比例：显示单位比例因子，它是根据块和图形单位的图形单位值计算出来的。

插入时炸开图块：该复选框用于指定是否在插入图块时将其炸开，使它恢复到元素的原始状态。当炸开图块时，仅仅是被炸开的图块引用体受影响。图块的原始定义仍保存在图形中，仍能在图形中插入图块的其他副本。如果炸开的图块包括属性，则属性会丢失。但原始定义的图块的属性仍保留。炸开图块使图块元素返回到它们的下一级状态，图块中的图块或多段线又变为图块和多段线。

统一比例（U）：该复选框用于统一三个轴向上的缩放比例。选用此项时，Y、Z 框呈灰色，在 X 框输入的比例因子后，在 Y、Z 框中同时显示。

3. 操作过程

（1）执行“insert”命令，弹出插入对话框；

（2）插块对话框，插入块名；

（3）确定定位图块方式；

（4）对话框消失，提示指定插入点；

（5）指定图块插入点；

（6）回车选默认值，确定插入比例；

（7）设置插入图块的旋转角度；

（8）结束插入命令。

5.2 图块的属性管理

一个图块除自身的几何形状外，还包含很多参数和文字说明信息（如长度、说明等），AutoCAD 2010 系统将图块所含的附加信息称为属性，而具体的信息内容则称为属性值。

属性可为固定值或变量值。插入包含属性的图块时，程序会新增固定值与图块到图面中，并提示要提供变量值。

属性可为可见或隐藏，隐藏属性既不显示，也不出图，但该信息储存于图面中，并在被提取时写入文件。属性是图块的附属物，它必须依赖于图块而存在，没有图块就没有属性。

5.2.1 属性的特点

属性是块的文本对象，是块的一个组成部分，它与块的图形对象共同组成块的全部内容。与普通的文本不同，它具有以下特点：

（1）一个属性包括属性标记（Attribute tag）和属性值（Attribute value）两方面的内容。例如，可以把“高程”（名词）定义为属性标记，具体的高程值+11、5、－1、23 等就是属性值。

（2）属性需要在定义块之前加以定义，具体设置包括属性标记、属性提示、属性的默认值、属性的显示格式（在图中是否可见）、属性在图中的位置等。

（3）属性定义后，以属性标记在图中显示。插入块后以属性值显示。

（4）属性定义后，在定义块时将它与图形对象共同选择为块的对象。如果要同时使用几个属性，应先定义这些属性，然后把它们包括在同一块中。

（5）在插入块时，AutoCAD 2010 通过属性提示要求用户输入属性值（也可以用默认值），如果属性值在属性定义时规定为常量，则 AutoCAD 2010 不询问属性值。

（6）插入块后，可以对属性进行编辑，也可以把属性单独提取出来写入文件，以便在统计、制表或其他数据分析程序中使用。

5.2.2 属性的定义

1. 访问方法

（1）命令行：attdef/ddattdef。

（2）菜单：绘图→块（K）→定义属性（D）。

（3）工具栏：绘图→属性。

“attdef”命令用于定义属性。将定义好的属件连同相关图形一起，用“block”或“bmake”命令定义成块，即生成带属性的块，在以后的绘图过程中可随时调用它，其调用方式跟一般的图块相同。

2. 属性定义

执行“attdef ”命令后，系统弹出如图 5.4 所示“属性定义”对话框，其主要内容为：模式、属性、插入点、文字设置等。

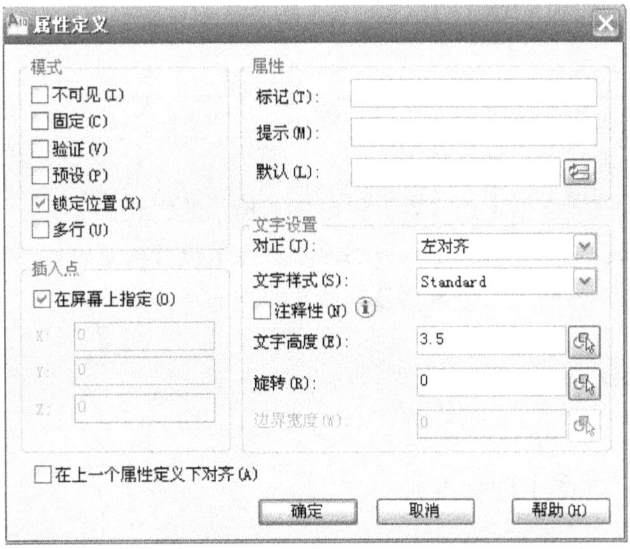

图 5.4 “属性定义”对话框

不可见（T）：指定插入块时不显示或打印属性值，ATTDISP 替代不可见模式。

固定（C）：插入块时赋予属性固定值。

验证（V）：插入块时提示验证属性值是否正确。

预设（P）：插入包含预设属性值的块时，将属性设置为默认值。

锁定位置（K）：锁定块参照中属性的位置。解锁后，属性可以相对于使用夹点编辑的块的其他部分移动，并且可以调整多行文字属性的大小。

多行（D）：指定此属性值可以包含多行文字。选定此选项后，可以指定属性的边界宽度。

标记（T）：标识图形中每次出现的属性。可以使用任何字符组合（空格除外）输入属性标记。小写字母会自动转换为大写字母。

提示（M）：指定在插入包含该属性定义的块时显示的提示。如果不输入提示，则属性标记将用作提示。如果在“模式”区域选择“常数”模式，则“属性提示”选项将不可用。

默认（L）：指定默认属性值。

插入点：可以通过“在屏幕上指定”或者通过“X、Y、Z”指定。

对正（J）：指定属性文字的对正，有“左对齐、右对齐、居中”等，详见“text”命令。

文字样式（S）：指定属性文字的预定义样式，显示当前加载的文字样式，详见“style”命令。

注释性（N）：指定属性为注释性。如果块是注释性的，则属性将与块的方向相匹配。

文字高度（E）：指定属性文字的高度。输入值或者选择“高度”用定点设备指定高度。此高度为从原点到指定位置的测量值。如果选择有固定高度的文字样式，或在“对正”列表中选择了“对齐”，则“高度”选项不可用。

旋转（R）：指定属性文字的旋转角度。输入值或者选择“旋转”用定点设备指定旋转角度。此旋转角度为从原点到指定位置的测量值。如果在“对正”列表中选择了“对齐”或者“调整”，则“旋转”选项不可用。

3. 操作过程

（1）执行命令，弹出“属性定义”对话框；

（2）在“名称”框输入属性名称；

（3）在“提示”框输入指定插入属性块时将要提示的内容；

（4）在“属性标志位”中设置输入属性值时对该值进行核对；

（5）选择拾取属性的插入点，指定品牌属性的插入点；

（6）设置属性文本的字体；

（7）完成块属性的定义。

5.2.3 带属性块的定义

带属性块的定义与块的定义一样，都采用“block”命令。其访问方法如下：

（1）命令行：block（B）。

（2）菜单：绘图（D）→块（K）→创建（M）。
（3）工具栏：绘图→创建块。
其对话框及其使用过程略（详见 5.1.2 节“block”命令定义块）。

5.2.4 带属性块的插入

插入属性块和插入图块的操作方法是一样的，插入的属性块是一个单个实体。属性块的调用命令与普通块的是一样的，只是调用属性块时提示输入属性值。其访问方法如下：
（1）命令行：insert/ddinsert。
（2）菜单：插入→块（B）。
（3）工具栏：绘图→插入块。
其对话框及其使用过程略（详见 5.1.3 节块的插入）。

5.2.5 属性定义的修改

当用户将属性定义好后，有时可能需要更改属性名、提示内容或缺省文本，这时可用“ddedit”命令加以修改。“ddedit”命令只对未定义成块的或已分解的属性块的属性起编辑作用，对已做成属性快的属性只能修改其值。

1. 访问方法

（1）命令行：ddedit。
（2）菜单：修改→对象（O）→编辑（E）。

2. 修改属性定义

执行“ddedit”命令后，系统提示选择修改对象，当用户拾取某一属性名后，系统将弹出如图 5.5 所示“编辑属性定义”对话框。该对话框各项功能如下：
标记：在该输入框中输入欲修改的名称。
提示：在该输入框中输入欲修改的提示内容。
默认：在该输入框中输入欲修改的缺省文本。
完成一个属性的修改后，单击“确定”按钮退出对话框，系统再次重复提示“选择修改对象:”，此时选择下一个属性进行编辑，直至回车结束命令。

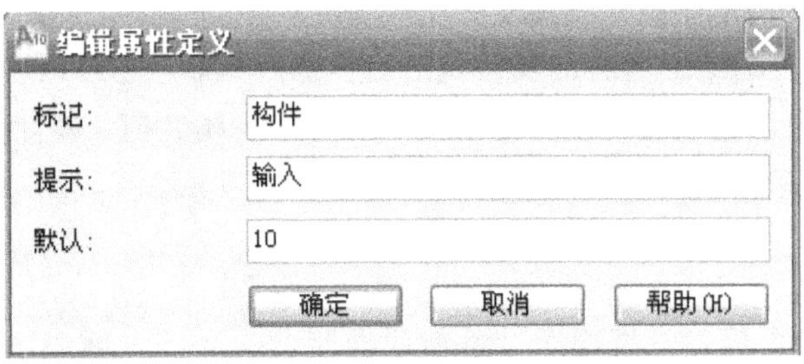

图 5.5 “编辑属性定义”对话框

5.2.6 编辑属性值

1. 访问方法

命令行：ddaatte（ATE）。

“ddatte”命令用于修改图形中已插入属性块的属性值，但不能修改常量属性值。

2. 选项步骤

执行“ddatte”命令后，系统提示“选取块参照:”，选取要修改属性值的图块，用户按提示选取后，系统将弹出如图 5.6 所示“编辑图块属性”对话框。在“名称”下选取图块属性的名称，在数值框中显示相应的属性值，修改数值框中的内容即可更改相应属性的属性值。

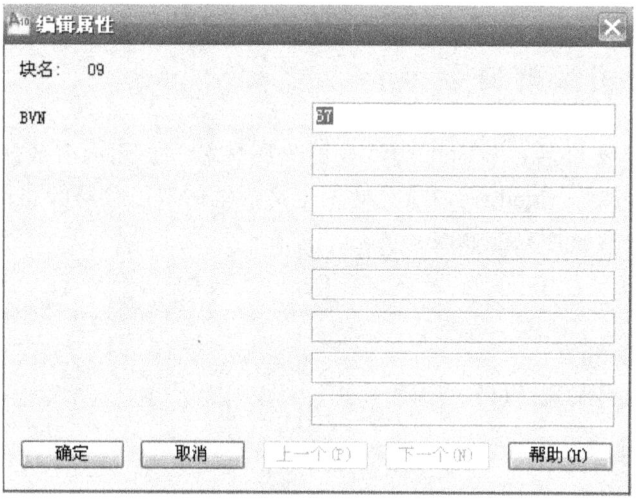

图 5.6 “编辑属性值”对话框

5.2.7 编辑属性

1. 访问方法

（1）命令行：eattedit。

（2）菜单：修改→对象（O）→属性（A）→单个（S）/全局（G）。

“eattedit”命令可对图形中所有的属性块进行全局性编辑。它可以一次性对多个属性块进行编辑，也可以对每个属性块进行多方面的编辑，可修改属性值、属性位置、属性文本高度、角度、字体、图层、颜色等。

2. 操作步骤

执行“attedit”命令后，系统提示“选取块参照:”，激活“增强属性编辑器”对话框，如图 5.7 所示。

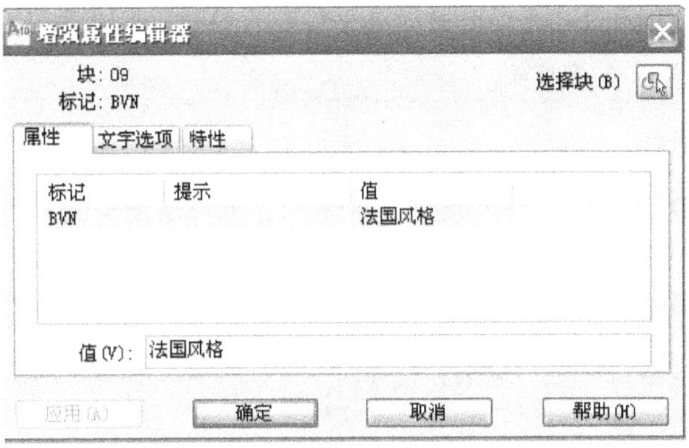

图 5.7 “增强属性编辑器”对话框

该对话框有三个标签页，分别介绍如下：

“属性”标签页：该标签页显示了所选择“块引用”中的各属性的标记、提示和它对应的属性值。单击某一属性，就可在“值”编辑框中直接对它的值进行修改。

“文字选项”标签页：可在该标签页直接修改属性文字的样式、对齐方式、高度、文字行角度等项目。各项的含义与设置文字样式命令“Style”对应项相同。

“特性”标签页：可在该标签页的编辑框中直接修改属性文字的所在图层、颜色、线型、线宽和打印样式等特性。

对话框中的“选择块”按钮用于继续选择要编辑的块引用，“应用”按钮用于在保持对话框打开的情况下确认已做的修改。

5.3 外部参照

外部参照和块是 AutoCAD 提供的重复利用图形对象的两种方式。外部参照是把已有的图形文件像块一样插入到图形中，但两者也有不同。块一旦被插入，就永久性插入到图形当中，成为当前图形的组成部分，与原来的图形文件丧失了关联性，如果修改块的原图，图形中插入的块不会自动更新。但在使用外部参照的过程中，那些被插入的图形文件的信息并不直接加入到当前的图形文件中，而只是记录引用的关系，且当前的文件能随时反映外部参照的最新变化。这样引用文件一旦更改，引用随时就会自动改过来，避免了无效劳动，提高了工作效率，利于使参照的图形总是最新版本。另外，对当前图形的操作也不会改变外部引用的图形文件的内容。只有用户打开有外部引用的图形文件时，系统才自动把各外部引用图形文件重新调入内存。

5.3.1 外部参照管理

1. 访问方法

（1）命令行：xref。

（2）菜单：插入→外部参照管理器（R）。

（3）工具栏：插入→外部参照。

2. 外部参照管理

执行“xref”命令后，系统弹出如图 5.8 所示“外部参照管理器”对话框。在“外部参照管理器”中可以查看到当前图形中所有外部参照的状态和关系，并且可以在管理器中完成附着、拆离、重载、卸载、绑定、修改路径等操作。

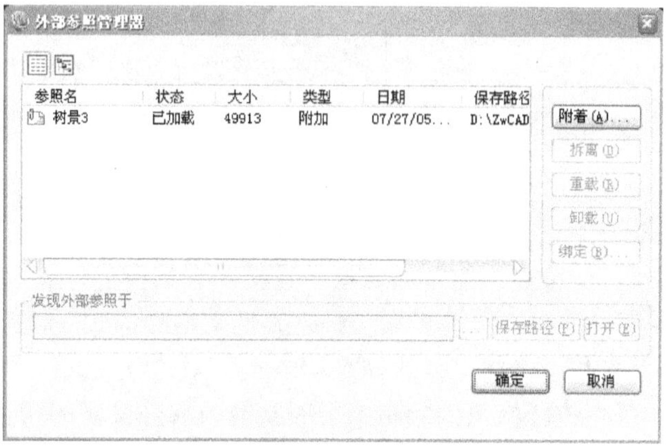

图 5.8 “外部参照管理器”对话框

（1）查看当前图形的外部参照状况操作。

① 以列表形式查看。

单击左上角的“列表图”按钮，当前图形中的所有外部参照以列表形式显示在列表框中，每一个外部参照的名称、加载状态、大小、参照类型、参照日期和保存路径列在同一行状态条上。

② 以树状结构形式查看。

单击左上角内侧的“树状图”按钮，当前图形中的外部参照将以树状结构列表显示，从而可以看到外部参照之间的嵌套层次。

（2）改变参照名操作。

默认列表名是用参照图形的文件名，选择该名称后就可以重命名。该操作不会改变参照图形本来的文件名。

（3）附着新的外部参照操作。

单击“附着”按钮，将激活“外部参照”对话框，可以增加新的外部参照。

（4）删除外部参照操作。

在列表框中选择不再需要的外部参照，然后单击“拆离”按钮。

（5）更新外部参照操作。

在列表框中选择要更新的外部参照，然后单击“重载”按钮，AutoCAD 2010 会将该参照文件的最新版本读入。

（6）暂时关闭外部参照操作。

在列表框中选择某外部参照，然后单击“卸载”按钮，就可暂时不在屏幕上显示该外部参照并使它不参与重生成，以便改善系统运行性能。但是该外部参照仍存在于主图形文件中，需要显示时可以重新选择它，然后单击“重载”按钮。

（7）永久转换外部参照到当前图形中操作。

这种操作称为“绑定”。选择该外部参照，然后单击“绑定”按钮，激活“绑定”外部参照对话框，有下列两种绑定类型供选择：

① 绑定：将所选外部参照变成当前图形的一个块，并重新命名它的从属符号，原来的“|”符号被“n”代替，中间的 n 是一个表示索引号的数字。例如，“Draw|layer1”变成“Draw$n$Layer1”，以后就可以和图中其他命名对象一样处理它们。

② 插入：用插入的方法把外部参照固定到当前图形，并且它的从属符号剥去外部参照图形名，变成普通的命名符号加入到当前图中，例如，“DRAW|LAYER1”变成“LAYER1”。如果当前图形内部有同名的符号，该从属符号就变为采用内部符号的特性（如颜色……）。因此如不能确定有无同名的符号时，以选择“绑定”类型为宜。被绑定的外部参照的图形及与它关联的从属符号（如块、文字样式、尺寸标注样式、层、线型表等）都变成了当前图形的一部分，它们不可能再自动更新为新版本。

（8）改变外部参照文件的路径操作。

① 在列表框中选择外部参照。

② 在“发现外部参照于”的编辑框中键入包含路径的新文件名。

③ 单击“保存路径”按钮保存路径，以后 AutoCAD 2010 就会按此搜索该文件。

④ 单击“确定”按钮结束操作。

另外，也可以单击“浏览”按钮，打开“选取覆盖文件”对话框，从中选择其他路径或文件。

5.3.2 附着外部参照

1. 访问方法

（1）命令行：aattach。

（2）菜单：插入→外部参照。

执行该命令，首先激活“选取附着文件”对话框，如图 5.9 所示。在该框中选择参照文件之后，单击“打开”按钮，将关闭该对话框并激活“附着外部参照”对话框，如图 5.10 所示。

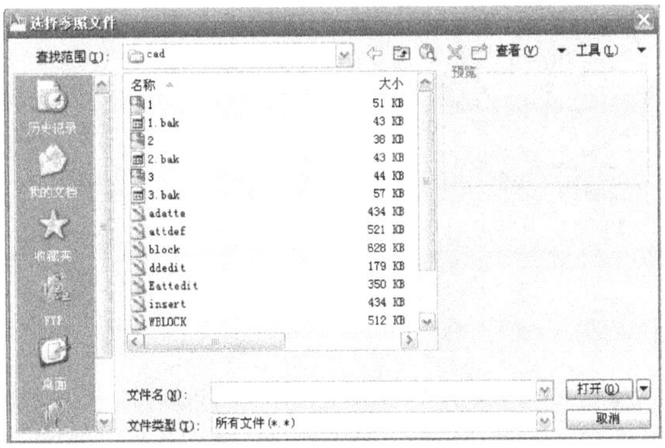

图 5.9 “选取附着文件”对话框

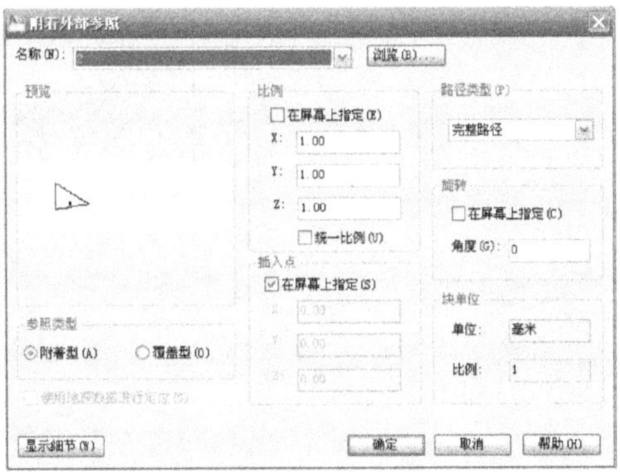

图 5.10 “附着外部参照”对话框

2. 操作步骤

（1）确定外部参照文件。在“名称”中列出选好的文件名。如果想再选择别的文件作参照文件，可以单击“浏览”按钮，再打开“选取附加文件”对话框。

（2）指定参照类型：附加型和覆盖型选择其中之一。

（3）设定“插入点”、“XYZ 比例”和“旋转角”等参数，可用”在屏幕上指定”或直接在编辑框键入的方式来设定。

（4）单击“确定”按钮，完成操作。

习题与思考题

1. 在 AutoCAD 2010 中，块与属性如何定义？

2. 在 AutoCAD 2010 中，块和属性具有哪些特点？如何创建带属性的块？

3. 在 AutoCAD 2010 中，如何从块中提取属性信息？

4. 在 AutoCAD 2010 中，块与外部参照有何区别？

5. 在 AutoCAD 2010 中，如何在图形中附着外部参照？

6. 要使插入的图块具有当前图层的特性，具有当前图层的颜色和线型，则需要在________________层上生成该图块。

7. 在 AutoCAD 2010 中，允许用户将已经定义的图块插入到当前的图形文件中。在插入图块（或文件）时，用户必须确定四组特征参数，即要插入的图块名、插入点位置、插入比例系数和__________________等。

8. 利用块与属性功能绘制图 5.11 所示的图形。

图 5.11

第 6 章　文字、表格与尺寸标注

在一个完整的图样中，通常都包含一些文字注释来标注图样中的一些非图形信息，使图形更加明白、清楚，从而完整地表达其设计意图；同时，图形中各个对象的真实大小和相互位置只有经过尺寸标注后才能确定。因此，文字、表格对象和尺寸标注是 AutoCAD 图形中很重要的元素，是绘图中不可缺少的组成部分。本章将对以上几部分内容作详细的介绍。

6.1　绘制文字

在 AutoCAD 2010 的文本标注中，除了文字输入之外，还有文字样式的选择，因此，在绘制文字中，将首先介绍关于文字样式的相关内容。但不管哪部分内容，都在文字菜单中进行操作。

6.1.1　文字样式及设置

在 AutoCAD 2010 中，所有文字都有与之相关联的文字样式。文字样式的设置和创建主要包括“字体”、“大小”和“效果”等，具体有“字体名”、“字体样式”、“字体高度”、“宽度因子”、“倾斜角度”、“颠倒”、“反向”、“垂直”等参数。同 word 等文字编辑软件一样，AutoCAD 2010 的文字字体中也有 Roman、Romantic、Complex、Italic 等英文字体，有宋体、黑体、楷体等汉字字体，字符大小则由字符高度和字符宽度决定。

1. 访问方法

（1）命令行：style/ddstyle（ST）。

（2）菜单：格式→文字样式。

“style”命令用于设置文字样式，包括字体、字符高度、字符宽度、倾斜角度、文本方向等参数的设置。

2. 字体样式设置

执行“style”命令后，将出现“字体样式”对话框，如图 6.1 所示。

各选项的含义和功能介绍如下：

当前样式名：该区域用于设定样式名称，用户可以从该下拉列表框选择已定义的样式或者单击“新建”按钮创建新样式。

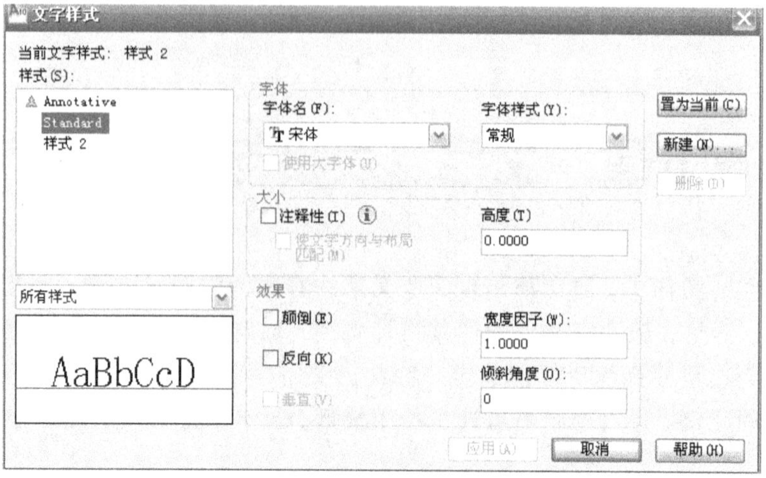

图 6.1 “文字样式”对话框

新建（N）：用于定义一个新的文字样式。单击该按钮，在弹出的“新文字样式”对话框的“样式名称”编辑框中输入要创建的新样式的名称，然后单击“确定”按钮。

重命名：用于更改图中已定义的某种样式的名称。在左边的下拉列表框中选取需更名的样式，再单击“确定”按钮，在弹出的“重命名文字样式”对话框的“样式名称”编辑框中输入新样式名，然后单击“确定”按钮即可。

删除（D）：用于删除已定义的某样式。在左边的下拉列表框选取需要删除的样式。然后单击“删除”按键按钮，系统将会提示是否删除该样式。单击“确定”按钮，表示确定删除；单击“取消”按钮，表示取消删除。

字体：该区域用于设置当前样式的字体、字体格式、字体高度。

字体名（F）：该下拉列表框中列出了 Windows 系统的 TrueType（TTF）字体与 AutoCAD 2010 本身所带的字体。用户可在此选择一种需要的字体作为当前样式的字体。

字体样式（Y）：该下拉列表框中列出了字体的几种样式，比如常规、粗体、斜体等字体。用户可任选一种样式作为当前字形的字体样式。

使用大字体（D）：选用该复选框，用户可使用大字体定义字形。

高度（T）：该编辑框用于设置当前字形的字符高度。

宽度因子（W）：该编辑框用于设置了字符的宽度因子，即字符宽度与高度之比。取值为 1 表示保持正常字符宽度，大于 1 表示加宽字符，小于 1 表示使字符变窄。

倾斜角度（O）：该编辑框用于设置文本的倾斜角度。大于 0° 时，字符向右倾斜；小于 0° 时，字符向左倾斜。

颠倒（E）：选择该复选框后，文本将颠倒显示。

反向（K）：选择该复选框后，文本将反向显示。

垂直（V）：选择该复选框后，字符将以垂直方式显示字符。True Type 字体不能设置为垂直书写方式。

预览：该区域用于预览当前字形的文本效果。

设置完样式后可以单击“应用”按钮将新样式加入当前图形。完成样式设置后，单击“确定”按钮关闭字体样式对话框。

3. 操作步骤

（1）执行“style”命令；

（2）单击“新建”按钮，系统弹出“新文字样式”对话框；

（3）在对话框中输入“××”，设定新样式名，单击“确定”按钮回到主对话框；

（4）在文本字体框中设定新字体为“××”；

（5）在文本度量框中填写设定字体的高度、宽度、角度等；

（6）单击“应用”按钮将新样式“××”加入图形；

（7）完成新样式设置，关闭对话框。

6.1.2 单行文字标注

1. 访问方法

（1）命令行：dtext。

（2）菜单：绘图→文字→单行文字。

（3）工具栏：文字→单行文字。

dtext 可为图形标注一行或几行文本，每一行文本作为一个实体。该命令同时设置文本的当前样式、旋转角度（Rotate）、对齐方式（Justify）和字高（Resize）等。

2. 操作步骤

用“dtext”命令进行文本标注，采用标准样式、宋体字形，居中，输入高度为 2.5 的单行文本“我是中国人我爱我的祖国”。其操作步骤如下：

（1）执行“dtext”命令；

（2）在提示“对正（J）/样式（S）/<起点>：s”后选择“样式（S）”；

（3）在提示“输入样式名或[?]<Standard>：”后选择字形；

（4）在提示“指定文字的起点或 [对正（J）/样式（S）]：”后选择“对正（J）”；

（5）在提示“输入选：样式（S）/对齐（A）/拟合（F）/中心（C）/中间（M）/右边（R）/左中（TL）/顶部中心（TC）/右中（TR）/左中 ML）/中心（MC）/右中（MR）/左下（BL）/底部中心（BC）/右下（BR）/<起点>：”后选择“中心（C）”；

（6）在提示“指定文字中心点：”在屏幕上拾取文字中心点；

（7）在提示“指定高度：”输入 2.5；

（8）在提示“文字旋转角度 <180>：0”设置文字旋转角度为 0°；

（9）在屏幕文本框内输入文本内容“我是中国人我爱我的祖国”；

（10）按 Ctrl+回车键结束文本输入。

输入过程中，各提示项的含义和功能说明如下：

样式（S）：此选项用于指定文字样式，即文字字符的外观。执行选项后，系统出现提示信息“输入样式名或[？]<Standard>：”。输入已定义的文字样式名称或单击回车键选用当前的文字样式；也可输入“?”，系统提示“输入要列出的文字样式<*>：”。单击回车键后，屏幕转为文本窗口列表显示图形定义的所有文字样式名、字体文件、高度、宽度比例、倾斜角度、生成方式等参数。

拟合（F）：标注文本在指定的文本基线的起点和终点之间保持字符高度不变，通过调整字符的宽度因子来匹配对齐。

对齐（A）：标注文本在用户的文本基线的起点和终点之间保持字符宽度因子不变，通过调整字符的高度来匹配对齐。

中心（C）：标注文本中点与指定点对齐。

中间（M）：标注文本的文本中心和高度中心与指定点对齐。

右边（R）：在图形中指定的点与文本基线的右端对齐。

左上（TL）：在图形中指定的点与标注文本顶部左端点对齐。

中上（TC）：在图形中指定的点与标注文本顶部中点对齐。

右上（TR）：在图形中指定的点与标注文本顶部右端点对齐。

左中（ML）：在图形中指定的点与标注文本左端中间点对齐。

正中（MC）：在图形中指定的点与标注文本中部中心点对齐。

右中（MR）：在图形中指定的点与标注文本右端中间点对齐。

左下（BL）：在图形中指定的点与标注文本底部左端点对齐。

中下（BC）：在图形中指定的点与字符串底部中点对齐。

右下（BR）：在图形中指定的点与字符串底部右端点对齐。

ML、MC、MR 三种对齐方式中所指的中点均是文本大写字母高度的中点，即文本基线到文本顶端距离的中点；Middle 所指的文本中点是文本的总高度（包括如 j、y 等字符的下沉部分）的中点，即文本底端到文本顶端距离的中点，如图 6.2 所示。如果文本串中不含 j、y 等下沉字母，则文本底端线与文本基线重合，MC 与 Middle 相同。

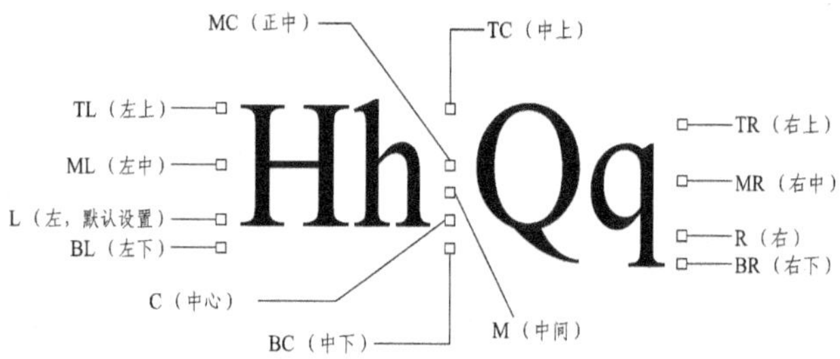

图 6.2　对齐方式示意图

3. 注意事项

单行文本的输入过程可通过回车来分行，但不管文字内容是一行还是多行，单行文本的修改时，只能对文字内容的某一行进行修改。

6.1.3　多行文字标注

1. 访问方法

（1）命令行：mtext（MT、T）。

（2）菜单：绘图→文字→多行文字。

（3）工具栏：绘图→多行文字。

MTEXT 可在绘图区域用户指定的文本边界框内输入文字内容，并将其视为一个实体。此文本边界框定义了段落的宽度和段落在图形中的位置。

2. 操作步骤

在绘图区标注一段文本，结果如图 6.3 所示，其操作步骤如下：

（1）执行“mtext”命令；

（2）在屏幕上拾取一点，作为段落文本边界框的第一角点；

（3）在提示“<对齐方式（J）/旋转（R）/样式（S）/字高（H）/方向（D）/字宽（W）/<字块对角点>”后分别输入“对齐方式”（J）、“样式”（S）、“字高（H）”、“字宽（W）”等选项内容，否则为默认拾取另一点，选择字块对角点，弹出对话框，输入汉字“我是中国人我爱我的祖国”等文字；

（4）单击“确定”按钮结束文本输入。

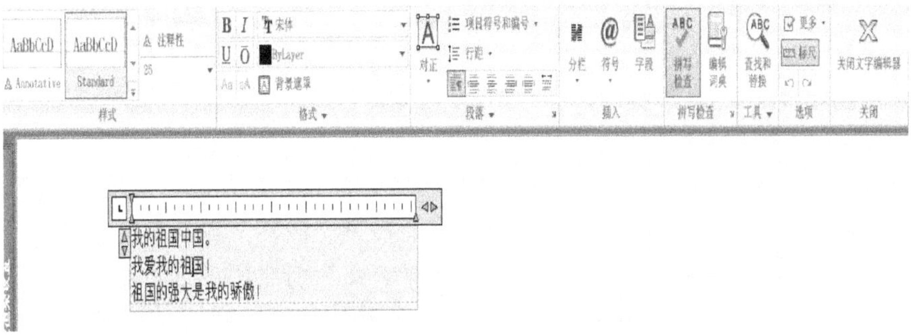

图 6.3 “多行文本输入”对话框及编辑器

3. 功能介绍

AutoCAD 2010 实现了由以往的多行文字编辑器改造为在位文字编辑器，即实现了“所见即所得”效果，同时，增强了对多行文字的编辑功能，能实现诸如 word 等其他文字编辑软件实现的上划线、标尺、段落对齐、段落设置等功能，且菜单设置更为简单明了，熟悉常用文字编辑软件的人员都能够轻易地掌握 AutoCAD 2010 多行文字的标注。下面对部分主要的功能做详细介绍。

（1）“样式”面板。

样式：为多行文字对象选择文字样式。向多行文字对象应用文字样式。默认情况下，“标准”文字样式处于活动状态。

注释性：打开或关闭当前多行文字对象的“注释性”。

字高：设置当前字体高度。可在下拉列表框中选取，也可直接输入。多行文字对象可以包含不同高度的字符。

（2）“格式”面板。

字体：用户可以从该下拉列表框中任选一种字体修改选定文字或为新输入的文字指定字体。

颜色：用户可从颜色列表中为文字任意选择一种颜色，也可指定 BYLAYER 或 BYBLOCK 的颜色，使之与所在图层或所在块相关联。或在颜色列表中选择“其他颜色”开启“选择颜色”对话框，选择颜色列表中没有的颜色。

背景遮罩：打开“背景遮罩”对话框。可为多行文字对象设置不透明的背景色。

B、I、U（加黑、倾斜、加下划线）：这三个开关按钮用于设置当前标注文本是否加黑、倾斜、加下划线。加黑和倾斜选项仅适用于使用 TrueType 字体的字符。

点击“格式”按钮，会出现以下三种功能区旋转式控制按钮：

倾斜角度：确定文字是向前倾斜还是向后倾斜。倾斜角度表示的是相对于 90° 角方向的偏移角度，输入一个 - 85 ~ 85 的数值使文字倾斜。倾斜角度的值为正时文字向右倾斜，倾斜角度的值为负时文字向左倾斜。

追踪：增大或减小选定字符之间的空间。1.0 设置是常规间距。设置为大于 1.0 可增大间距，设置为小于 1.0 可减小间距。

宽度因子：扩展或收缩选定字符。1.0 设置代表此字体中字母的常规宽度。可以增大该宽度（例如，使用宽度因子 2 使宽度加倍）或减小该宽度（例如，使用宽度因子 0.5 将宽度减半）。

大写：将选定文字更改为大写。

小写：将选定文字更改为小写。

（3）“段落”面板。

多行文字对正：显示“多行文字对正”菜单，并且有九个对齐选项可用，“左上”为默认。

段落：显示“段落”对话框。相关选项列表请参见“段落”对话框。

行距：显示建议的行距选项或“段落”对话框。在当前段落或选定段落中设置行距。

项目符号和编号：显示用于创建列表的选项（不适用于表格单元）。缩进列表以与第一个选定的段落对齐。

关闭：选择此选项，将从应用了列表格式的选定文字中删除字母、数字和项目符号，但不修改缩进状态。

以字母标记：应用将带有句点的字母用于列表中的项的列表格式。如果列表含有的项多于字母中含有的字母，可以使用双字母继续序列。

以数字标记：应用将带有句点的数字用于列表中的项的列表格式。

以项目符号标记：应用将项目符号用于列表中的项的列表格式。

重新启动：在列表格式中启动新的字母或数字序列。如果选定的项位于列表中间，则选定项下面的未选中的项也将成为新列表的一部分。

继续：将选定的段落添加到上面最后一个列表然后继续序列。如果选择了列表项而非段落，选定项下面的未选中的项将继续序列。

允许自动列表：以键入的方式应用列表格式。以下字符可以用作字母和数字后的标点但不能用作项目符号：句点（.）、逗号（,）、右括号（)）、右尖括号（>）、右方括号（]）和右花括号（}）。

仅使用制表位分隔符：限制“允许自动列表”和“允许项目符号和列表”选项。仅当字母、数字或项目符号字符后的空格通过按 Tab 键而不是空格键创建时，列表格式才会应用于文字。默认情况下，选择该选项。

允许项目符号和列表：如果选择此选项，列表格式将应用到外观类似列表的多行文字对象中的所有纯文本。符合以下标准的文本将被认为是列表：（1）行以一个或多个字母、数字或符号开头；（2）字母或数字后跟标点；（3）通过按 Tab 键创建的空格以及行前的一些文字。通过按 Enter 键或 Shift+Enter 组合键结束。

如果清除复选标记，多行文字对象中的所有列表格式都将被删除，各项将被转换为纯文本，"允许自动列表"将被关闭，并且除了"允许项目符号和列表"以外，所有项目符号和列表选项均不可用。

左对齐、居中、右对齐、两端对齐和分散对齐：设置当前段落或选定段落的左、中或右文字边界的对正和对齐方式，包含在一行的末尾输入的空格，并且这些空格会影响行的对正。

其他面板：

分栏：可对多行文字文本进行一栏或者多栏的设置。

显示标尺：控制标尺的显示。

符号：在光标位置插入符号或不间断空格。也可以手动插入符号。子菜单中列出了常用符号及其控制代码或 Unicode 字符串。单击"其他"将显示"字符映射表"对话框，其中包含了系统中每种可用字体的整个字符集。选择一个字符，然后单击"选定"将其放入"复制字符"框中。选中所有要使用的字符后，单击"复制"关闭对话框。在编辑器中，单击鼠标右键并单击"粘贴"，不支持在垂直文字中使用符号。

查找和替换：显示"查找和替换"对话框。在当前多行文字编辑器中的文字中搜索指定的文字字段并用新文字替换。但要注意的是，替换的只是文字内容，字符格式和文字特性不变。

插入字段：显示"字段"对话框，从中可以选择要插入到文字中的字段。关闭该对话框后，字段的当前值将显示在文字中。字段是设置为显示可能会在图形生命周期中修改的数据的可更新文字。字段更新时，将显示最新的字段值。

词典：显示"词典"对话框，从中可以更改用于检查任何拼写错误的词语的词典。

关闭：结束"mtext"命令并关闭"多行文字"功能区上下文选项卡。

撤销：该按钮用于撤销上一步操作。

重做：该按钮用于重做上一步操作。

文本输入上方标尺及周围各项的功能如图 6.4 所示。

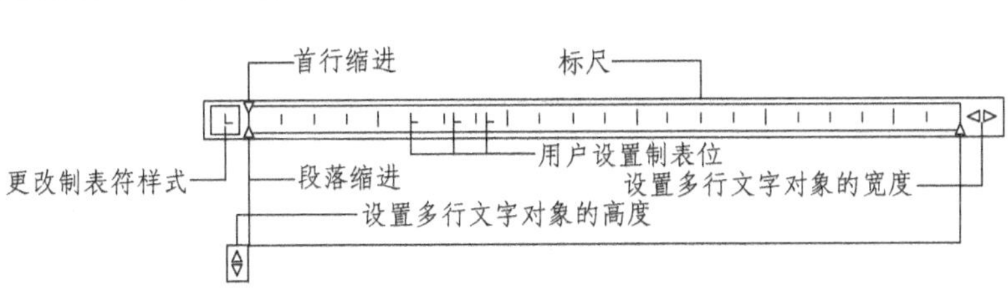

图 6.4 "多行文本"对话框

4."mtext"命令的注意事项

（1）"mtext"命令与"dtext"命令是有所区别的。"dtext"命令输入的多行段落文本是作为一个实体，只能对其进行整体选择、编辑；而“mtext”命令也可以输入多行文本，但每一行文本单独作为一个实体，可以分别对每一行进行选择、编辑。

（2）用户若要修改已标注的“mtext”文本，可选取该文本后，单击鼠标右键，在弹出的快捷菜单中选“编辑多行文字”项，即可进行文本修改。

（3）输入文本的过程中，可对单个或多个字符进行不同的字体、高度、加粗、倾斜、下划线、上划线等设置，这点与常用文字处理软件相同。其操作方法是：按住并拖动鼠标左键，选中要编辑的文本，然后再设置相应选项。

6.1.4 特殊字符输入

在标注文本时，常常需要输入一些特殊字符，如上划线、下划线、度数、公差符号、百分比符号等。多行文字可以用“上/下划线”按钮及面板菜单中的“符号”菜单来实现；而单行文字（DTEXT），AutoCAD 2010 则提供了一些带两个百分号（%%）的控制代码来生成这些特殊符号。表 6.1 列出了一些特殊字符的控制代码及其含义。

1. 特殊符号代码及含义

表 6.1 特殊字符输入代码

特殊符号	输入代码	含义
±	%%P	公差符号
—	%%O	上划线
	%%U	下划线
%	%%%	百分比符号
Φ	%%C	直径符号
°	%%D	角度
$	%%36	
%	%%37	
&	%%38	
‘	%%39	单引号
(	%%40	左括号
)	%%41	右括号
*	%%42	乘号
+	%%43	加号
,	%%44	逗号
-	%%45	减号
。	%%46	句号
/	%%47	除号

续表 6.1

特殊符号	输入代码	含　义
0~9	%%48~57	数字
:	%%58	冒号
;	%%59	分号
<	%%60	小于号
=	%%61	等于号
>	%%62	大于号
?	%%63	问号
@	%%64	
A~Z	%%65~90	大写 26 个字母
[	%%91	
\	%%92	反斜杠
]	%%93	
^	%%94	
_	%%95	
‘	%%96	单引号
a~z	%%97~122	小写 26 个字母
{	%%123	左大括号
|	%%124	
}	%%125	右大括号
~	%%126	

2. 操作步骤

用“dtext”命令输入包含特殊字符的文本，如图 6.5 所示。

40°
我是中国人

图 6.5　特殊字符的输入

其操作步骤如下：

（1）输入“40°”。

① 执行“dtext”命令；

② 提示“[对正（J）/样式（S）] <起点>”后在屏幕上拾取一点，作为单行文本的起点；

③ 设置文字大小，字高 <11、3152>：27；

④ 设置文字旋转角度 <0>：回车接受默认，不旋转；

⑤ 输入文字内容：40%%D；

⑥ 屏幕显示“40°。

（2）输入我是中国人。

① 执行“dtext”命令；

② 提示“[对正（J）/样式（S）] <起点>”后在屏幕上拾取一点，作为单行文本的起点；

③ 设置文字大小，字高 <11、3152>：27；

④ 设置文字旋转角度 <0>：回车接受默认，不旋转；

⑤ 输入文字内容：%%U 我是中国人%%U；

⑥ 屏幕显示“我是中国人”。

3. 注意

① 如果输入的“%%”后如无控制字符（如 c、p、d）或数字，系统将视其为无定义，并保留“%%”及后面的所有字符；如果用户只输入一个“%”，则此“%”将作为一个字符标注于图形中。

② 上下划线是开关控制，输入一个%%O（%%u）开始上（下）划线，再次输入此代码则结束；如果一行文本中只有一个划线代码，则自动将行尾作为划线结束处。

6.1.5 文本编辑

1. 访问方法

（1）命令行：ddedit（ED）。

（2）工具栏：文字→编辑文字。

“ddedit”命令可以编辑修改标注文本的内容，如增减或替换 text 文本中的字符、编辑 mtext 文本或属性定义。

2. 操作步骤

用“ddedit”命令进行本文的编辑，其操作步骤如下：

（1）执行“ddedit”命令；

（2）选取修改对象，即选取要编辑的文本；

（3）选取文本后，该单行或多行文字自动进入编辑状态，修改所要增减的内容，完毕后，回车或鼠标点击其他地方，即可完成修改。

6.2 绘制表格

在工程图样和文件管理中，表格同文字一样，也是必不可少的要素。表格可以使用行和列以一种简洁清晰的格式提供信息。使用表格可以方便地创建、整理和维护数据信息，并实现与外部程序的数据交互。AutoCAD 2010 中的表格与 Excel 表格类似，且更为简单。

6.2.1 使用表格样式

表格样式的作用同文字样式一样，它的参数决定了表格的外观，用户可以使用默认表格样式“STANDARD”，也可以创建自己的表格样式。表格样式包括背景颜色、页边距、边界、文字和其他表格特征的设置。

1. 访问方法

（1）命令行：tablestyle。
（2）工具栏：表格→表格样式。
（3）功能区：“注释”选项卡→表格→表格样式。
“tablestyle”命令用于设置当前表格样式，以及创建、修改和删除表格样式。

2. 操作步骤

（1）键入“tablestyle”命令，进入“表格样式”对话框，如图 6.6 所示。

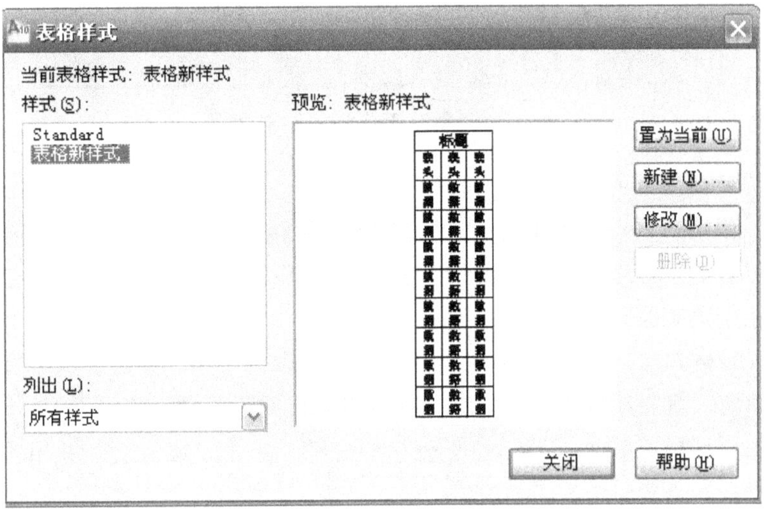

图 6.6 “表格样式”对话框

其中，各选项及参数的含义如下：

当前表格样式：显示应用于所创建表格的表格样式的名称。默认表格样式为“STANDARD”。

样式：显示表格样式列表格，当前样式被亮显。

列出：控制“样式”列表格的内容。其中，有以下两种情况：所有样式是指显示所有表格样式，正在使用的样式仅显示被当前图形中的表格引用的表格样式。

预览：显示“样式”列表格中选定样式的预览图像。

置为当前：将“样式”列表格中选定的表格样式设置为当前样式。所有新表格都将使用此表格样式创建。

新建：显示“创建新的表格样式”对话框，从中可以定义新的表格样式。

修改：显示“修改表格样式”对话框，从中可以修改表格样式。

删除：删除“样式”列表中选定的表格样式，但不能删除图形中正在使用的样式。

（2）点击“新建表格样式”并命名继续，同“修改表格样式”一样，都将出现表格样式新建或修改的对话框，如图 6.7 所示。

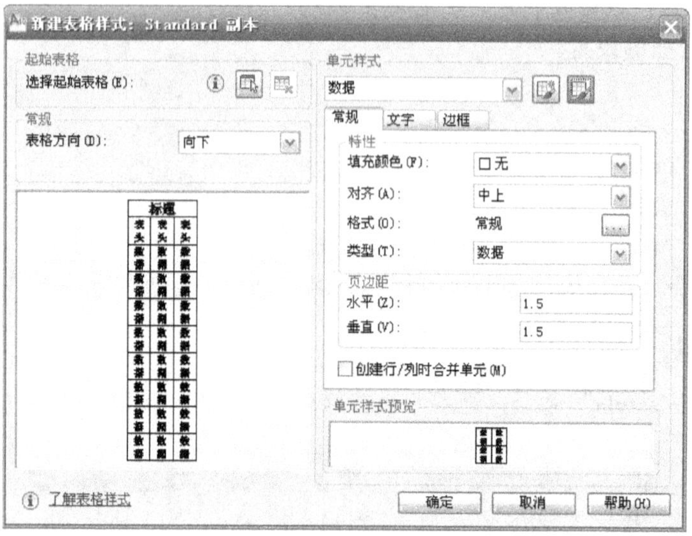

图 6.7 “新建表格样式”对话框

其中，各选项及参数的含义如下：

起始表格：使用户可以在图形中指定一个表格用作样例来设置此表格样式的格式。选择表格后，可以指定要从该表格复制到表格样式的结构和内容。使用“删除表格”图标，可以将表格从当前指定的表格样式中删除。

常规：更改表格方向。“向下”将创建由上而下读取的表格，标题行和列标题行位于表格的顶部，单击“插入行”并单击“下”时，将在当前行的下面插入新行；“向上”将创建由下而上读取的表格，标题行和列标题行位于表格的底部，单击“插入行”并单击“上”时，将在当前行的上面插入新行。

预览：显示当前表格样式设置效果的样例。

单元样式：定义新的单元样式或修改现有单元样式。可分别对标题、表头、数据等项目进行单元样式的设置和修改，可以创建任意数量的单元样式。

“单元样式”选项卡：设置数据单元、单元文字和单元边界的外观，取决于处于活动状态的选项卡——“常规”选项卡、“文字”选项卡或“边框”选项卡。

①“常规”选项卡。

填充颜色：指定单元的背景色，默认值为“无”。

对齐：设置表格单元中文字的对正和对齐方式。文字相对于单元的顶部边框和底部边框进行居中对齐、上对齐或下对齐，相对于单元的左边框和右边框进行居中对正、左对正或右对正。有关这九个选项的图例，参见“多行文字的对正方式”。

格式：为表格中的“数据”、“列标题”或“标题”行设置数据类型和格式。单击该按钮将显示“表格单元格式”对话框，从中可以进一步定义格式选项。

类型：将单元样式指定为标签或数据。

边距：控制单元边界和单元内容之间的间距。单元边距设置应用于表格中的所有单元，默认设置为 0.06（英制）和 1.5（公制）。

水平：设置单元中的文字或块与左右单元边界之间的距离。

垂直：设置单元中的文字或块与上下单元边界之间的距离。

创建行/列时合并单元：将使用当前单元样式创建的所有新行或新列合并为一个单元，可以使用此选项在表格的顶部创建标题行。

② “文字”选项卡。

文字样式：列出可用的文本样式。

“文字样式”按钮：显示“文字样式”对话框，从中可以创建或修改文字样式。（详见 6.11 节相关内容）

文字高度：设置文字高度。数据和列标题单元的默认文字高度为 0.1800，表标题的默认文字高度为 0.25。

文字颜色：指定文字颜色。选择列表底部的“选择颜色”可显示“选择颜色”对话框。

文字角度：设置文字角度。默认的文字角度为 0°，可以输入－359°～+359°的任意角度。

③“边框”选项卡。

线宽：通过单击“边界”按钮，设置将要应用于指定边界的线宽。如果使用粗线宽，可能必须增加单元边距。

线型：通过单击边界按钮，设置将要应用于指定边界的线型。将显示标准线型 ByBlock、ByLayer 和连续，或者可以选择“其他”加载自定义线型。

颜色：通过单击边界按钮，设置将要应用于指定边界的颜色。选择“选择颜色”可显示“选择颜色”对话框。

双线：将表格边界显示为双线。

间距：确定双线边界的间距，默认间距为 0.1800。

边界按钮：控制单元边界的外观，边框特性包括栅格线的线宽和颜色。

所有边界：将边界特性设置应用到指定单元样式的所有边界。

外部边界：将边界特性设置应用到指定单元样式的外部边界。

内部边界：将边界特性设置应用到指定单元样式的内部边界。

底部边界：将边界特性设置应用到指定单元样式的底部边界。

左边界：将边界特性设置应用到指定的单元样式的左边界。

上边界：将边界特性设置应用到指定单元样式的上边界。

右边界：将边界特性设置应用到指定单元样式的右边界。

无边界：隐藏指定单元样式的边界。

单元样式预览：显示当前表格样式设置效果的样例。

设置好表格样式之后，就可以进行表格的绘制和使用了。

6.2.2 创建和使用表格

1. 访问方法

（1）命令行：table。

（2）工具栏：表格→创建表格。

（3）功能区："注释"选项卡→表格。

"table"命令用于在图形中创建表格。

2. 操作步骤

键入"tablestyle"命令，打开插入表格对话框，如图 6.8 所示。

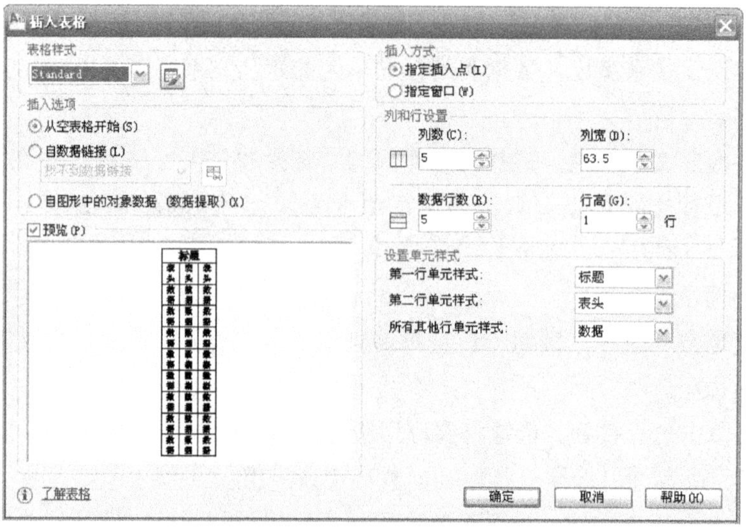

图 6.8 "插入表格"对话框

其中，各选项及参数的含义如下：

表格样式：在要从中创建表格的当前图形中选择表格样式。通过单击下拉列表旁边的按钮，用户可以创建新的表格样式。

插入选项：指定插入表格的方式。

从空表格开始：创建可以手动填充数据的空表格。

从数据链接开始：从外部电子表格中的数据创建表格。

从数据提取开始：启动"数据提取"向导。

预览：控制是否显示预览。如果从空表格开始，则预览将显示表格样式的样例；如果创建表格链接，则预览将显示结果表格。处理大型表格时，需清除此选项以提高性能。

插入方式：指定表格位置。

指定插入点：指定表格左上角的位置。可以使用定点设备，也可以在命令提示下输入坐标值。如果表格样式将表格的方向设置为由下而上读取，则插入点位于表格的左下角。

指定窗口：指定表格的大小和位置。可以使用定点设备，也可以在命令提示下输入坐标值。选定此选项时，行数、列数、列宽和行高取决于窗口的大小以及列和行设置。

列和行设置：设置列和行的数目与大小。

列数：指定列数。选定“指定窗口”选项并指定列宽时，“自动”选项将被选定，且列数由表格的宽度控制。如果已指定包含起始表格的表格样式，则可以选择要添加到此起始表格的其他列的数量。

列宽：指定列的宽度。选定“指定窗口”选项并指定列数时，则选定了“自动”选项，且列宽由表格的宽度控制，最小列宽为一个字符。

数据行数：指定行数。选定“指定窗口”选项并指定行高时，则选定了“自动”选项，且行数由表格的高度控制。带有标题行和表格头行的表格样式最少应有三行。最小行高为一个文字行。如果已指定包含起始表格的表格样式，则可以选择要添加到此起始表格的其他数据行的数量。

行高：按照行数指定行高。文字行高基于文字高度和单元边距，这两项均在表格样式中设置。选定“指定窗口”选项并指定行数时，则选定了“自动”选项，且行高由表格的高度控制。

设置单元样式：对于那些不包含起始表格的表格样式，先指定新表格中行的单元格式。

第一行单元样式：指定表格中第一行的单元样式。默认情况下，使用标题单元样式。

第二行单元样式：指定表格中第二行的单元样式。默认情况下，使用表头单元样式。

所有其他行单元样式：指定表格中所有其他行的单元样式。默认情况下，使用数据单元样式。

3. 创建新表格

① 选择“注释”选项卡→表格，或者在命令窗口输入“table”命令；

② 打开“插入表格”对话框；

③ 在“表格样式”选项中，点击下拉列表框后面的按钮，选择要插入表格的样式名称，如选择为“STANDARD”样式；

④ 在“表格样式”对话框中，选择“修改”按钮，启动“修改表格样式”对话框；

⑤ 分别选择“起始表格”样式，“单元样式”中“标题、表头、数据”各部分的“常规”、“文字”和“边框”的样式等，如选择“标题”为无边框；

⑥ 对各单元格的样式修改完毕后，就可以输入行、列数以及行高、列宽、指定插入方式等，如创建列数为 5、行数为 7、指定插入点的表格；

⑦ 点击“确认”，并捕捉屏幕上的插入点，创建新的表格，其最上面一行处于文字编辑状态，如图 6.9 所示；

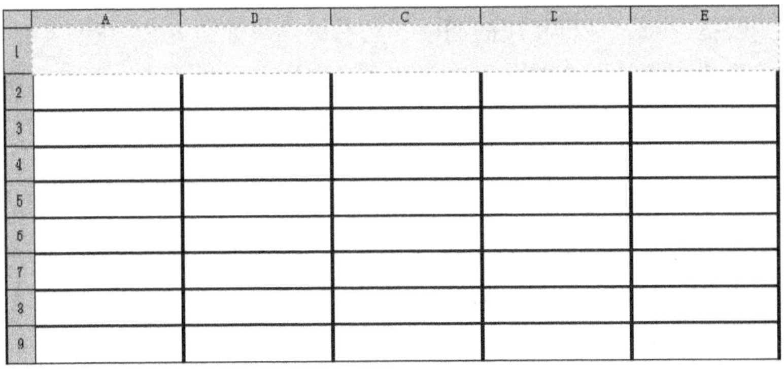

图 6.9　处于编辑状态的表格

⑧ 在表格标题单元中输入文字“购买物清单”;

⑨ 双击其他的单元格，同样的方法输入其他的文字，完成如图 6.10 所示表格的创建。

购买物品清单				
序号	名称	数量	单价（元）	总价（元）
1	复印纸	2	150	300
2	胶带纸	5	5	25
3	剪刀	2	5	10
4	双面胶	5	1	5
5	黑笔	10	2	20
6	红笔	10	2	20
7	起钉器	1	5	5

图 6.10 创建“购买物品清单”表格

6.2.3 编辑表格和表格单元

表格创建完成后，用户可以单击该表格上的任意网格线以选中该表格，然后通过使用“特性”选项板或夹点来修改该表格。如图 6.11 所示，可通过拖动各夹点来调整表格的大小以及各行、列、单元格的大小。

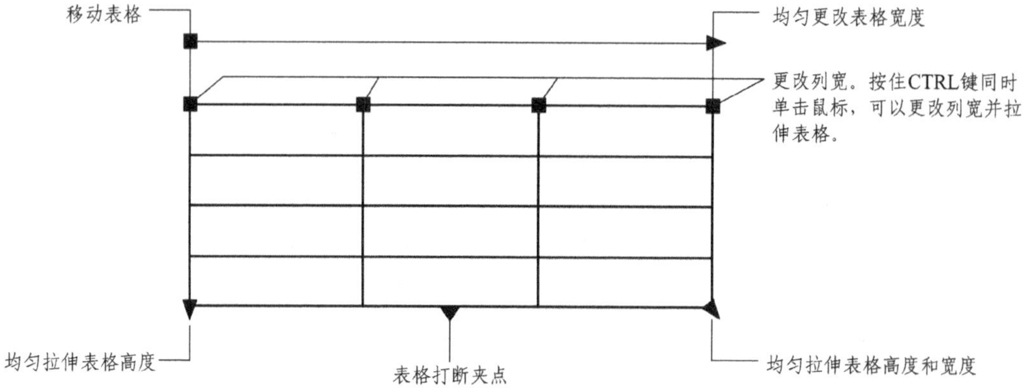

图 6.11 表格的夹点显示

若对表格进行其他调整，如调整表格中文字的对齐方式等，可选取该表格，点击右键，弹出编辑表格的快捷菜单，进行相应的调整，其右键菜单如图 6.12（a）所示。

若对单元格进行调整，如合并单元格等，可选取该单元格（或一些单元格），点击右键，弹出编辑单元格的快捷菜单，进行相应的调整，其右键菜单如图 6.12（b）所示。

编辑表格或单元格时，要注意以下几点：

（1）表格的输出：利用编辑表格快捷菜单中“输出”项或利用“tableexport”命令，保存为“.CSV”格式的文件，输出后的文件可以用 Excel 打开；也可以在“输出”选项卡中，启用“exportdwf”命令，将表格保存为“.dwf”、“.dwfx”或“.pdf”格式的文件。

（2）插入公式：选择单元格，在右键菜单中选择“插入”→“公式”，选择要插入的公式，然后选择应用公式的单元范围，就可以执行相应的求和、均值等运算了。

（3）“表格单元”选项表：表格单元的编辑中，可以通过各种快捷键进行各种操作，也可以通过单击表格中的相关单元，所显示的“表格单元”面板选项表中各种按钮进行单元格的编辑，如合并单元格、插入公式等，如图 6.13 所示。

（a）　　　　　　　　　　（b）

图 6.12　编辑表格和单元格的快捷菜单

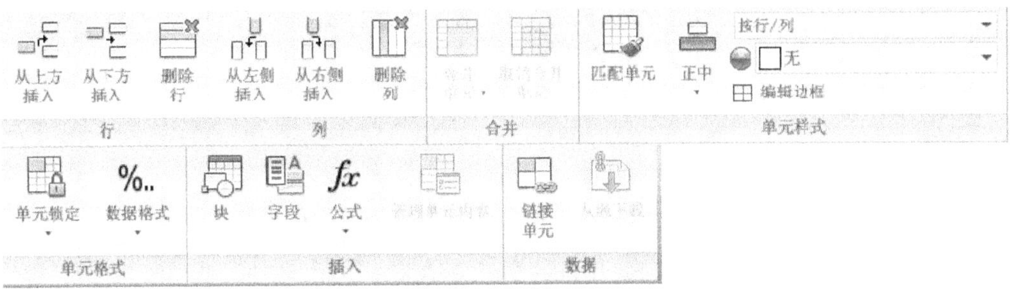

图 6.13　表格单元面板选项

6.3　尺寸标注及设置

在图形设计中，尺寸标注是绘图设计工作中的一项不可或缺的内容，因为绘制图形的根本目的是反映对象的形状，并不能表达清楚图形的设计意图，图形中各个对象的真实大小和相互位置只是经过尺寸标注后才能确定。本节主要介绍标注样式的创建和标注尺寸的方法。

6.3.1　尺寸标注的组成

尺寸标注就是向图形中添加测量注释的基本操作。用户可以为各种对象沿各个方向创建标注。

1. 尺寸标注的基本规则

（1）物体的真实大小应以图样上所标注的尺寸数值为依据，与图形的大小及绘图的准确度无关。

（2）图样中的尺寸以毫米（mm）为单位时，不需要标注计量单位的代号或名称。如采用其他单位，则必须注明相应计量单位的代号或名称。

（3）图样中所标注的尺寸为该图样所表示的物体的最后完工尺寸，否则应另加说明。

（4）物体的每一个尺寸，一般只标注一次，并应标注在反映该结构最清晰的视图上。

2. 尺寸标注的基本要求

（1）互相平行的尺寸线之间，应保持适当的距离。为避免尺寸线与尺寸界线相交，应按大尺寸标注在小尺寸外面的原则布置尺寸。

（2）圆及大于半圆的圆弧应标注直径尺寸，半圆或小于半圆的圆弧应标注半径尺寸。

（3）角度尺寸的标注，无论哪一张位置的角度，其尺寸文字的方向一律水平注写，文字的位置一般填写在尺寸线的中间断开处。

3. 尺寸标注的组成

一个完整的尺寸标注由尺寸界线、尺寸线、尺寸文字、尺寸箭头、中心标记等部分组成，如图 6.14 所示。

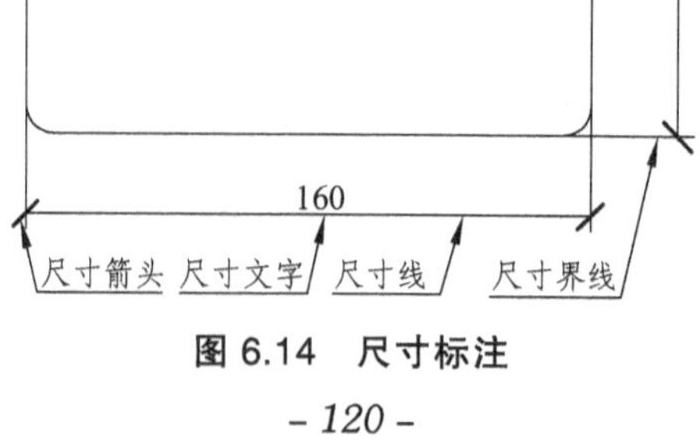

图 6.14　尺寸标注

其中，各项含义如下：

尺寸界线：从图形的轮廓线、轴线或对称中心线引出，有时也可以利用轮廓线代替，用以表示尺寸起始位置。一般情况下，尺寸界线应与尺寸线相互垂直。尺寸界线一般应使用细实线绘制。

尺寸线：为标注指定方向和范围。AutoCAD 通常将尺寸线放置在测量区域中；如果空间不足，则将尺寸线或文字移到测量区域的外部，这取决于标注样式的放置规则。尺寸线是一条带有双箭头的线段，一般分为两段，可以分别控制其显示。对于线性标注，尺寸线显示为一直线段；对于角度标注，尺寸线显示为一段圆弧。尺寸线应使用细实线绘制。

尺寸文字：显示测量值的文字字符，可包括各种文字、符号、特殊标记等。

尺寸箭头：箭头位于尺寸线的两端，指向尺寸界线。用于标记标注的起始、终止位置。箭头是一个广义的概念，可以有不同的样式，详见尺寸样式设置中箭头形式的下拉列表。

尺寸文字：显示测量值的字符串，可包括前缀、后缀和公差等。

中心标记：指示圆或圆弧的中心。

6.3.2 尺寸标注的设置

在进行标注之前，要对尺寸标注的样式进行设置。系统默认的格式为 ISO-25（国际标准组织），用户可根据实际情况对尺寸标注格式进行设置，以满足不同情况的使用要求。

1. 访问方法

（1）命令行：ddim（D）。

（2）菜单：格式→标注样式。

（3）工具栏：标注→标注样式。

2. 操作步骤

输入命令“ddim”，执行后，将出现如图 6.15 所示“标注样式管理器”对话框。在该对话框中，用户可以按照国家标准的规定以及具体使用要求，新建标注格式。同时，用户也可以对已有的标注格式进行局部修改，以满足当前的使用要求。

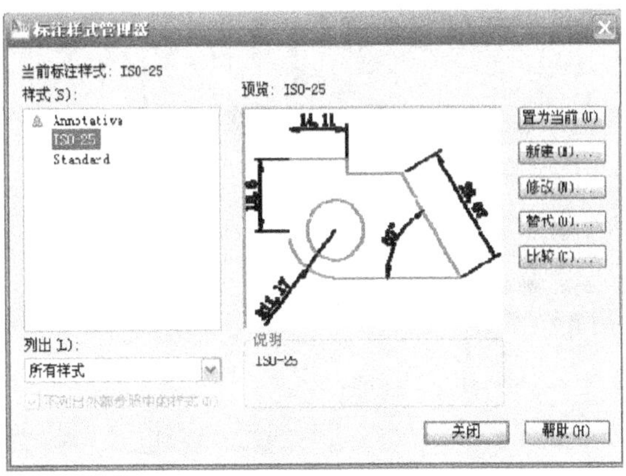

图 6.15 “标注样式管理器”对话框

各选项及按钮的功能如下：

当前标注样式：显示当前标注样式的名称，并当前样式将应用于所创建的标注。默认标注样式为标准（Standard）。

“样式”选项：列出图形中的标注样式，当前样式被亮显，可选择已有的标注样式作为当前样式的标注标准，如按照国家标准 ISO-25 样式等。

列表：控制在“样式”列表中的样式显示。如果要查看图形中所有的标注样式，则选择“所有样式”；如果只希望查看图形中标注当前使用的标注样式，则选择“正在使用的样式”。

不列出外部参照中的样式：如果选择此选项，在“样式”列表中将不显示外部参照图形的标注样式。

预览：显示“样式”列表中选定样式的图示。

说明：说明“样式”列表中与当前样式相关的选定样式。

置为当前：将在“样式”下选定的标注样式设置为当前标注样式，当前样式将应用于所创建的标注。

新建：显示“创建新标注样式”对话框，创建新的标注格式。

修改：显示“修改标注样式”对话框，对现有的标注格式进行局部修改，以使用当前的使用要求。对话框选项与“新建标注样式”对话框中的选项相同。

替代：显示“替代当前样式”对话框，从中可以设置标注样式的临时替代值。对话框选项与“新建标注样式”对话框中的选项相同。“替代”将作为未保存的更改结果显示在“样式”列表中的标注样式下。

比较：显示“比较标注样式”对话框，从中可以比较两个标注样式或列出一个标注样式的所有特性。

点击“新建”按钮，系统打开“创建新标注样式”对话框；命名新标注样式名称后单击“继续”按钮，系统打开“新建标注样式”对话框，如图 6.16 所示。由于“新建标注样式”对话框与“修改标注样式”对话框、“替代当前样式”对话框的选项相同，就以“新建标注样式”对话框为例来说明对话框中各选项卡的含义。

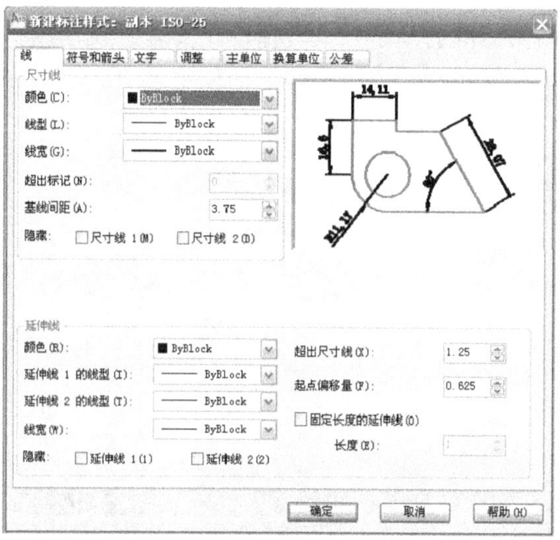

图 6.16 “新建标注样式”对话框

（1）“线”选项卡。

设置尺寸线、延伸线的格式和特性，如图 6.16 所示。

① 尺寸线：设置尺寸线的特性。

颜色：显示并设置尺寸线的颜色，可以从 255 种 AutoCAD 颜色索引（ACI）颜色、真彩色和配色系统颜色中选择颜色。

线型：设置尺寸线的线型。

线宽：设置尺寸线的线宽。

超出标记：指定当箭头使用倾斜、建筑标记、积分和无标记时尺寸线超过延伸线的距离。

基线间距：设置基线标注的尺寸线之间的距离。

不显示：不显示尺寸线。“尺寸线 1”不显示第一条尺寸线（即尺寸线的左半边线），“尺寸线 2”不显示第二条尺寸线（即尺寸线的右半边线）。

② 延伸线：控制延伸线的外观。

颜色：设置延伸线的颜色。可通过单击“选择颜色”（在“颜色”列表的底部）来改变或选择颜色，也可以输入颜色名或颜色号。

线型延伸线 1：设置第一条延伸线的线型。

线型延伸线 2：设置第二条延伸线的线型。

线宽：设置延伸线的线宽。

不显示：不显示延伸线。“延伸线 1”不显示第一条延伸线，“延伸线 2”不显示第二条延伸线。

超出尺寸线：指定延伸线超出尺寸线的距离。

原点偏移量：设置自图形中定义标注的点到延伸线的偏移距离。

固定长度的延伸线：启用固定长度的延伸线。

长度：设置延伸线的总长度，起始于尺寸线，直到标注原点。

③ 预览：显示样例标注图像，它可显示对标注样式设置所做更改的效果。

（2）“符号和箭头”选项卡。

设置箭头、圆心标记、弧长符号和折弯半径标注的格式和位置，如图 6.17 所示。

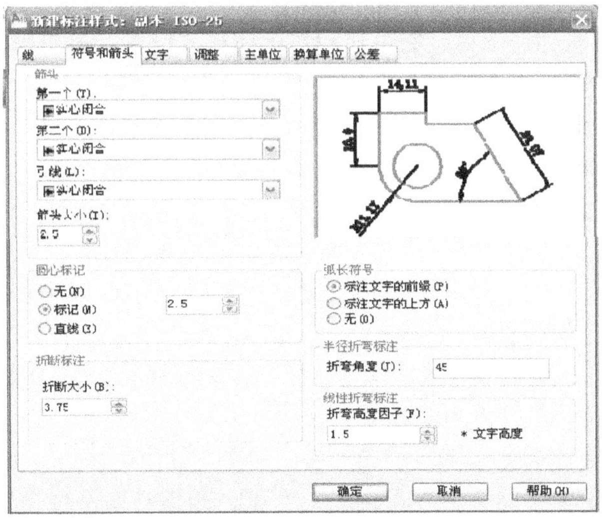

图 6.17　符号和箭头选项

① 箭头：控制标注箭头的外观，不能将注释性块用作标注或引线的自定义箭头。

第一个：设置第一条尺寸线的箭头。当改变第一个箭头的类型时，第二个箭头将自动改变以同第一个箭头相匹配。若要指定用户定义的箭头块，则选择“用户箭头”，显示“选择自定义箭头块”对话框，选择用户定义的箭头块的名称。

第二个：设置第二条尺寸线的箭头。若要指定用户定义的箭头块，则需选择“用户箭头”，显示“选择自定义箭头块”对话框，选择用户定义的箭头块的名称。

引线：设置引线箭头。若要指定用户定义的箭头块，需选择“用户箭头”，显示“选择自定义箭头块”对话框，选择用户定义的箭头块的名称。（该块必须在图形中。）

箭头大小：显示和设置箭头的大小。

② 圆心标记：控制直径标注和半径标注的圆心标记和中心线的外观。

无：不创建圆心标记或中心线。该值在 DIMCEN 系统变量中存储为零。

标记：创建圆心标记。在 DIMCEN 系统变量中，圆心标记的大小存储为正值。

直线：创建中心线。中心线的大小在 DIMCEN 系统变量中存储为负值。

大小：显示和设置圆心标记或中心线的大小。

③ 折断标注：控制折断标注的间距宽度。

折断大小：显示和设置用于折断标注的间距大小。

④ 弧长符号：控制弧长标注中圆弧符号的显示。

标注文字的前缀：将弧长符号放置在标注文字之前。

标注文字的上方：将弧长符号放置在标注文字的上方。

无：不显示弧长符号。

⑤ 半径折弯标注：控制折弯（Z 字形）半径标注的显示。折弯半径标注通常在圆或圆弧的圆心位于页面外部时创建。

折弯角度：确定折弯半径标注中，尺寸线的横向线段的角度。

⑥ 线性折弯标注：控制线性标注折弯的显示。当标注不能精确表示实际尺寸时，通常将折弯线添加到线性标注中，实际尺寸一般比所需值小。

线性折弯大小：通过形成折弯的角度的两个顶点之间的距离确定折弯高度。

⑦ 预览：显示样例标注图像，它可显示对标注样式设置所做更改的效果。

（3）“文字”选项卡。

设置标注文字的格式、放置和对齐，如图 6.18 所示。

① 文字外观：控制标注文字的格式和大小。

文字样式：列出可用的文本样式。

“文字样式”按钮：显示“文字样式”对话框，从中可以创建或修改文字样式。

文字颜色：设置标注文字的颜色。可以从 255 种 AutoCAD 颜色索引（ACI）颜色、真彩色和配色系统颜色中选择颜色。

填充颜色：设置标注中文字背景的颜色。可以从 255 种 AutoCAD 颜色索引（ACI）颜色、真彩色和配色系统颜色中选择颜色。

文字高度：设置当前标注文字样式的高度，在文本框中输入值。如果在“文字样式”中将文字高度设置为固定值（即文字样式高度大于 0），则该高度将替代此处设置的文字高度。如果要使用在“文字”选项卡上设置的高度，则需确保“文字样式”中的文字高度设置为 0。

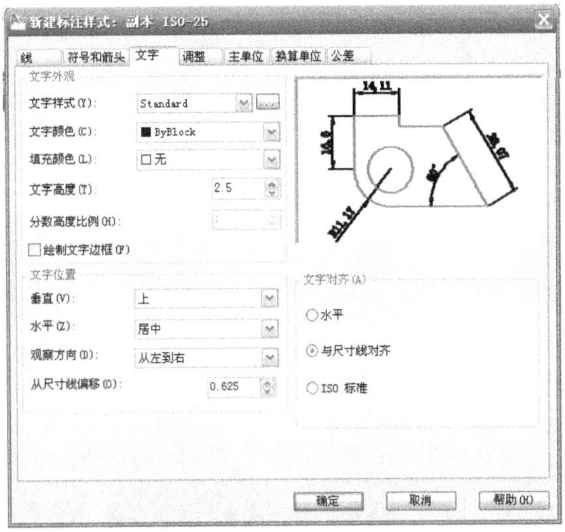

图 6.18 “文字”选项卡

分数高度比例：设置相对于标注文字的分数比例。仅当在“主单位”选项卡上选择“分数”作为“单位格式”时，此选项才可用。在此处输入的值乘以文字高度，可确定标注分数相对于标注文字的高度。

绘制文字边框：如果选择此选项，将在标注文字周围绘制一个边框。选择此选项会将存储在 DIMGAP 系统变量中的值更改为负值。

② 文字位置：控制标注文字的位置。

垂直：控制标注文字相对尺寸线的垂直位置。其具体位置选项包括：

a. 居中：将标注文字放在尺寸线的两部分中间。

b. 上方：将标注文字放在尺寸线上方。从尺寸线到文字的最低基线的距离就是当前的文字间距，详见“从尺寸线偏移”选项。

c. 外部：将标注文字放在尺寸线上远离第一个定义点的一边。

d. JIS：按照日本工业标准 （JIS）放置标注文字。

e. 下方：将标注文字放在尺寸线下方。从尺寸线到文字的最低基线的距离就是当前的文字间距。详见“从尺寸线偏移”选项。

水平：控制标注文字在尺寸线上相对于延伸线的水平位置。其具体位置选项包括：

a. 居中：将标注文字沿尺寸线放在两条延伸线的中间。

b. 第一条延伸线上方：沿第一条延伸线放置标注文字或将标注文字放在第一条延伸线之上。

c. 第二条延伸线上方：沿第二条延伸线放置标注文字或将标注文字放在第二条延伸线之上。

观察方向：控制标注文字的观察方向。具体包括以下选项：

a. 从左到右：按从左到右阅读的方式放置文字。

b. 从右到左：按从右到左阅读的方式放置文字。

从尺寸线偏移：设置当前文字间距，文字间距是指当尺寸线断开以容纳标注文字时标注文字周围的距离。此值也用作尺寸线段所需的最小长度。

仅当生成的线段至少与文字间距同样长时，才会将文字放置在延伸线内侧。仅当箭头、标注文字以及页边距有足够的空间容纳文字间距时，才将尺寸线上方或下方的文字置于内侧。

③ 文字对齐：控制标注文字放在延伸线外边或里边时的方向是保持水平还是与延伸线平行。

水平：水平放置文字。

与尺寸线对齐：文字与尺寸线对齐。

ISO 标准：当文字在延伸线内时，文字与尺寸线对齐。当文字在延伸线外时，文字水平排列。

④ 预览：显示样例标注图像，它可显示对标注样式设置所做更改的效果。

（4）“调整”选项卡。

控制标注文字、箭头、引线和尺寸线的放置，如图 6.19 所示。

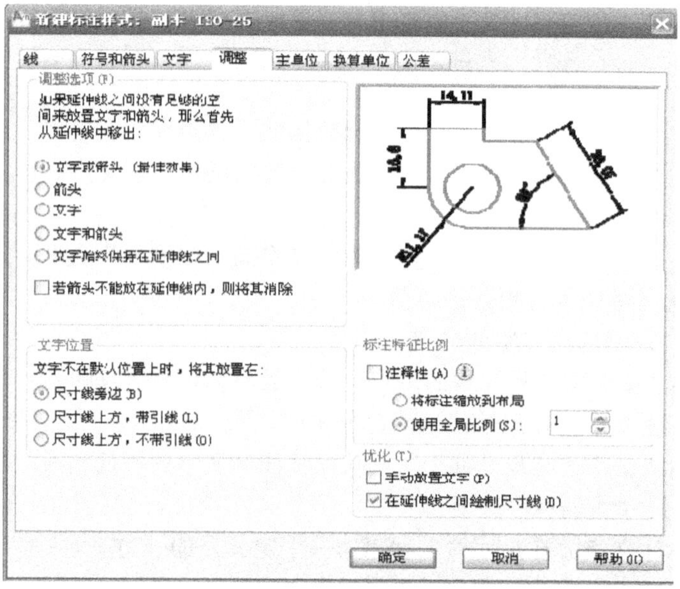

图 6.19 “调整”选项卡

① 调整选项（F）：控制基于延伸线之间可用空间的文字和箭头的位置。如果有足够大的空间，文字和箭头都将放在延伸线内；否则，将按照“调整”选项放置文字和箭头。

文字或箭头（最佳效果）：选择一种最佳方式来安排尺寸文本和尺寸箭头的位置。

箭头：选择后当尺寸界线间空间不足时，将尺寸箭头放在尺寸界线外侧。

文字：选择后当尺寸界线间空间不足时，将尺寸文本放在尺寸界线外侧。

文字和箭头：选择后当尺寸界线间空间不足时，将尺寸文本和尺寸箭头都放在尺寸界线外侧。

② 文字位置：设置标注文字从默认位置（由标注样式定义的位置）移动时标注文字的位置。该区域用来设置特殊尺寸文本的摆放位置。如果尺寸文本不能按上面所规定的位置摆放时，可以通过下面的选项来确定其位置。

尺寸线旁边：将尺寸文本放在尺寸线旁边。

尺寸线上方，带引线（L）：将尺寸文本放在尺寸线上方，并用引出线将文字与尺寸线相连。

尺寸线上方，不带引线（O）：将尺寸文本放在尺寸线上方，而且不用引出线与尺寸线相连。

③ 标注特征比例：设置全局标注比例值或图纸空间比例。

注释性（A）：指定标注为“注释性”。

将标注缩放到布局：根据当前模型空间视口和图纸空间之间的比例确定比例因子。

使用全局比例：为所有标注样式设置一个比例，这些设置指定了大小、距离或间距，包括文字和箭头大小。该缩放比例并不更改标注的测量值。

④ 优化（T）：提供用于放置标注文字的其他选项。

手动放置文字：在标注尺寸时，如果上述选项都无法满足使用要求，则可以选择此项，用手动方式调节尺寸文本的摆放位置。

在延伸线之间绘制尺寸线：即使箭头放在测量点之外，也在测量点之间绘制尺寸线。

⑤ 预览：显示样例标注图像，它可显示对标注样式设置所做更改的效果。

（5）“主单位”选项卡。

设置主标注单位的格式和精度，并设置标注文字的前缀和后缀，如图 6.20 所示。

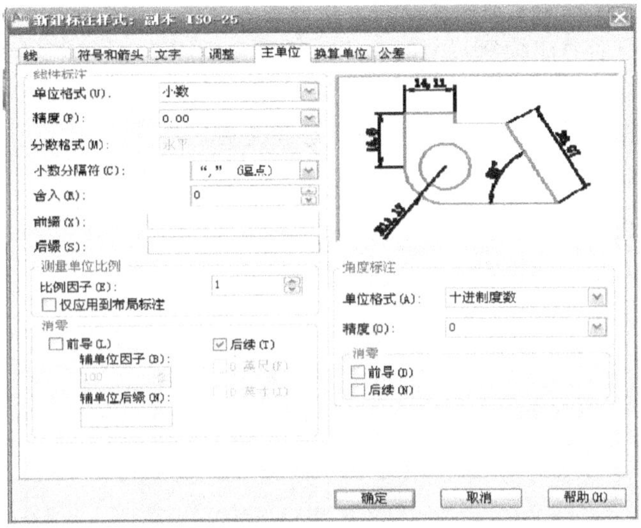

图 6.20 “主单位”选项卡

① 线性标注：设置线性标注的格式和精度。

单位格式（U）：设置除角度之外的所有标注类型的当前单位格式。

精度（P）：显示和设置标注文字中的小数位数。

小数分隔符（C）：设置用于十进制格式的分隔符。

舍入（R）：为除“角度”之外的所有标注类型设置标注测量值的舍入规则。

前缀（X）：在标注文字中包含前缀。当输入前缀时，将覆盖在直径和半径等标注中使用的任何默认前缀。

后缀（S）：在标注文字中包含后缀。当输入后缀时，将覆盖在直径和半径等标注中使用的任何默认后缀。

消零：控制是否禁止输出前导零和后续零以及零英尺和零英寸部分。

② 角度标注：显示和设置角度标注的当前角度格式。

单位格式（A）：设置角度单位格式。

精度（O）：设置角度标注的小数位数。

消零：控制是否禁止输出前导零和后续零。

（6）“换算单位”选项卡。

指定标注测量值中换算单位的显示并设置其格式和精度。通过换算单位，用户可以在同一尺寸上表现用两种单位测量的结果，如图 6.21 所示。

显示换算单位：选择是否显示换算单位，选择此项后，将给标注文字添加换算测量单位。

① 换算单位：设置换算单位的样式。

单位格式（U）：可以在其下拉列表中选择换算单位格式，有“科学”“小数”“工程”“建筑堆叠”“分类堆叠”等。

精度：设置换算单位中的小数位数。

换算单位乘数器：调整替换单位的比例因子，即指定一个乘数，作为主单位和换算单位之间的换算因子使用。

舍入精度：设置除角度之外的所有标注类型的换算单位的舍入规则。

前缀/后缀：输入尺寸文本前缀或后缀，可以输入文字或用控制码显示特殊符号。

② 消零：控制是否省略换算尺寸时输出前导零和后续零以及零英尺和零英寸部分。

③ 位置：控制标注文字中换算单位的位置。

主值后：将换算单位放在标注文字中的主单位之后。

主值下：将换算单位放在标注文字中的主单位下面。

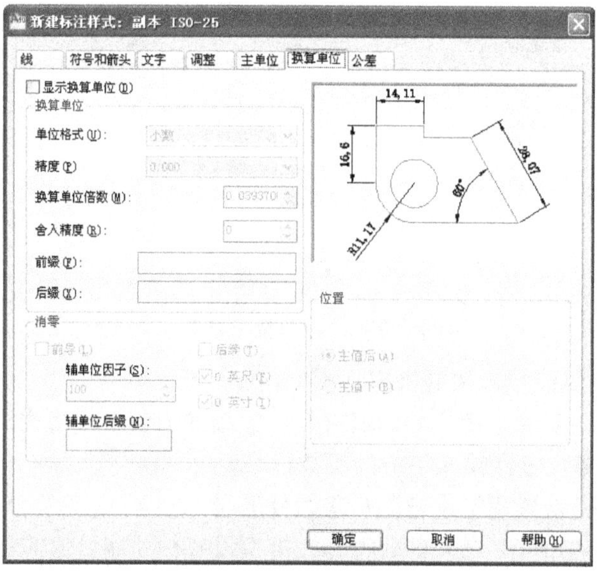

图 6.21 “换算单位”选项卡

（7）“公差”选项卡。

控制标注文字中公差的格式及显示，如图 6.22 所示。各选项含义如下：

① 公差格式：控制公差格式。

方式（M）：设置计算公差的方法。

无：不添加公差。

对称：添加公差的正或负表达式，如 49.00±1.5，其中一个偏差量的值应用于标注测量值。标注后面将显示加号或减号，在“上偏差”中输入公差值。

极限偏差：添加正或负公差表达式。不同的正公差和负公差值将应用于标注测量值，将在“上偏差”中输入的公差值前面显示正号（+），在“下偏差”中输入的公差值前面显示负号（-）。

极限尺寸：创建极限标注。在此类标注中，将显示一个最大值和一个最小值，一个在上，另一个在下。最大值等于标注值加上在“上偏差”中输入的值；最小值等于标注值减去在“下偏差”中输入的值。

基本：创建基本标注，这将在整个标注范围周围显示一个框。

高度比例（H）：设置公差文字的当前高度。

垂直位置（S）：控制公差文字和标注文字的对正方式。

② 公差对齐：堆叠时，控制上偏差值和下偏差值的对齐。

对齐小数分隔符（A）：通过值的小数分割符堆叠值。

对齐运算符（G）：通过值的运算符堆叠值。

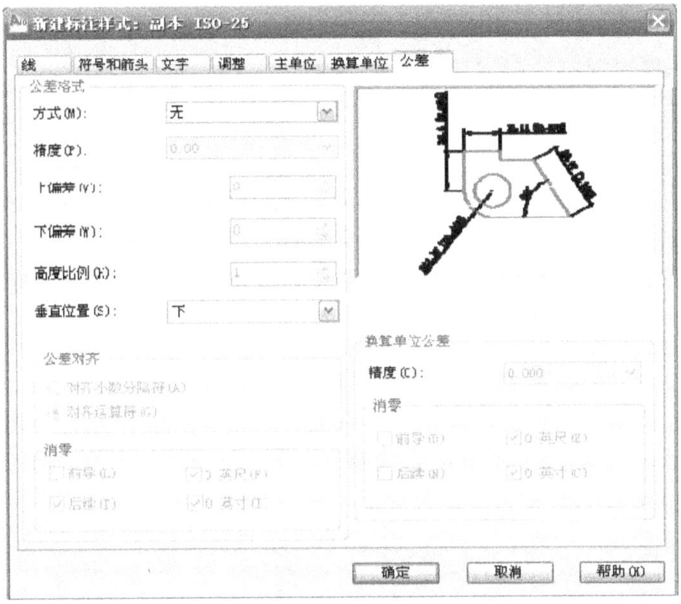

图 6.22 “公差”选项卡

6.3.3 尺寸标注

6.3.3.1 线性标注

1. 访问方法

（1）命令行：dimlinear（DIMLIN）。

（2）菜单：标注→线性（L）。

（3）工具栏：标注→线性标注。

线性标注指标注图形对象在水平方向、垂直方向或指定方向上的尺寸，它又分为水平标注、垂直标注和旋转标注三种类型。

2. 操作步骤

以对直线 AB 进行线性标注为例，操作步骤如下：

（1）输入“dimlinear”命令并执行；

（2）选取直线 AB 的第一个端点 A；

（3）选取直线的第二个端点 B；

（4）在提示项“[多行文字（M）/文字（T）/角度（A）/水平（H）/垂直（V）/旋转（R）]:”下，分别设置各选项；

（5）屏幕上指定一点，作为标注线的位置；

（6）最后，确定尺寸标注。（即确定起点、终点、尺寸位置，完成标注）

其中，提示项“[多行文字（M）/文字（T）/角度（A）/水平（H）/垂直（V）/旋转（R）]:”中各选项的含义如下：

多行文字（M）：选择该项后，系统打开“多行文字”对话框，用户可在对话框中输入指定的尺寸文字。

文字（T）：选择该项后，可直接输入尺寸文字。

角度（A）：选择该项后，系统提示输入“指定标注文字的角度”，用户可输入标注文字的新角度。

水平（H）：选择该项，系统将使尺寸文字水平放置。

垂直（V）：选择该项，系统将使尺寸文字垂直放置。

旋转（R）：该项可创建旋转尺寸标注，在命令行输入所需的旋转角度。

6.3.3.2　对齐标注

用于创建平行于所选对象或平行于两尺寸界线源点连线的直线型尺寸，一般用于倾斜对象的尺寸标注。当标注直线为水平方向或垂直方向时，对齐标注和直线标注的数值是相同的。

1. 访问方法

（1）命令行：dimaligned（DAL）。

（2）菜单：标注→对齐（G）。

（3）工具栏：标注→对齐标注。

2. 操作步骤

对齐标注的操作步骤和线性标注是类似的，只是对齐标注标注的是直线 AB 的实际距离；线性标注则标注的是直线 AB 的水平距离或者垂直距离。其中，对齐标注中提示项“[多行文字（M）/文字（T）/角度（A）]”中，各选项的含义与线性标注中相应提示项的含义相同。

6.3.3.3　角度标注

角度标注命令用于圆、弧、任意两条不平行两直线的夹角或两个对象之间创建角度标注。

1. 访问方法

命令行：dimangular（DAN）。
菜单：标注→角度（A）。
工具栏：标注→角度标注。

2. 操作步骤

以确定两不平行直线 AB、AC 的夹角为例，操作步骤如下：
（1）输入“dimangular（DAN）”命令并执行；
（2）在“选择圆弧、圆、直线或<指定顶点>:”提示下，拾取第一个对象直线 AB；
（3）拾取第二个对象直线 AC；
（4）最后确定尺寸标注的位置，点选屏幕，结束标度标注。

角度标注中，命令栏提示“选择圆弧、圆、直线或 <指定顶点>:”中各功能选项的含义如下：

选择圆弧：选取圆弧后，系统会标注该圆弧，并以圆弧的圆心作为顶点，弧的两个端点成为尺寸界限的起点，AutoCAD 2010 将在尺寸界线之间绘制一段与所选圆弧平行的圆弧作为尺寸线。

选择圆：选择该圆后，系统把圆心作为角度的第一个端点，接着提示“指定角的第二个端点:”，此时在圆上拾取一点即可。

选择直线：如果选取直线，此时命令栏提示“选择第二个条直线:”。选择第二条直线后，系统会自动测量两条直线的夹角。若两条直线不相交，系统会将其隐含的交点作为顶点。

完成选择对象操作后在命令行中会出现“指定标注弧线位置或 [多行文字（M）/文字（T）/角度（A）]:”，用户若有需要，可根据提示输入字母，进行选项设置。各选项含义与对齐标注的同类选项相同。

6.3.3.4 弧长标注

弧长标注用于测量圆弧或多段线圆弧段上的距离。为区别它们是线性标注还是角度标注，默认情况下，弧长标注将显示一个圆弧符号（形如弧形的一段圆弧，也称为“帽子”或“盖子”），它将显示在标注文字的上方或前方。

1. 访问方法

（1）命令行：dimarc（DAR）。
（2）菜单：标注→弧长（H）。
（3）工具栏：标注→弧长标注。

2. 操作步骤

以确定圆弧 AB 的长度为例，操作步骤如下：
（1）输入“dimarc（DAR）”命令并执行；
（2）在“选择所要标注的弧线段”提示下，选择圆弧 AB；
（3）在“指定弧长标注位置或 [多行文字（M）/文字（T）/角度（A）/部分（P）/]:”

提示下，选择标注的位置，结束尺寸标注。

其中，提示项“多行文字（M）/文字（T）/角度（A）/部分（P）”中各选项的含义如下：

多行文字（M）：显示在位文字编辑器，可用它来编辑标注文字。

文字（T）：在命令提示下，自定义标注文字，生成的标注测量值显示在尖括号中。

角度（A）：修改标注文字的角度。

部分（P）：缩短弧长标注的长度。在“指定弧长标注的第一个点：”提示下指定圆弧上弧长标注的起点，在“指定弧长标注的第二个点：”提示下指定圆弧上弧长标注的终点。

6.3.3.5　半径标注

半径标注用于标注所选定的圆或圆弧的半径尺寸。尺寸标注后，系统会在标注尺寸数值前自动添加上半径符号“R”。

1. 访问方法

（1）命令行：dimradius（DIMRAD）。

（2）菜单：标注→半径（R）。

（3）工具栏：标注→半径标注。

2. 操作步骤

用“dimradius”命令标注圆弧 AB 的半径，具体操作步骤如下：

（1）输入“dimradius”命令并执行；

（2）根据提示项“选取弧或圆：”，选择标注对象圆弧 AB；

（3）根据提示“指定尺寸线位置或[多行文字（M）/文字（T）/角度（A）]：”，在屏幕上拾取一点，确认尺寸线的位置。

其中，提示项中“多行文字（M）/文字（T）/角度（A）]”各选项的含义与对齐标注的同类选项相同，用户可根据需要，对各选项进行设置。

6.3.3.6　直径标注

直径标注用于标注所定的圆或圆弧的直径尺寸。尺寸标注后，系统会在标注尺寸数值前自动添加上直径符号“ϕ”。

1. 访问方法

（1）命令行：dimdiameter（DIMDIA）。

（2）菜单：标注→直径（D）。

（3）工具栏：标注→直径标注。

2. 操作步骤

用“dimdiameter”命令标圆弧 AB 所示圆的直径，具体操作步骤如下：

（1）输入“dimdiameter”命令并执行；

（2）根据提示“选取弧或圆：”，选择标注对象圆弧 AB；

（3）根据提示“指定尺寸线位置或[多行文字（M）/文字（T）/角度（A）]:”，在圆内点取一点，确认尺寸线位置，完成尺寸标注。

其中，提示项“[多行文字（M）/文字（T）/角度（A）]”中各选项含义与对齐标注的同类选项相同。用户还可根据需要，按提示输入字母，进行各选项设置。

6.3.3.7 圆心标记

通过圆心标记可以给圆或者圆弧添加圆心位置的特殊标记。

1. 访问方法

（1）命令行：dimcenter（DCE）。

（2）菜单：标注→圆心标记（M）。

（3）工具栏：标注→圆心标记。

2. 操作步骤

执行“dimcenter”命令后，使用对象选择方式选取所需标注的圆或圆弧，系统将自动标注该圆或圆弧的圆心位置。例如，要标记图 6.23 所示圆的圆心位置，可执行以下操作：

（1）输入“dimcenter“命令并执行；

（2）根据提示“选择圆弧或圆:”，选择要进行标记的圆，系统自动标记该圆的圆心位置。

6.3.3.8 折弯标注

为圆和圆弧创建折弯标注。当圆弧或圆的中心位于布局之外并且无法在其实际位置显示时，可创建折弯半径标注。它可以在更方便地在任意位置指定标注的原点，这称为中心位置替代。折弯标注测量的是选定对象的半径，并显示前面带有一个半径符号的标注文字。因此，折弯半径标注也称为缩放半径标注。

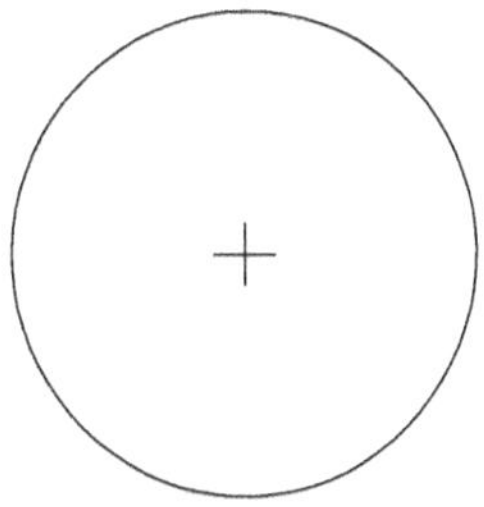

图 6.23 用“dimcenter”命令创建圆心标记

1. 访问方法

命令行：dimjogged。

菜单：标注→折弯（J）。

工具栏：标注→折弯标注。

2. 操作步骤

（1）输入“dimjogged”命令并执行；

（2）根据提示“选取弧或圆:”，选择标注对象圆弧 AB；

（3）按提示“指定图示中心位置:”，在屏幕上选择折弯标注的中心位置；

（4）根据提示项“指定尺寸线位置或[多行文字（M）/文字（T）/角度（A）]:”，分别设置各选项或者在屏幕上选择标注尺寸的位置；

（5）根据提示“指定折弯位置:”，在屏幕上拾取一点，作为折弯的位置，完成标注。

其中，提示项“[多行文字（M）/文字（T）/角度（A）]”中各选项含义与对齐标注的同类选项相同。

6.3.3.9　坐标标注

坐标标注用于自动测量并显示指定点的 X 坐标或 Y 坐标（采用绝对坐标值）。

1. 访问方法

（1）命令行：dimordinate（DIMORD）。
（2）菜单：标注→坐标（O）。
（3）工具栏：标注→坐标标注。

2. 操作步骤

（1）输入“dimordinate”命令并执行；
（2）根据提示“指定点坐标:”，在屏幕上拾取所要进行标注的点；
（3）根据提示项“指定引线端点或[X 基准（X）/Y 基准（Y）/多行文字（M）/文字（T）/角度（A）]:”，分别设置各选项或者在屏幕上选择引线端点的位置；
（4）在屏幕上拾取一点，作为引线端点的位置，完成标注。

其中，各提示项的含义如下：

指定引线端点：指定端点后，系统用指定点位置和该点的坐标差来确定是进行 X 坐标标注还是 Y 坐标标注。当 Y 坐标的坐标差大时，使用 X 坐标标注；否则就使用 Y 坐标标注。

X 基准（X）/Y 基准（Y）：分别表示进行 X 或者 Y 坐标的标注。

其他提示项“[多行文字（M）/文字（T）/角度（A）]”中各选项含义与对齐标注的同类选项相同。

6.3.3.10　基线标注

基线标注是以上一个标注基准线为统一的标注起点，所有尺寸线都以该基准线为标注的起始位置，继续创建线性标注、角度标注或坐标标注。

1. 访问方法

（1）命令行：dimbaseline（DIMBASE）。
（2）菜单：标注→基线（B）。
（3）工具栏：标注→基线标注。

2. 操作步骤

以标注图 6.24 所示的 B、C、D 三点距离 A 点的距离为例，操作步骤如下：
（1）利用“dimlinear”命令创建一个线性标注；
（2）根据提示分别选择 A 点和 B 点作为线性标注的两个端点，并在屏幕上选择标注线的位置以及标注文字 300；
（3）输入“dimbaseline”命令并执行；

（4）根据提示“指定第二条延伸线原点或[放弃/选择]”，选择 C 点作为第二条尺寸标注的原点，并按提示输入标注文字 600；

（5）根据提示“指定第二条延伸线原点或[放弃/选择]”，再次选择 D 点作为第二条尺寸标注的原点，并按提示输入标注文字 900；

（6）完成基线标注。

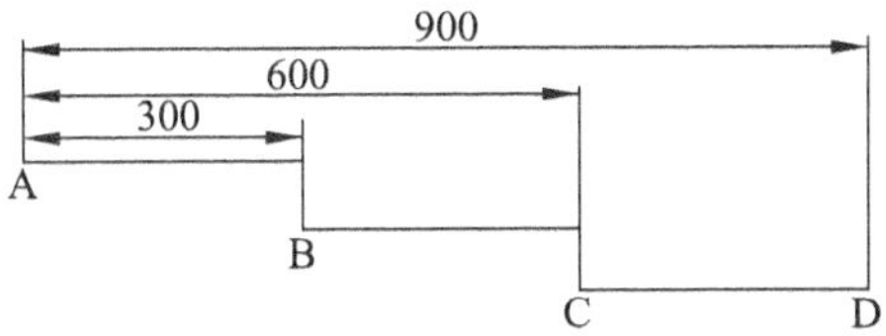

图 6.24　用“dimbaseline”命令创建基线标注

6.3.3.11　连续标注

连续标注命令可以创建一系列首尾相连的标注，下一个连续标注都从上一个标注的第二条尺寸界限处开始。因此，和基线标注一样，在进行连续标注之前，必须先创建一个线性、坐标或角度标注作为基准标注，以确定连续标注所需的前一条尺寸界限。

1. 访问方法

（1）命令行：dimcontinue（DCO）。

（2）菜单：[标注]→[连续（C）]。

（3）工具栏：[标注]→[连续标注]。

2. 操作步骤

以标注图 6.25 所示的 A、B、C、D 四点间的距离为例，操作步骤如下：

（1）利用“dimlinear”命令创建一个线性标注；

（2）根据提示分别选择 A 点和 B 点作为线性标注的两个端点，并在屏幕上选择标注线的位置以及标注文字 300；

（3）输入“dimcontinue”命令并执行；

（4）根据提示“指定第二条延伸线原点或[放弃/选择]”，选择 C 点作为第二条尺寸标注的另一个端点，并按提示输入标注文字 300；

（5）根据提示“指定第二条延伸线原点或[放弃/选择]”，再次选择 D 点作为下一个尺寸标注的端点，并按提示输入标注文字 300；

（6）回车结束命令，完成连续标注。

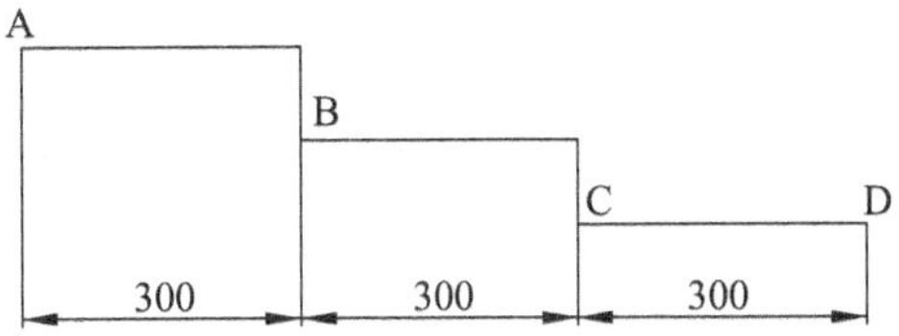

图 6.25　用“dimcontinue”命令创建连续标注

6.3.3.12 引线标注

引线标注可以创建、修改引线对象以及向引线对象添加内容。在 Auto CAD 2010 中，可分为单引线和多引线标注两类。

首先介绍单引线标注。

1. 访问方法

（1）命令行：dimleader/leader（LEAD）。

（2）菜单：标注→引线（E）。

2. 操作步骤

以标注图 6.26 所示椭圆的中心 A 点为例，操作步骤如下：

（1）输入“dimleader”命令并执行；

（2）根据提示“指定引线的起点”，在屏幕选择 A 点作为引线起点；

（3）根据提示“指定下一点”，在屏幕上选择一点作为引线的转折点；

（4）根据提示“指定下一点或 [注释（A）/格式（F）/放弃（U）] <注释>:”在屏幕上选择一点作为引线的重点，回车结束；

（5）根据提示“输入注释文字的第一行或 <选项>:”，输入文字“椭圆中心”；

（6）在提示“输入注释文字的下一行:”后，回车结束文字的输入，完成引线标注。

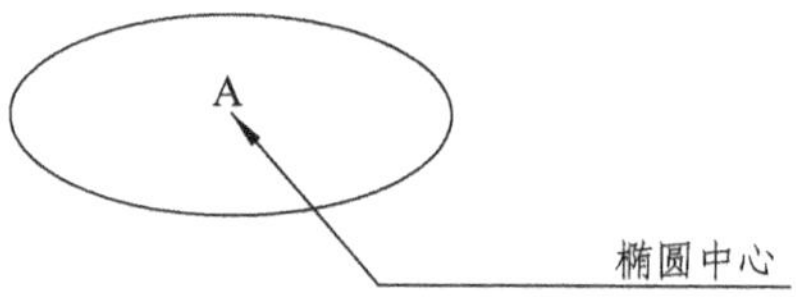

图 6.26 用“dimleader”命令创建引线标记

接下来介绍多重引线标注。

多重引线样式可以控制引线的外观。用户可以使用默认多重引线样式“STANDARD”，也可以创建自己的多重引线样式。多重引线样式可以指定基线、引线、箭头和内容的格式。

首先，应设置当前多重引线样式以及创建、修改和删除多重引线样式。

1. 访问方法

（1）命令行：mleaderstyle。

（2）菜单：格式（O）→多重引线样式（I）。

（3）功能区：“注释”选项卡→“引线”面板→“多重引线样式”。

2. 操作步骤

输入“mleaderstyle”命令后，将显示“多重引线样式管理器”对话框，如图 6.27 所示。

可新建、修改或者将某类样式置为当前样式，这里以“修改多重样式对话框”为例来说明多重样式管理器的设置。点击“修改”按钮，显示“修改多重引线样式：标注”对话框，用来控制多重引线的常规外观。

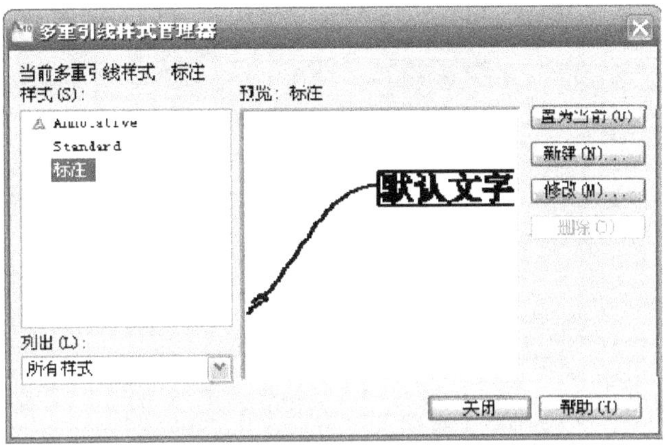

图 6.27 “多重样式管理器”对话框

（1）“修改多重样式：标注”对话框中的“引线格式”选项卡如图 6.28 所示。

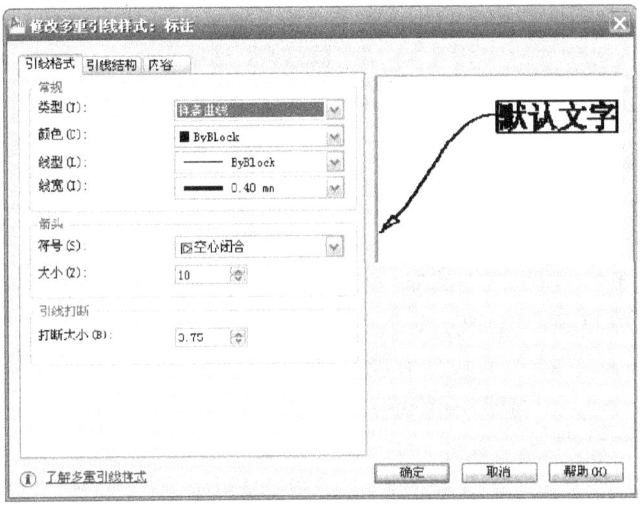

图 6.28 “引线格式”选项卡

各选项含义如下：

① 常规：对引线进行普通设置。

类型（T）：确定引线类型。可以选择直引线、样条曲线或无引线。

颜色（C）：确定引线的颜色。

线型（L）：确定引线的线型。

线宽（I）：确定引线的线宽。

② 箭头：控制多重引线箭头的外观。

符号（S）：设置多重引线的箭头符号。

大小（Z）：显示和设置箭头的大小。

③ 引线打断：控制将折断标注添加到多重引线时使用的设置。

打断大小（B）：显示和设置选择多重引线后用于“DIMBREAK”命令的折断大小。

（2）“修改多重样式：标注”对话框中的“引线结构”选项卡如图 6.29 所示。

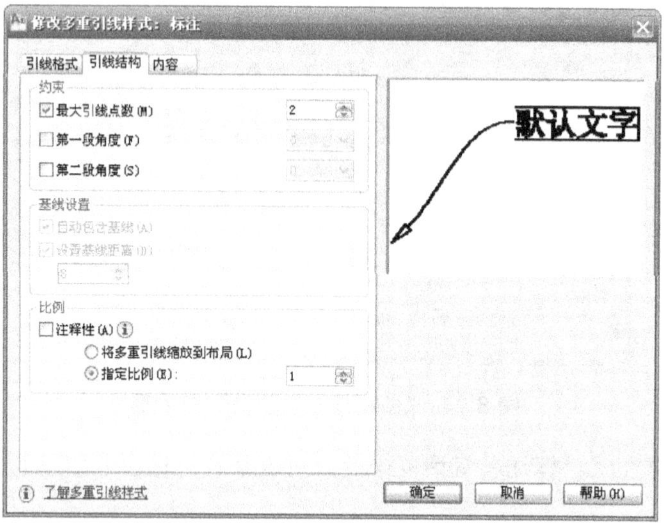

图 6.29 “引线结构”选项卡

各选项含义如下：

① 约束：控制多重引线的约束。

最大引线点数（M）：指定引线的最大点数。

第一段角度（F）：指定引线中的第一个点的角度。

第二段角度（S）：指定多重引线基线中的第二个点的角度。

② 基线设置：控制多重引线的基线设置。

自动包含基线（A）：将水平基线附着到多重引线内容。

设置基线距离（D）：为多重引线基线确定固定距离。

③ 比例：控制多重引线的缩放。

注释性（A）：指定多重引线为注释性。如果多重引线非注释性，则以下选项可用。

将多重引线缩放到布局（L）：根据模型空间视口和图纸空间视口中的缩放比例确定多重引线的比例因子。

指定比例（E）：指定多重引线的缩放比例。

（3）“修改多重样式：标注”对话框中的“内容”选项卡如图 6.30 所示。

各选项含义如下：

多重引线类型：确定多重引线是包含文字还是包含块。

如果多重引线包含多行文字，则下列选项可用：

① 文字选项：控制多重引线文字的外观。

默认文字（D）：为多重引线内容设置默认文字。单击“...”按钮将启动多行文字在位编辑器。

文字样式（S）：列出可用的文本样式，从中可以创建或修改文字样式，详见“文字样式”对话框。

文字角度（A）：指定多重引线文字的旋转角度。

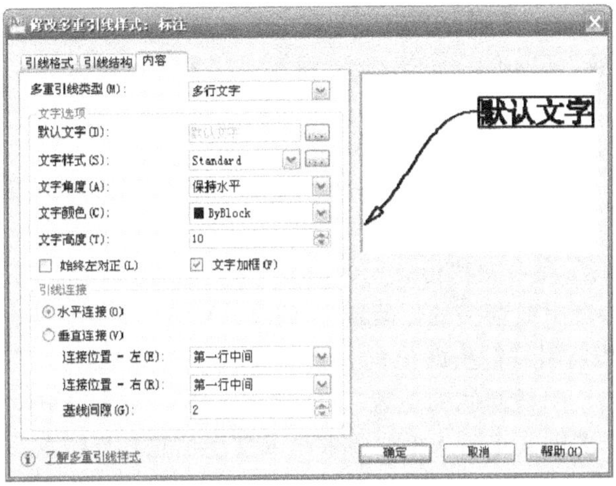

图 6.30 “内容”对话框

文字颜色（C）：指定多重引线文字的颜色。

文字高度（T）：指定多重引线文字的高度。

始终左对齐（L）：指定多重引线文字始终左对齐。

“文字边框”复选框（F）：使用文本框对多重引线文字内容加框。

② 引线连接：控制多重引线的引线连接设置。

水平连接（O）：将引线插入到文字内容的左侧或右侧。水平附着包括文字和引线之间的基线。

垂直连接（V）：将引线插入到文字内容的顶部或底部。垂直连接不包括文字和引线之间的基线。

连接位置：

上：将引线连接到文字内容的中上部。单击下拉菜单以在引线连接和文字内容之间插入上划线。

下：将引线连接到文字内容的底部。单击下拉菜单以在引线连接和文字内容之间插入下划线。

基线间隙（G）：指定基线和多重引线文字之间的距离。

如果多重引线包含块，则下列选项可用：

块选项：控制多重引线对象中块内容的特性。

源块：指定用于多重引线内容的块。

附着：指定块附着到多重引线对象的方式。可以通过指定块的插入点或块的圆心来附着块。

颜色：指定多重引线块内容的颜色。默认情况下，选择“ByBlock”。“MLEADERSTYLE 内容”选项卡中的块颜色控制仅当块中包含的对象颜色设置为“ByBlock”时才有效。

比例：指定插入时块的比例。例如，如果块为 1 立方英寸，指定的比例为 0.5000，则将块插入为 1/2 立方英寸。

③ 预览：显示已修改样式的预览图像。

设置完成后，可用“mleader”命令来创建多重引线标注。

1. 访问方法

（1）命令行：mleader。

（2）菜单：标注（N）→多重引线（E）。

（3）功能区："注释"选项卡→"引线"面板→"多重引线"。

2. 操作步骤

例如，图 6.31 中，A 点是地形测量中的特征点，要用多重引线将它标注出来，其操作步骤如下：

（1）输入"mleader"命令并执行；

（2）根据提示"指定引线箭头的位置或[引线基线优先（L）/内容优先（C）/选项（O）]<选项>:"，在屏幕上指定引线箭头的位置 A 点；

（3）根据提示"指定引线基线的位置"，在屏幕上指定一点，作为引线基线的位置；

（4）接着弹出一个多行文字写入框，要求写入文字信息"特征点"，回车结束命令，完成如图 6.31 所示多重引线的标注。

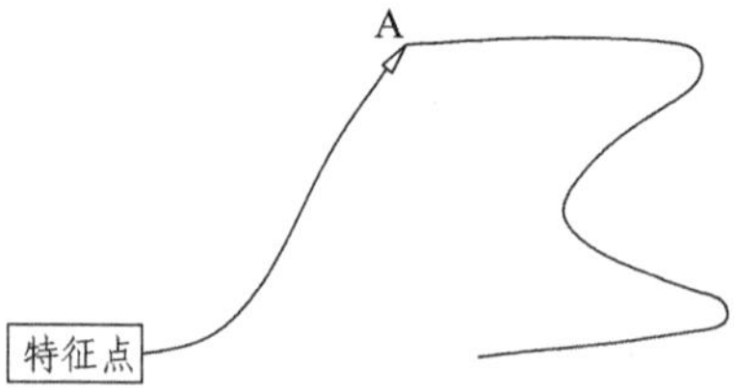

图 6.31　用"mleader"命令创建引线标记

6.3.3.13　快速标注

快速标注能一次标注多个对象，可以对直线、多段线、正多边形、圆环、点、圆和圆弧（圆和圆弧只用圆心有效）同时进行标注，可以标注成基准型、连续型、坐标型的标注。

1. 访问方法

（1）命令行：qdim。

（2）菜单：标注→快速标注（Q）。

（3）工具栏：标注→快速标注。

2. 操作步骤

（1）输入"qdim"命令并执行；

（2）根据提示"选择要标注的几何图形"，在屏幕上拾取要标注的几何对象；

（3）提示"已拾取 1 个对象"，在提示"选择要标注的几何图形:"后，回车或继续拾取对象；

（4）根据提示"指定尺寸线位置或[连续（C）/并列（S）/基线（B）/坐标（O）/半径（R）/直径（D）/基准点（P）/编辑（E）]<连续>:"，选择要标注的类型；

（5）在屏幕上指定一点，确定标注位置；

（6）回车完成标注。

其中，"[连续（C）/并列（S）/基线（B）/坐标（O）/半径（R）/直径（D）/基准点（P）/编辑（E）]"各选项的含义如下：

连续（C）：选此选项后，可进行一系列连续尺寸的标注。

并列（S）：选此选项后，可标注一系列并列的尺寸。

基线（B）：选此选项后，可进行一系列的基线尺寸的标注。

坐标（O）：选此选项后，可进行一系列的坐标尺寸的标注。

半径（R）：选此选项后，可进行一系列的半径尺寸的标注。

直径（D）：选此选项后，可进行一系列的直径尺寸的标注。

基准点（P）：为基线类型的标注定义了一个新的基准点。

编辑（E）：选项可用来对系列标注的尺寸进行编辑。选择此项后，会提示："指定要删除的标注点，或 [添加（A）/退出（X）] <退出>："，用户可以删除不需要的有效点或通过"添加（A）"选项添加有效点。

6.3.3.14 公差标注

公差标注用于创建包含在特征控制框中的形位公差，用来表示几何图形在形状、轮廓、方向、位置和跳动的允许偏差，通常通过"形位公差"对话框来设置。

1. 访问方法

（1）命令行：tolerance（TOL）。

（2）菜单：标注→公差（T）。

（3）工具栏：标注→公差。

公差框格通常分为两格和多格，第一格为形位公差项目的符号，第二格为形位公差数值及其包容条件，第三和以后各格为基准代号及基准包容条件，如图 6.32 所示。

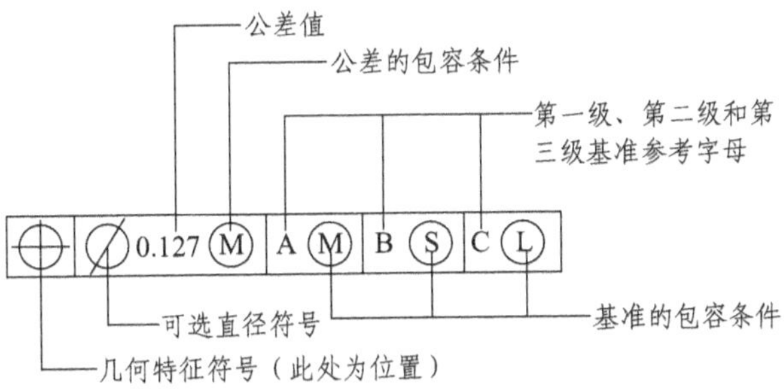

图 6.32 形位公差各代码的含义

其中，形位公差的符号及包容条件的含义见表 6.2 和表 6.3。

2. 操作步骤

例如，要创建如图 6.33 所示的形位公差，其操作步骤如下：

（1）输入"tolerance"命令并执行，系统弹出如图 6.34 所示的"几何公差"对话框；

（2）单击"符号"框，显示"符号"对话框，然后选择"位置度"公差符号；

（3）在"几何公差"对话框的"公差 1"下，选择"直径"插入一个直径符号；

（4）在"直径"后，输入第一个公差值 1；

（5）在右边方框中，选择最大包容条件符号；

表 6.2　形位公差符号

符号	特征	类型
⌖	位置度	定位公差
◎	同轴度	定位公差
⌯	对称度	定位公差
//	平行度	定向公差
⊥	垂直度	定向公差
∠	倾斜度	定向公差
⌭	圆柱度	形状公差
⏥	平面度	形状公差
○	圆度	形状公差
—	直线度	形状公差
⌓	面轮廓度	形状公差
⌒	线轮廓度	形状公差
↗	圆跳动	位置公差
⌰	全跳动	位置公差

表 6.3　包容条件符号

符号	定　　　　　义
Ⓜ	在最大材料条件（MMC）中，一个特性包含在规定限度里最大的材料值
Ⓛ	在最小材料条件（LMC）中，一个特性包含在规定限度里最小的材料值
Ⓢ	特性大小无关（RFS），表明在规定限度里特性可以变为任何大小

（6）在“基准 1”框中输入“A”，选择附加符号“最大包容条件符号”；

（7）在“基准 2”框中输入“B”，选择附加符号“最小包容条件符号”；

（8）在“基准 3”框中输入“C”，选择附加符号“不考虑特征尺寸符号”；

（9）点击确定，完成如图 6.33 所示形位公差的设置。

图 6.33　用“tolerance”命令创建形位公差

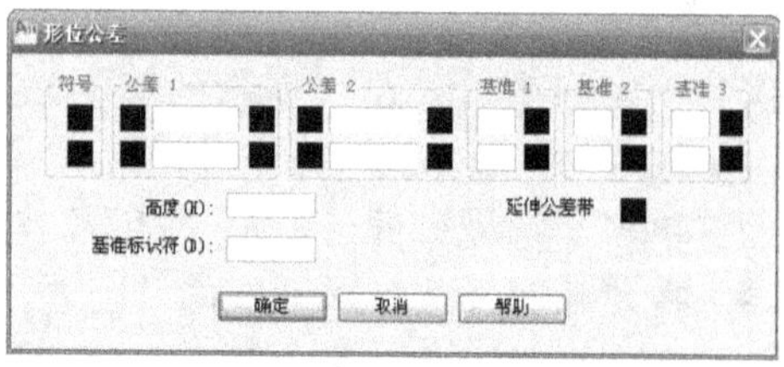

图 6.34　“几何公差”对话框

6.3.4 尺寸标注的修改

若对尺寸标注的内容进行修改，可通过相应的命令来实现，而不需要将尺寸标注删除后再标注。

6.3.4.1 修改标注

用于对尺寸标注的尺寸界线的位置、角度、尺寸文字等进行编辑，但不能修改尺寸文本放置位置。

1. 访问方法

（1）命令行：dimedit（DED）。

（2）工具栏：标注→编辑标注。

2. 操作步骤

（1）输入“dimedit”命令并执行；

（2）根据提示“输入标注编辑类型 [默认（H）/新建（N）/旋转（R）/倾斜（O）] <默认> :”，选择需要修改的标注类型；

（3）根据提示“选择对象:”，点选所有需修改的尺寸标注；

（4）输入修改的内容，回车完成命令。

其中，提示“输入标注编辑类型 [默认（H）/新建（N）/旋转（R）/倾斜（O）] <默认> :”中各选项的含义如下：

默认（H）：执行此项后尺寸标注恢复成默认设置。

新建（N）：用来修改指定标注的标注文字，该项后系统提示：“新标注文字< >:”，用户可在此输入新的文字。

旋转（R）：执行该选项后，系统提示“指定标注文字的角度”，用户可在此输入所需的旋转角度；然后，系统提示“选择对象”，选取对象后，系统将选中的标注文字按输入的角度放置。

倾斜（O）：执行该选项后，系统提示“选择对象”，在用户选取目标对象后，系统提示“输入倾斜角度”，在此输入倾斜角度或按回车键（不倾斜），系统按指定的角度调整线性标注尺寸界线的倾斜角度。

6.3.4.2 修改标注文字

修改标注文字可以重新定位标注文字。

1. 访问方法

（1）命令行：dimtedit。

（2）工具栏：标注→编辑标注文字。

2. 操作步骤

（1）输入“dimtedit”命令并执行；

（2）根据提示“选取标注:”，选择需要修改的标注对象；

（3）根据提示“指定标注文字的新位置或 [左（L）/右（R）/中心（C）/默认（H）/角度（A）]”，对新输入字体进行定位；

（4）回车完成命令。

其中，提示“指定标注文字的新位置或 [左（L）/右（R）/中心（C）/默认（H）/角度（A）]”中各选项的含义如下：

左（L）：选择此项后，可以决定尺寸文字沿尺寸线左对齐。

右（R）：选择此项后，可以决定尺寸文字沿尺寸线右对齐。

中心（C）：选择此项后，可将标注文字移到尺寸线的中间。

默认（H）：执行此项后尺寸标注恢复成默认设置。

角度（A）：将所选文本旋转一定的角度。

习题与思考题

1. AutoCAD 中可以使用哪两类的文字？

2. 将画好的图形复制到其他电脑中打印，当打开图形文件时，文字显示为问号或乱码，这是为什么？

3. 想要在文字中加入一些符号，如度符号、公差符号、直径符号等，应该怎样输入？

4. 如果想对表格里某些单元的内容进行一些计算，必须使用计算器吗？

5. 尺寸标注数值的精度取决于什么命令的设置？

6. 通常一个完整的尺寸标注由尺寸线、____________、尺寸箭头和等部分组成。

7. 形位公差包括______________公差和_________________公差。

8. 画出图 6.35 所示图形并进行尺寸标注。

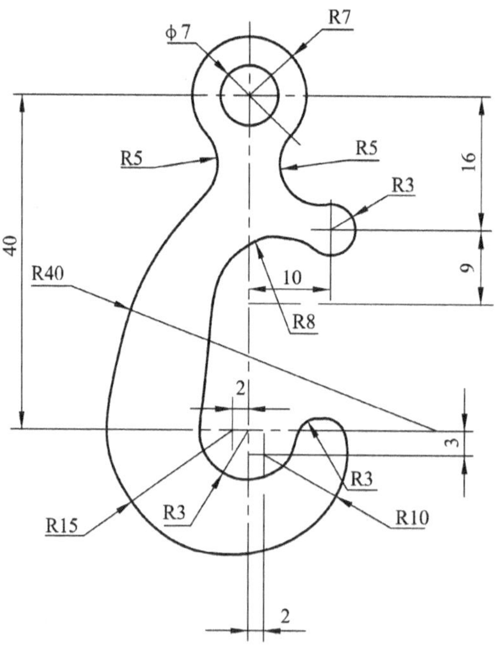

图 6.35

第 7 章　图形打印

图形绘制完成后，需打印出图，通常意义上的打印是把图形打印在图纸上。打印图形的关键问题之一是打印比例的设置。图形通常是按 1∶1 的比例绘制的，输出图形时，用户需要考虑选用多大幅面的图纸及图形的缩放比例，有时还需要调整图形在图纸上的位置和方向。

AutoCAD 有两种图形环境：图纸空间和模型空间。默认情况下，用户都是在模型空间绘图并从该空间出图。采用这种方法时，输出图纸有一定限制，用户只能以单一比例进行打印，若图样采用不同的绘图比例，就不能放置在一起出图了。而图纸空间却能满足用户的这种需要，在图纸空间的虚拟图纸上，用户可以选用不同的缩放比例布置多个图形，然后按 1∶1 比例出图。

7.1　打印图形的过程

在模型空间中将工程图样布置在标准幅面的图框内，再标注尺寸及书写文字后，就可以输出图形了，输出图形的主要过程如下：

（1）指定打印设备，指定当前系统中已经安装的打印机；

（2）选择图纸幅面及打印份数；

（3）设定绘图区域，即指定一矩形区域作为输出内容，设定后，绘图仪将会把指定区域内的所有对象绘图输出；

（4）调整图形在图纸上的位置与方向；

（5）选择打印样式，若不设定打印样式，则按对象原有属性进行打印；

（6）设定打印比例；

（7）预览打印效果。

打印图形的设置基本上都是在“打印—模型”对话框中进行，如图 7.1 所示。

7.2　设置打印参数

在 AutoCAD 中，用户可使用内部打印机或 Windows 系统打印机输出图形，并可方便地修改打印机设置及其他打印参数。

选择文件菜单中的打印后，AutoCAD 打开“打印—模型”对话框，如图 7.1 所示。在该对话框中用户可配置打印设备及选择打印样式，还能设定图纸幅面、打印比例及打印区域等参数。

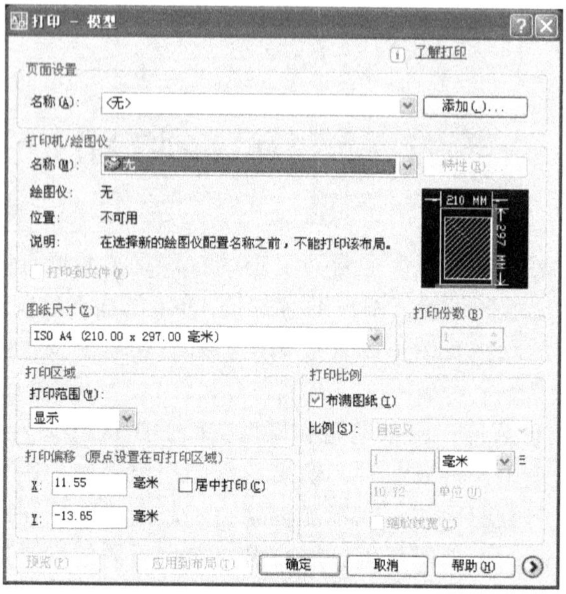

图 7.1 “打印—模型”对话框

7.2.1 选择打印设备

在“打印机/绘图仪”名称列表中，用户可选择指定 Windows 系统打印机或 AutoCAD 打印机（.pc3 文件）作为输出设备。当用户选定某种打印机后，名称下拉列表将显示被选中设备的名称、连接端口以及其他有关打印机的信息。

如果用户想修改当前打印机设置，可单击“特性”按钮，打开“绘图仪配置编辑器”对话框，如图 7.2 所示。在该对话框中，用户可以重新设定打印机端口及其输出设置，如打印介质、图形、自定义特性、校准及自定义图纸尺寸等。

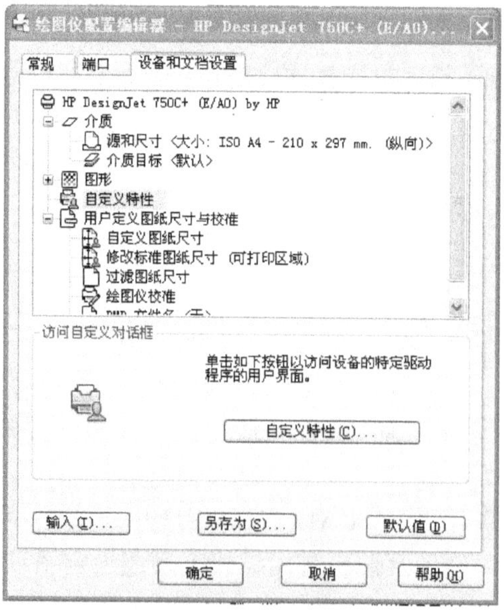

图 7.2 “绘图仪配置编辑器”对话框

“绘图仪配置编辑器”对话框包含“常规”、“端口”和“设备和文档设置”3个选项卡，各选项卡功能介绍如下：

基本：该选项卡包含打印机配置文件（.pc3 文件）的基本信息，如配置文件名称、驱动程序信息和打印机端口等，用户可在此选项卡的“说明”列表中加入其他注释信息。

端口：通过此选项卡用户可修改打印机与计算机的连接设置，如选定打印端口、指定打印到文件和后台打印等。

设备和文档设置：在该选项卡中，用户可以指定图纸来源、尺寸和类型，并能修改颜色深度、打印分辨率等。

7.2.2 打印样式

打印样式是一种特性，如同颜色线型一样，它用于修改打印图形的外观。它通过确定打印特性（例如线宽、颜色和填充样式）来控制对象或布局的打印方式。如果为某个对象选择了一种打印样式，则输出图形后，对象的外观由样式决定。AutoCAD 提供了数百种打印样式，并将其组合成一系列打印样式表，如图 7.3 所示。打印样式表有两种类型：颜色相关和命名。一个图形只能使用一种类型的打印样式表。用户可以在两种打印样式表之间转换；也可以在设置了图形的打印样式表类型之后，修改所设置的类型。

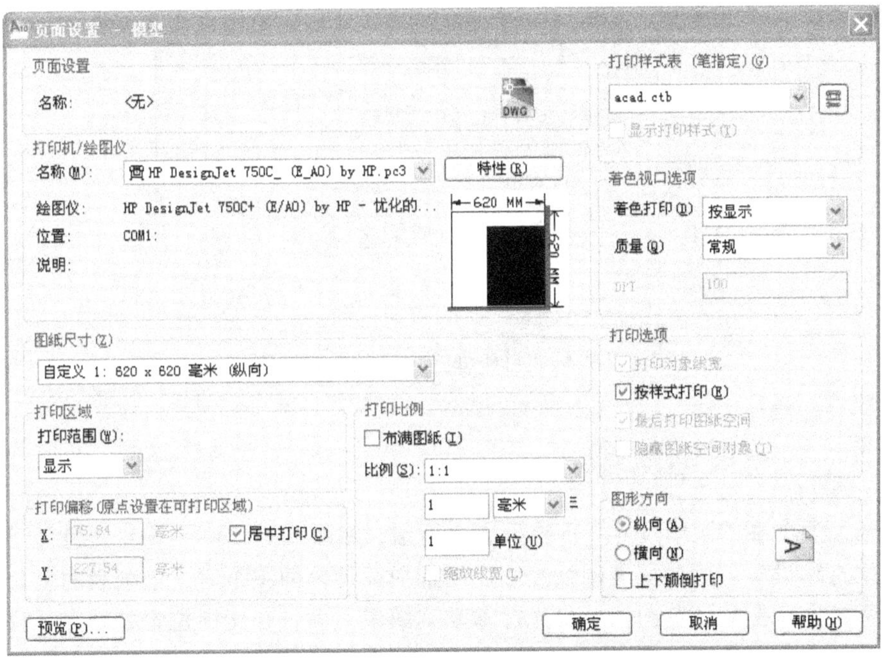

图 7.3 “页面设置—模型”对话框

颜色相关打印样式表：颜色相关打印样式表以“.ctb”为文件扩展名保存。该表以对象颜色为基础，共包含 255 种打印样式，每种 ACI 颜色对应一个打印样式，样式名分别为“颜色 1”、“颜色 2”等。用户不能添加或删除着色相关打印样式，也不能改变它们的名称。若当前图形文件与颜色相关打印样式表相连，则系统自动根据对象的颜色分配打印样式。用户不能选择其他打印样式，但可以对已分配的样式进行修改。

命名相关打印样式表：命名相关打印样式表以“.stb”为文件扩展名保存。该表包括一系列已命名的打印样式，用户可修改打印样式的设置及其名称，还可添加新的样式。若当前图形文件与命名相关打印样式表相连，则可以不考虑对象颜色直接给对象指定样式表中的任意一种打印样式。

AutoCAD 新建的图形不是处于“颜色相关”模型下就是处于“命名相关”模式下，这和创建图形时选择的样板文件有关。若采用无样板方式新建图形，则可事先设定新图形的打印相关模式。在选项对话框中，打印和发布选项卡下，就可设定新图形的默认打印样式模式，如图 7.4 所示。当用户选择“使用命名打印样式”选项后，还可设定图层 0 或图形对象所采用的默认打印样式。

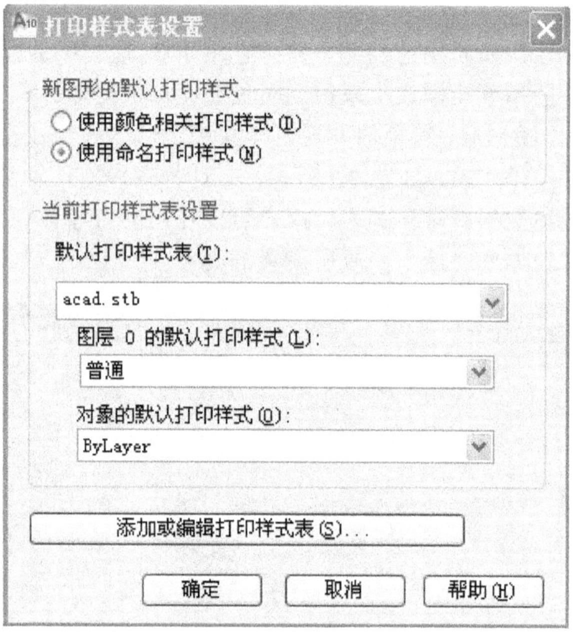

图 7.4 “打印样式表设置”对话框

7.2.3 选择图纸幅面

图纸幅面通常在“图纸尺寸”下拉列表中指定，如图 7.3 所示。“图纸尺寸”下拉列表中包含了选定打印设备可用的标准图纸尺寸。当选择某种幅面图纸时，该列表右上角出现所选图纸及实际打印范围的预览图像。将光标移动到图像上面，在光标位置处就显示出精确的图纸尺寸及图纸上可打印区域的尺寸。

除了从“图纸尺寸”下拉列表中选择标准图纸外，用户也可以创建自定义的图纸。此时，用户需要修改所选打印设备的配置。

以创建自定图纸为例，操作步骤如下：

（1）在“打印—模型”对话框中单击“特性”按钮，打开“绘图仪配置编辑器”对话框，在“设备和文档设置选项卡”中选择“自定义特性”；

（2）单击访问自定义对话框中的“自定义特性”按钮，弹出“打印机属性”对话框，如图 7.5 所示。

（3）选中打印机属性对话框中的“纸张尺寸”选项卡，单击“更多尺寸”按钮，弹出“页面尺寸”对话框，如图 7.6 所示。

（4）在“页面尺寸”对话框中自定义纸张尺寸下，按需要设定图纸的长度和宽度以及单位即可。

在进行图纸尺寸设定时，往往需要考虑图形是纵向还是横向输出。若图形在图纸上放置方向是水平的即为纵向，在分组框中有一个图标表明图纸的放置方向。图标中的字母代表图形在图纸上的打印方向。

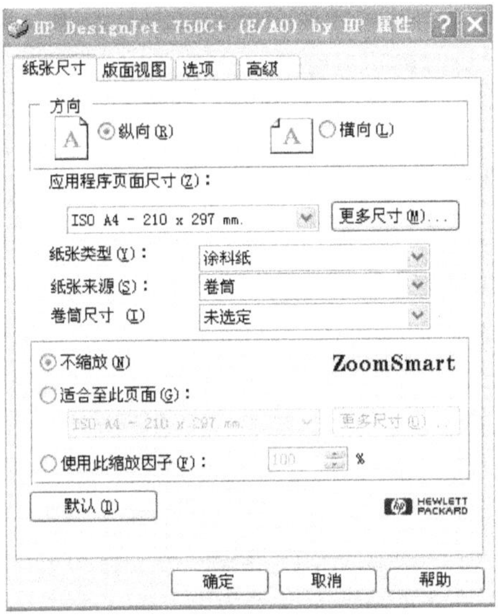

图 7.5 “打印机属性”对话框

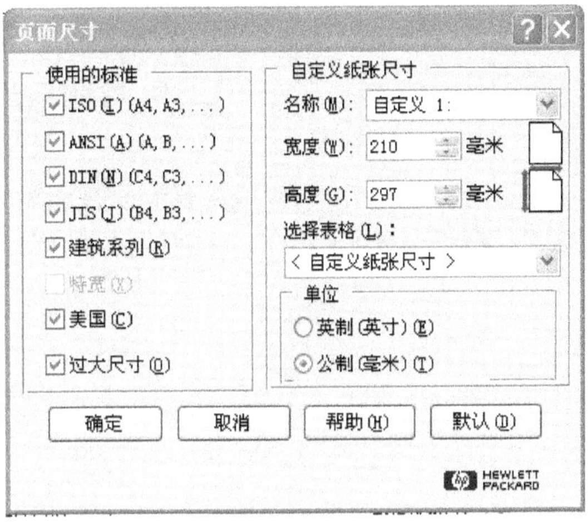

图 7.6 “页面尺寸”对话框

7.2.4 设定打印区域

在“打印—模型”对话框的“打印区域”分组框中设置要输出的图形范围，如图 7.1 所示。该分组框的“打印范围”下拉列表中包含 4 个选项，分别如下：

图形界限：选择此选项，系统将把设定的图形界限范围打印在图纸上。

范围：打印图样中所有的图形对象。

显示：打印整个图形窗口。

窗口：打印用户自己设定的区域，选择此选项后，系统提示指定打印区域的两个角点，同时在“打印—模型”对话框中显示 窗口(O)< 按钮，单击此按钮，可重新定义打印区域。

7.2.5 设定打印比例

在“打印—模型”对话框的“打印比例”分组框中设置打印比例，如图 7.1 所示。绘制阶段用户根据实物按 1∶1 比例绘图，出图阶段需依据图纸尺寸确定打印比例，该比例是图纸尺寸单位与图形单位的比值。当测量单位为 mm、图纸上单位为 m 时，设置打印比例为 1∶1 则表示图纸上的 1 mm 代表实地 1 m，即是以 1∶1 000 的比例出图。

从模型空间打印时，打印比例的默认设置是“布满图纸”，此时系统将缩放图形以充满所选定的图纸。

7.2.6 打印预览

打印参数设置完成后，用户可通过打印预览观察图形的打印效果。如果不合适可重新调整，以免浪费纸张和油墨。

单击“打印—模型”对话框中的“预览”按钮，AutoCAD 将显示实际的打印效果。由于系统要重新生成图形，因此对于复杂图形需要耗费较多时间。

习题与思考题

1. 打印图形时，一般应该设置哪些打印参数？如何设置？
2. 当设置完打印参数后，应如何保存以便再次使用？

第 8 章　高级定制

AutoCAD 提供了允许用户定制的工具，以使其更具效率，并因此提高生产率。本章主要是研究 AutoCAD 的定制内容及方法，以一种容易理解的方式进行解释。每个定制技巧都采用实例和图解进行解释，以使读者容易理解 AutoCAD 的定制概念。

8.1　样板图形

样板图形是通过提供标准样式和设置来保证用户创建图形的一致性的图形文件，图形样板文件的扩展名为“.dwt”。样板图形就是用户建立的包含图形初始信息的样板图，可以包含可见的对象和文本。当用户开始一张新图时，与样板图相关联的设置就会被自动装入。如果是从草图中开始一张新图，那么 AutoCAD 就装入默认的设置值（绘图范围、图层、颜色、线型等），而在不同的图形绘制过程中，往往需要修改这些默认参数。设置图层、颜色、线型、绘图范围、捕捉方式、单位、文本高度、尺寸标注变量以及其他参数等需要大量的时间，而且有时候可能还需要画边框和标题栏。

在产品图样中，大多数的图形设置值是保持不变的。例如：公司的标题栏、边框、图层、线型、尺寸标注变量、文本高度、线型比例以及其他的图形设置值并不改变，如果把这些值保存起来并且在开始一幅新图时重新装入它们，就会节省很多时间，通过制作样板图就可以做到这一点。样板图中可以包含按公司规格制定的初始的图形设置信息，还可以包括边框、标题栏、公差表、图块定义、图纸空间中的浮动视口，以及可能对所有图形都适用的注释及要求等。

8.1.1　样板图形的调用

AutoCAD 软件包含带有诸如 acad.dwt、acadiso.dwt、ansi_a.dwt、din_a.dwt、gb_a.dwt、iso_a.dwt、jis_a.dwt 等标准样板图。ansi、din 以及 iso 样板图的依据是由 ANSI（美国国家标准局）、DIN（德国）和 ISO（国际标准化组织）制定的图形标准。当打开一幅新图时，AutoCAD 会提示新建图形并要求装入样板图形。

可以在任何时候使用样板图形来开始一幅新图，如果要使用样板图形的当前值，可以启动 AutoCAD 或通过文件菜单中的“新建”选项来启动一幅新图。此时会弹出一个“选择样板”对话框（见图 8.1），默认的样板文件名就是当前样板文件。如果要选择其他的样板文件，则需要选中相应的样板文件并按下“打开”按钮，AutoCAD 就会开始一幅与样板图形同样设置的新图。

图 8.1 “选择样板”对话框

8.1.2 样板图形的制作

大多数图形产品需要多个图层、多个线型及颜色来表示不同性质和类别的物体。应该养成对不同图层指定不同颜色的习惯，这样方便控制绘图时的线宽。下面以创建一个标准地形图图框样板文件为例，说明制作样板图形的一般过程。

建立一个如图 8.2 所示的标准地形图图幅的样板图形，操作过程如下：

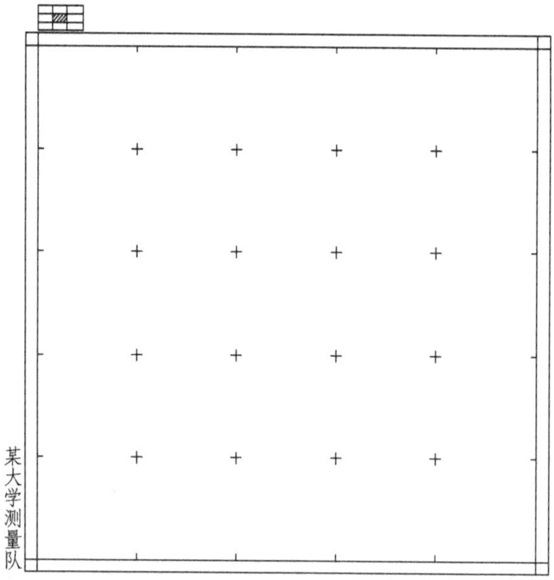

图 8.2 标准地形图图幅样板图

（1）新建一个图形，调用默认的样板文件；

（2）设置图形界限、单位及 X 轴、Y 轴方向；

（3）设置图层及相应的线型、颜色和线宽及线型比例；

（4）按要求绘制标准图框；
（5）将图形存为后缀为.dwt 的文件。

8.2 命令脚本与幻灯片

命令脚本是一系列命令组合而成的文本文件。通过调用命令脚本，可以连续、重复地执行此文本文件中包含的 AutoCAD 命令，而不必每次都键入单个命令。命令文件类似于 DOS 下使用的批处理命令。使用命令文件可以大大提高制作图形文件的速度。命令文件是 ASCII 码文本文件，其扩展名应为“.SCR”。用户可以使用任一文本编辑器进行编辑，并使用“script”命令来执行命令文件。

8.2.1 创建命令脚本

命令脚本实际上就是将需要执行的每个命令以及执行各命令时的响应按执行顺序罗列起来形成的一个文本文件。脚本文件可用来创建幻灯片显示，进行图形的初始化设置，或者按照预先定义的规格绘制图形。它还可以用于自动执行那些在图形创建、编辑或视图形成中重复使用的大多数命令序列。

脚本文件的每一行都包含一个命令。脚本文件中的每个空格都很重要，因为空格键是作为命令或数据字段的结束符来处理的。必须对提示顺序非常熟悉，才能在脚本文件中提供相应的响应顺序。除显示对话框的命令外，脚本可以在命令提示下执行任何命令。当从一个命令文件中调用打开文件或绘制对话框的命令时，AutoCAD 将不打开对话框，而运行该命令的命令行版本。

脚本文件可以包含注释，以分号（；）开始的所有行都作为注释，在处理脚本文件时将忽略这些注释行。文件的最后一行必须为空。

例 8.1 编写一个脚本文件，实现如图 8.3 所示的圆和直线旋转，回转中心为直线左侧端点，角度增量为 45°，命令文件能对给定的对象产生连续的转动。

编写命令文件之前，从键盘上键入需要的命令及其要求的输入，然后记下能执行假定操作的准确输入顺序即可。以下的命令文件清单，就可以实现例 8.1 所要求的圆与直线的旋转。

```
limits 0，0 600，600
layer m qs c 2 qs
line 300，300 500，300
circle 550，300 50
rotate all  300，300 45
rscript
```

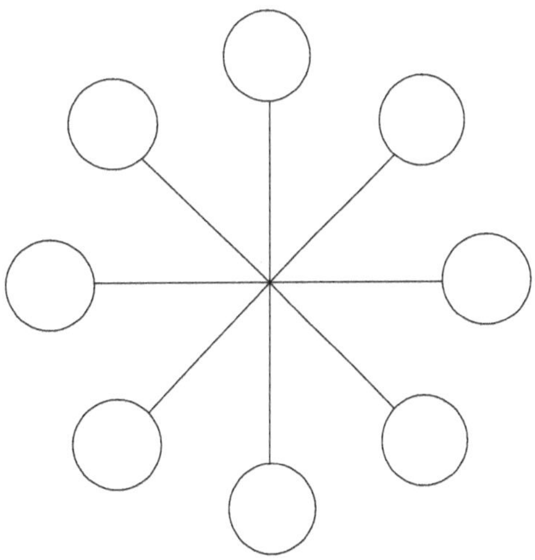

图 8.3 按角度增量旋转的圆与直线

8.2.2 运行命令文件

运行命令文件的命令是“script”，位于下拉菜单项“工具”下的“运行脚本”。如果命令文件中有语法错误，则 AutoCAD 会在有错误的地方停止命令的运行。

在执行命令文件时，有些操作发生得很快，在屏幕上看不到具体的执行过程，因此，在命令文件的某些操作之间，需要引入暂停。例如，当演示某一绘图过程时，希望在有此操作后有一个停顿，以便他人有足够的时间观看。则可以用“delay”命令控制命令文件中命令执行的时间间隔，在使用该命令后，系统会提示输入停顿的时间。这里输入的时间以毫秒为单位，且时间的有效范围为 0 ~ 32767。例如，“delay 1000”表示命令执行的间隔时间为 1 秒。

当命令需要循环执行时，可以用“rscript”命令。“rscript”命令允许用户一直运行命令文件，直到用户终止它。当用户想连续运行同一个文件时，这就是一个非常理想的工具。例如，如果要放映幻灯片进行产品的演示，可以使用“rscript”命令重复运行命令文件，直到按键盘上的 Esc 键来终止它。

如果退出了一个命令文件，然后又想继续运行它，可以使用“resume”命令；如果命令文件发生了错误并被悬挂起来，也可以使用“resume”命令。“resume”命令可跳过导致出错的命令而继续执行命令文件中的其他部分。如果在执行命令时发生了错误，可以在“resume”命令前加一个单引号，这样可以在透明模式下调用“resume”命令。

命令文件还可以在启动 AutoCAD 时自动执行。此时运行命令文件的方法是利用 Windows 系统的运行程序命令，其格式为（以默认路径安装为例）：

C：\Program Files\AutoCAD 2010\acad.exe [existing drawing] [/t template][/v view]/b script file

此格式中，参数的含义如下：

- existing drawing：启动 AutoCAD 时自动打开的已有图形文件的名称，该项为可选项。
- /t template：根据某一样板文件创建新图形时的样板文件名称，该项为可选项。
- /v view：此选项表示要观看的命名视图，该项为可选项。
- /b script file：命令文件的名称。该项必须为最后一个参数，文件的默认扩展名为“.scr”。

在装入 AutoCAD 时调用命令文件，命令中指定的图形文件或样板文件必须在搜索目录中存在，不能对创建的新图形指定名称。图 8.4 所示为使用“RUN”命令调用命令文件。

图 8.4 使用“run”命令调用命令文件

8.2.3 幻灯片

幻灯片是屏幕显示的快照，用户可以使用幻灯片进行演示、创建自定义图像控件菜单以及在工作时查看其他图形的图像，就像使用照像机对屏幕上的显示进行照像一样。幻灯片不包含任何与 AutoCAD 图形一样的向量信息，因此，幻灯片不能像图形那样被编辑。如果想对幻灯片做任何修改，就需要编辑图形然后对编辑后的图形制作一个新的幻灯片。

使用命令文件可以将幻灯片组成在一个文本文件中，然后可以按预先确定的顺序播放它们。通过这个方法可以创建一个幻灯片显示，还可以在显示中插入时间延迟，以使观察者有足够的时间观察幻灯片。

幻灯片是通过“MSLIDE”命令制作的，幻灯片文件扩展名为“.sld”。使用“vslide”命令可以观察幻灯片，也可用命令文件形式来播放幻灯片。例如，如果要连续观看已建立的幻灯片 slide1、slide2、slide3，可建立含有如下内容的脚本文件来播放：

```
vslide d：\qs\slide1
delay 1000
vslide d：\qs\slide2
delay 1000
vslide d：\qs\slide3
delay 1000
```

执行此脚本文件，即可实现各幻灯片的连续放映，且各幻灯片在放映后要延时 1 秒，再显示下一幅幻灯片。

在上面的脚本文件中，第一行“vslide d：\qs\slide1”表示装载幻灯片文件“slide1.sld”，并将其显示在屏幕上。显示后暂停 1 秒，AutoCAD 开始装载第二个幻灯片。由于从硬盘上存取图形需要一定的时间，装载第二个幻灯片文件时需要一些时间，会造成装载幻灯片文件而引起延时。因此，为了实现观看前一幅幻灯片的同时预装载下一张幻灯片，在脚本文件中，在幻灯片文件名的前面加一个星号（*），可实现幻灯片的预装载。

8.3 形

“形”是一种对象，其用法与块相似，而形文件是包含了构成一个形对象的所有单个元素的信息，在这些文件中使用的基本对象是直线和圆弧。通过使用这些基本对象，可以定义任意的形并将它们插入图形。形比图块占用更少的磁盘空间，而且很容易插入图形。但使用形也有一些缺点，如不能编辑或修改它，而图块在被分解后却可以编辑。

8.3.1 形定义

形文件有源文件和编译文件两种。形源文件是扩展名为“.shp”的 ASCII 码文本文件，文件中可以包含一个或多个形的定义，且定义中的每一行最多可包含 128 个字符。如果一个形定义的内容超过了 128 个字符，应在多行输入。在形文件中，AutoCAD 忽略空行和位于分号右边的内容，因此，利用分号可以在形定义文件中添加注释。

形定义由标题行和描述行组成，标题行用于说明形的编号、大小和名称，描述行则说明形的绘图方式。

标题行格式为：*形编号，形定义的字节数，形名称，如*201，8，RESIS。

每个标题行都以一个星号（*）开始，后面为形编号，在一个特定文件中形编号可以是从 1 到 255 之间的任何数字，在同一文件中不能重复这些数字，但在另一个名字不同的形文件中，这些数字是可以重复的。形定义的字节数是描述形所使用的字节数，其中包括结尾的零。形名称为大写字母，如果这些字母是小写的，则形名称就会被忽略。文件中不能包含有相同名字的两个形。

描述行包括了形对象的全部定义。形是使用专用代码、十六进制和十进制数字来描述的，十六进制数字具有前导 0（012），十进制数没有前导 0（12），数据间用逗号隔开，每个形可以使用的最多字节数为 2000 字节。在一个特定的形文件中，可以有多个形。描述行可以分成几行来编写，但是应该将形的描述分成一些逻辑单元，并分别输入到单独的行中，这样更易于编辑和调试文件，描述行以一个 0 结束。

形定义中的描述码有两种类型，一种是矢量长度与方向码，另一种是专用码。

矢量长度与方向码用来使 AutoCAD 在指定的方向绘制线段，由三个字符组成。第一个字符是 0,表明其后面的两个符号是十六进制数;第二个字符表示矢量的长度,取值范围为 1 ~ F（十六进制，即十进制的 1 ~ 15 个单位长）；第三个字符是方向码，表示当前矢量的方向。AutoCAD 规定了十六个标准方向，这十六个方向分别由符号 0 ~ F 表示，如图 8.5 所示。通过适量长度和方向码，就可以在指定方向绘出指定长度的线段。矢量长度是以 X 或 Y 方向度量，沿斜线方向的 1 个单位长是指其在 X 或 Y 方向上的投影长度为 1，而不是斜线长度为 1。

例 8.2 编写如图 8.6 所示图形的形文件，形名称为“DBOX”。

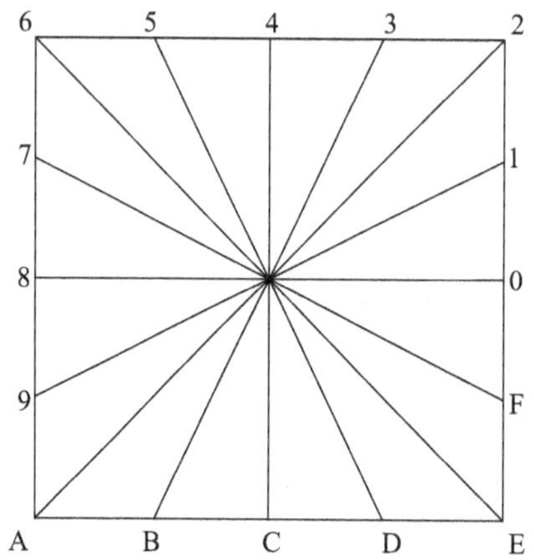

图 8.5 方向码定义图

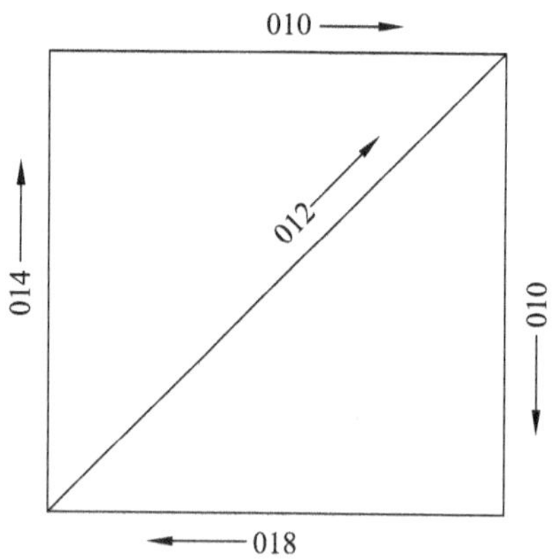

图 8.6 形描述

形文件编写如下：

*230，6，DBOX

014，010，01C，018，012，0

在此定义中，标题行说明该形的编号是 230，形定义描述行共有 6 个字节，形的名称是“DBOX”。在描述行中前五项用来绘制形中的五条线，最后的 0 为结束符。

8.3.2 专用代码

使用矢量长度和方向码有一定的局限性，因为它只有 16 个方向，长度的最大值是 15，而且只能绘直线段，所绘的形总是连续性的。为弥补上述不足，AutoCAD 提供了专用码。形定义可使用专用码 000 ~ 00E。在形定义行使用专用代码时，三字符串中的第二个字符必须为 0，但也可以直接使用代码数字。

形定义使用的专用码及其含义见表 8.1。

表 8.1 形定义专用码表

代码	含 义	代码	含 义
000	形定义结束	008	下两个字节给出 X、Y 位移量
001	进入绘图模式（落笔）	009	多个 X、Y 位移量，以（0，0）结束
002	退出绘图模式（抬笔）	00A 或 10	下两个字节定义八分圆弧
003	用下一个字节除以向量的长度	00B 或 11	下五个字节定义任意部分圆弧
004	用下一字节自乘以向量的长度	00C 或 12	用位移量与凸起程度定义圆弧
005	将当前位置压入堆栈	00D 或 13	绘制多段圆弧
006	将当前位置从堆栈中弹出	00E 或 14	只有垂直文本格式才处理下个命令
007	画出下一个字节给出的子形编号		

1. 代码 000

形定义结束码，即用 0 标识形的结束。

2. 代码 001

进入绘图模式，即落笔。由于开始一个形时，便打开了绘图模式，因此不需要再使用此代码。如果绘图模式已关闭，则需使用代码 001 来打开它。

3. 代码 002

退出绘图模式，即提笔。当不想画线而移动笔时可以使用它。

例如，设定点 1、2、3、4 之间的距离都为 2 个单位长，如图 8.7 所示，则该线的形描述为：

020，002，020，001，020，0

第一个字节 020 表示沿着方向向量 0 生成一条 2 个单位长的直线，第二个字节 002 表示退出绘图模式，第三个字节 020 生成一条 2 个单位长的空白线，第四个字节 001 进入绘图模式，接着下一个字节 020 沿方向向量 0 生成一条 2 个单位长的直线，最后一个字节 0 终止描述行。

图 8.7　形描述

例 8.3　编写一个形文件来生成如图 8.8 所示的字符“G”，形名称为“GEE”。

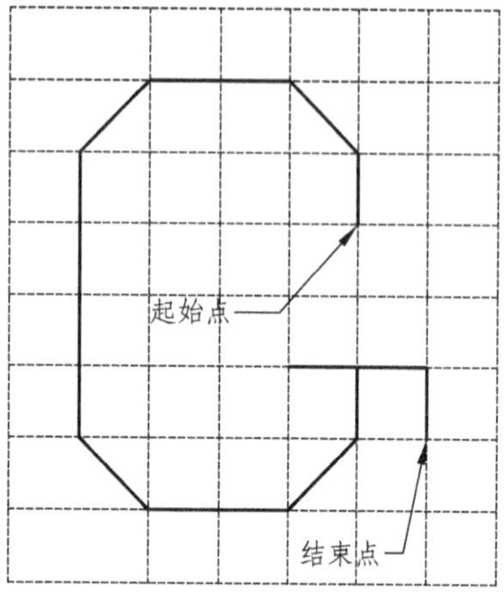

图 8.8　字符“G”的形

形文件编写如下：

*215，20，GEE

002，042，

001，014，016，028，01A，

04C，01E，020，012，014，

002，018，

001，020，01C，

002，01E，0

说明：

· *215，20，GEE：形编号为 215，第二个字节是指包含在描述行中的字节数，其中包含结尾的 0，GEE 是形名称。

· 002，042，：字节 002 退出绘图模式（抬笔），下个字节定义一个沿向量 2 的方向，长度为 4 个单位的向量。

· 001，014，016，028，01A，：字节 001 进入绘图模式（落笔），014 定义了一个沿 90° 方向（方向向量 4）的一个单位向量。

· 04C，01E，020，012，014，：字节 04C 定义了一个沿方向向量 C、4 个单位长的向量，字节 01E 定义了一个沿方向向量 E 的单位向量，字节 020 定义了一个沿方向向量 0（0°）、2 个单位长的向量，字节 012 定义一个沿方向向量 2、1 个单位长的向量。同样，014 定义了一个沿方向向量 4 的单位向量。

· 002，018，：字节 002 退出绘图模式，018 定义了一个沿方向向量 8 的单位向量。

· 001，020，01C，：字节 001 进入绘图模式（落笔），020 定义了一个沿方向向量 0、长度为 2 个单位的向量，字节 01C 定义一个沿方向向量 C 的单位向量。

· 002，01E，0：字节 002 退出绘图模式，字节 01E 定义一个沿方向向量 E 的单位向量，字节 0 终止描述行。

4. 代码 003

使用此代码可以将一个向量按一定数目缩小几倍。在例 8.2 中，若要将向量缩小 2 倍，则描述行为：

003，2，020，002，020，001，020，0

第一个字节 003 是缩小代码，下一字节 2 是所有余下的向量缩小的倍数。现在这两条直线的长度和间隔都是一个单位：

在一个形中，尺寸因子也是可以积累的，例如，如果我们将另一个代码 003 插在描述行之前，那么最后一个向量 020 的长度就将被缩小 4 倍（2*2）：

003，2，020，002，020，001，003，2，020，0

其中，第一个 003，2 表示所有向量除以 2，第二个 003，2 表示将所有余下的向量除以 4（2*2），则该形文件的输出如下：

将矢量长度除以该代码后的字节，即在此之后，所绘形中各矢量的长度均被缩小，缩小系数为位于 003 码后边的数字的倒数。例如，在形定义描述中，“3，4，020”表示将在 0 方向绘长为 2/4 个单位的直线。用 003 码缩小后，形结束前应恢复到原比例（用 004 码放大）。

5. 代码 004

使用此代码可以将一个向量乘以一个特定的数，它也可以用来反转代码 003 的效果。

例如，003，2，020，002，020，001，004，2，020，0 中，代码 003 将右边所有的向量都除以 2，因此长度为 1 个单位的向量现在就成了 0.5 个单位长，第二个代码 004 将右边所有向量都乘以 2，因此，早先除以 2 的向量现在都乘以 2，因为这种积累效果，最后一个向量的长度将保持不变。这个文件将产生以下的形：

6. 代码 005 与 006

代码 005 保存笔的当前位置，代码 006 恢复保存的位置。

例 8.4 图 8.9 所示是 3 个相交于一点的单位向量，画完第一条线后，画笔须返回起始点开始画第二条向量。这可以通过使用代码 005 来完成，用它来保存第一条向量的起始点（原点），用代码 006 再恢复该点，这样，如果画下一条向量时，它将从原点开始，因为有 3 条线，所以需要 3 次使用代码 005 和 006，下列文件列出了标题行和生成如图 8.9 所示 3 条线的描述行：

*210，10，POP1

005，005，005，012，006，014，006，016，006，0

其中，005 三次保存起始点，012 生成第一个向量，006 恢复起始点，014 生成第二个向量，006 恢复起始点。

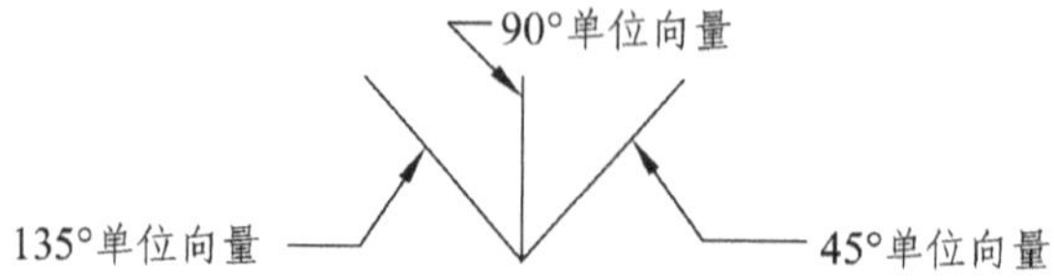

图 8.9　形向量定义

保存（代码 005）的次数必须与恢复（代码 006）的次数相等，如果保存（代码 005）的次数多于恢复（代码 006）的次数，则 AutoCAD 会在绘制形时显示下列信息：

Position stack overflow in shape（形编号）

同样，如果恢复（代码 006）的次数多于保存（代码 005）的次数，将显示下列信息：

Position stack underflow in shape（形编号）

在一个特定的形定义中能够使用的保存和恢复次数的最大值为 4。

7. 代码 007

可以像在程序中定义子程序一样来定义形。要引用一个子形，则子形代码 007 后面必须跟着子形的形编号。子形必须在同一个形文件中定义，其形编号为 1 到 255，如：

*210，10，POP1

005，005，005，012，006，014，006，016，006，0

*211，8，SUB1

020，007，210，030，007，210，020，0

其中，*210 表示形编号，007 表子形引用，210 为形编号。此例生成的形如图 8.10 所示。

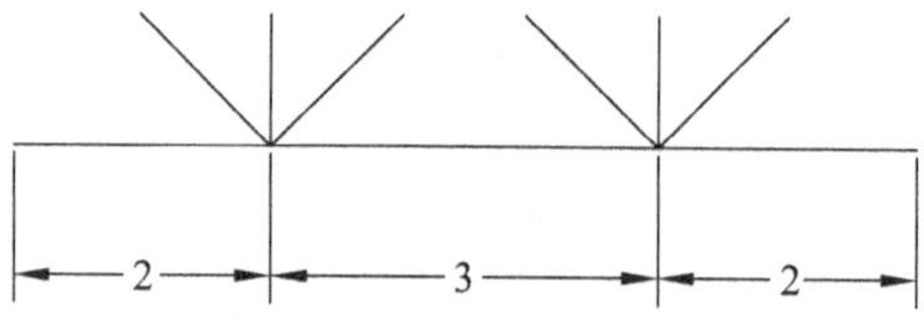

图 8.10　重复预定义的子形

8. 代码 008

由于向量只能使用 16 个预先定义好的向量绘图，并且一个向量的长度也不能超过 15 个单位，这些限制使得形文件更容易而且更有效，但同时它们也是有限的。因此，代码 008 和 009 通过输入 X、Y 方向的位移量来产生非标准向量，代码 008 的生成格式如下：

008，X 位移量，Y 位移量或 008,（X 位移量、Y 位移量）

X 和 Y 的位移量变化范围为 – 128 ~ +127，正数表明是正位移量，负数表明是负位移量。对于正数前导正号（+）是可选的，圆括号只是用来提高可读性，它们对描述行没有影响。

9. 代码 009

与代码 008 通过输入单个的 X 和 Y 位移量来生成非标准向量相反，代码 009 允许输入多个 X 和 Y 位移量，它由一对 0 位移量（0，0）结束。一般格式为：

009,（X 位移量、Y 位移量),（X 位移量、Y 位移量)，……,（0，0）

10. 代码 00A 或 10

如果将 360° 角八等分，每个角都是 45°，则每个 45° 角的弧段称为八分圆。包围一个八分圆弧的两条线称为八分圆弧边界，如图 8.11 所示，八分圆弧边界从 0 到 7 编号，其一般格式为：

10,（Radius， +/－0SN）

其中，Radius 为圆弧半径； +/－定义方向， + 为逆时针， －为顺时针；0 为十六进制标志；S 为八分圆弧边界起始编号；N 为八分圆弧数。

例如，代码 10,（3， －043）中，第一个数字 10 是八分圆弧代码 00A；第二个数字 3 为八分圆弧半径；负号表示该圆弧按顺时针方向产生，如果是正号或没有标志，则原弧就按逆时针方向产生；0 为十六进制标志；后面的数字 4 是八分圆弧开始生成的八分圆弧边界编号；下一个数字 3 是圆弧将要扩展的八分圆弧个数。本例生成的圆弧如图 8.12 所示，其形的形文件如下：

```
*214，5，FOCT1
001，10,（3， －043），0
```

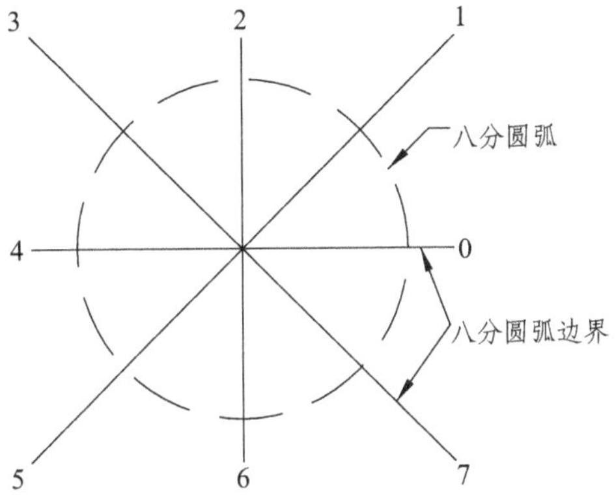

图 8.11 八分圆弧边界

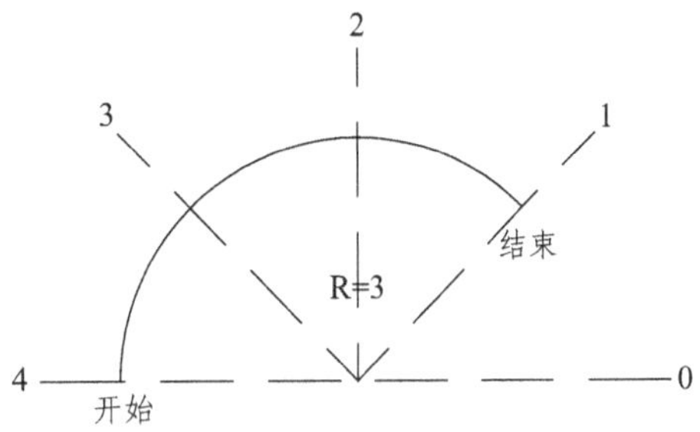

图 8.12 八分圆弧

11. 代码 00B 或 11

通过使用代码 00B 或 11 可以生成非标准的任意部分圆弧，此代码允许从任何角度起始和终止一个圆弧，定义需要 5 个字节，其一般格式如下：

11,（Start Offset，End offset，High Radius，Radius，+/－0SN）

start_offset 和 end_offset 表示与圆弧起点和终点所在的八分圆边界的距离。计算起点八分圆边界（45° 的倍数）与圆弧起点之间所差的度数，再将其乘以 256，再除以 45，即得到 start offset。如果圆弧从八分圆边界开始，则其 start offset 为 0。end offset 的计算方式是相似的，但必须用最后一个八分圆边界与圆弧终点之间所差的度数进行计算。如果圆弧在八分圆边界终止，则其 end offset 为 0。当 radius 不大于 255 时，high_radius 值为 0，将 high_radius 值与 256 相乘并加上 radius 值，可生成大于 255 的圆弧半径。radius 和最后的定义字节与八分圆弧的定义（代码 00A）一样。

例 8.5 画一个圆弧，半径为 3 个单位，起始角为 55°，终止角为 95°（逆时针画出）。

编码为：11,（56，28，0，3，012），解释如下：

start_offset = 56 因为（(55 – 45) * 256 / 45) = 56

end_offset = 28 因为（(95 – 90) * 256 / 45) = 28

high_radius = 0 因为（radius< 255）

radius = 3

starting octant = 1　因为圆弧起点在 45° 八分圆中

ending octant = 2　因为圆弧终点在 90° 八分圆中

12. 代码 00C 或 12

使用代码 00C 或 12 可以通过指定圆弧终点的位移量和凸起系数来定义一个圆弧。其后必须跟上三个描述圆弧的字节，其格式为：

12，X-displacement，Y-displacement，Bulge

其中，X-displacement，Y-displacement，Bulge 分别代表 X 方向的位移、Y 方向的位移和凸度。X、Y 位移和凸度（指定圆弧的曲率）的取值范围为 – 127 ~ +127。如果位移指定的线段长度为 D，垂直于该线段中点的距离为 H，则凸度的幅值为（(2 * H / D) * 127）。如果圆弧从当前位置到新位置是顺时针走向的，则符号为负。半圆的凸度为 127（或 – 127），是用这种编码所能表示的最大的单段圆弧。凸度可以定义为 0，此时表示直线段。

图 8.13 所示圆弧起始点与终止点间的距离为 4 个单位，高度为 1 个单位。将数值代入上面的关系式中，可以解得凸起系数为：

bulge=（2*1/4）*127=63.5=63（取整）

因此，生成如图 8.13 所示的圆弧的形文件为：

*213，5，BULGE1

12，(4，0，–63)，0

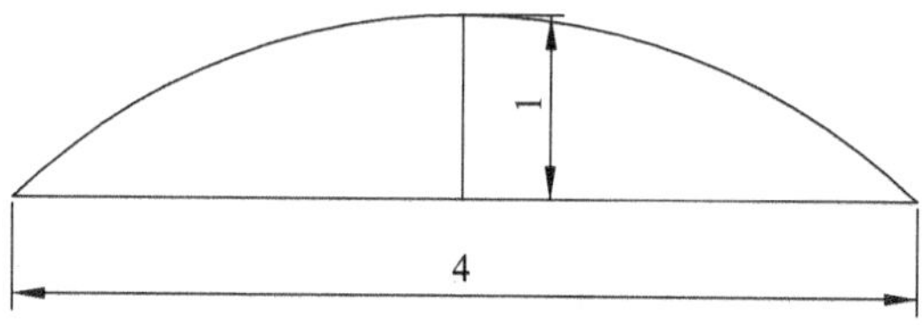

图 8.13　凸起系数

13. 代码 00D 或 13

代码 00D 或 13 用于定义多段圆弧，后面可跟 0 或多个圆弧段定义，最后被（0，0）位移终止。注意，最后一个位移之后就不再指定凸度。例如，字母 S 可以如下定义：

13，(0，5，127)，(0，5，–127)，(0，0)

零凸度线段用于在多段圆弧中表示直线段，与终止多段圆弧、插入直线段后再开始另一多段圆弧这种方法相比，其效率要高得多。

14. 代码 00E 或 14

特殊代码 00E 或 14 仅用在双向字体说明中。双向字体说明中的字体在水平和垂直两个方向上使用。在字符定义中遇到此特殊代码时，下一代码是否进行处理由该字符的方向决定。如果方向为垂直的，则下一代码被处理；如果方向为水平的，则下一代码被忽略。

在水平文字中，每个字符的起点是基线的左端；在垂直文字中，起点为字符上方正中。在每个字符的结尾，通常需要用提笔线段绘至下个字符的起点。对水平文字，该线段是向右绘制的；而对垂直文字，该线段是向下绘制的。特殊代码 00E 或 14 主要用于调整不同的起点和端点，使同一字符形定义可用于水平文字，也可用于垂直文字。例如，对大写 D 的定义可用于水平文字，也可用于垂直文字，如图 8.14 所示，具体定义如下：

*68，22，ucd

2，14，8，(−2，6)，1，030，012，044，016，038，2，010，1，06C，2，050，

14，8，(−4，−3)，0

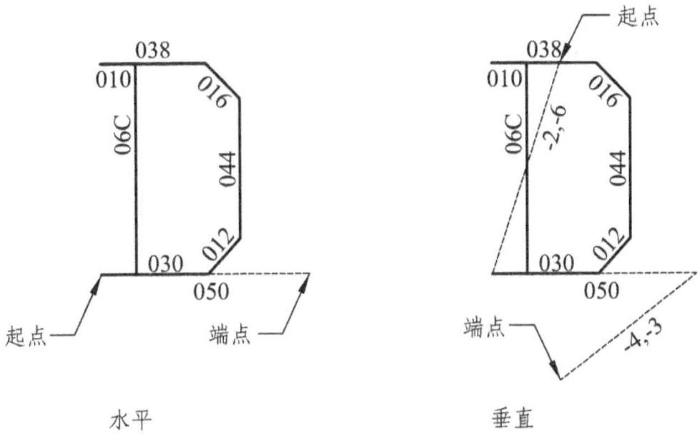

图 8.14　生成字符 D 时绘图笔的运动

8.3.3　编译、装入形文件及形的插入

形文件的源文件是扩展名为“.shp”的 ASCII 码文本文件，文件中有一个或多个形的定义，用户可通过任一文本编辑器编辑此文件。SHP 形文件不能由 AutoCAD 直接调用，当在 AutoCAD 中插入某一形时，应先编译 SHP 源文件。编译形或字体文件的方法是：在命令提示下，输入“compile”，此时 AutoCAD 显示“选择形文件”对话框，用户可从中选择形定义文件（SHP）或 PostScript 字体文件（PFB）。在选择文件名后，即开始编译。编译后得到的形文件与源文件同名，但扩展名为“.shx”。如果在形说明中发现错误，AutoCAD 将显示消息，指出错误类型和行号。

用户在绘图过程中可随时像插入块那样插入形文件中的形，但在插入形之前需要加载相应的形文件。加载形文件的方法是在命令行输入“load”命令，此时 AutoCAD 也会显示“选择形文件”对话框，用户从该对话框中选择形文件后，系统加载该形文件。

插入已加载形文件中的形的命令是“shape”，执行该命令，AutoCAD 提示“输入形名或[?]”，此时可直接输入形的名称，也可通过“[?]”选项浏览当前图形中已加载的形。输入形的名称后，AutoCAD 会提示指定形的插入点、高度及旋转角度等信息。

8.4 创建线型与填充图案

线型文件又称为线型库，是扩展名为“.lin”的 ASCII 码文本文件。线型文件中可以放一个或多个线型的定义。AutoCAD 的线型分简单线型和复杂线型两种类型。可以根据需要修改已有的线型或创建新的线型。

8.4.1 简单线型

所谓简单线型，是指线型只由线段、空和点组成。简单线型的定义实际上是系统告诉 AutoCAD 如何去画线段、空以及点的指令集。简单线型一般由线段、空和点组成，但也可以只有线段与空或只有点与空。简单线型中，每个线型定义都由两部分组成，即标题行和线型定义行。

1. 标题行

标题行由一个星号、紧随其后的线型名和线型描述组成。线型名和线型描述应该用逗号分开。如果没有线型描述，用于分隔线型名和线型描述的逗号可以省略。标题行的格式如下：

*线型名，描述

例如，“*BORDER，Border __ __ · __ __ · __ __ · __ __ · __ __ .”中，BORDER 为线型名，逗号后的部分为线型描述。

所有的线型定义都有一个线型名。当你需要装入一种线型或为一个对象指定一种线型时，AutoCAD 将通过你指定给线型定义的线型名来确认线型。线型定义的名称应有助于用户辨认该线型。线型描述指的是用文本来描述线型。这个文本描述中可以使用键盘上的短划、圆点和空格。可以使用“linetype”命令的“[?]”选项或者使用对话框在屏幕上以图形的方式显示线型。线型描述不能超过 47 个字符。

2. 定义行

线型定义行包含线型格式的定义。线型格式的定义由对齐方式和线型规格组成。对齐方式和线型规格之间用逗号分隔。定义行的格式如下：

对齐方式，线型规格

例如，“A，12.7，-6.35，12.7，-6.35，0，-6.35”中，字母 A 表示对齐方式，AutoCAD 只支持此种对齐方式，所以线型定义行均由字母 A 开始。对齐定义的“A”要求首元素必须为一个短划线或一个圆点（落笔），接下来是一个负段（抬笔）。对齐方式 A 的短划线的最小数目是 2，若没有足够的空间画直线，AutoCAD 就绘出一条实线。

定义线型规格有三个基本要素：短划线（落笔）、圆点（落笔，长度为 0）、空格（抬笔）。

短划线由定义一个正数产生，如 0.5 可以生成一条 0.5 个单位长度的短划线。类似地，空格符可以定义一个负数产生，如 -.2 可以生成 0.2 个单位长度的空格。长度定义为 0 可以产生圆点。

例如，BORDER2 样式如图 8.15 所示，其线型规格为：A，.25，-.125，.25，-.125，0，

-.125。其中，0 表示圆点（0 长度），-.2 表示空格长度（抬笔，一个负数），.5 表示短划线长度（落笔，一个正数）。

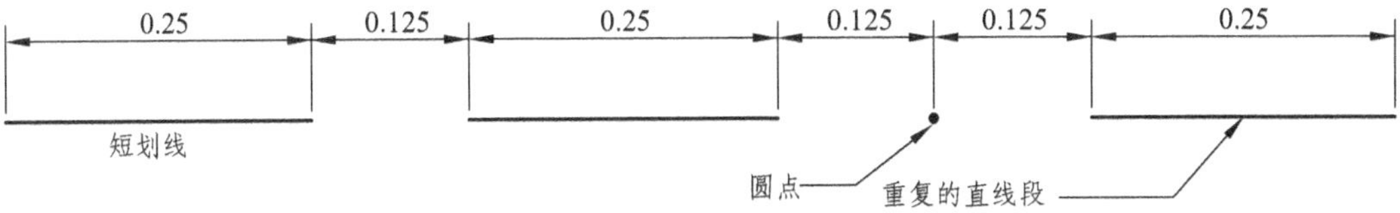

图 8.15 BORDER2 的线型规格示意图

在调用定义的线型文件时，AutoCAD 会自动调整短划线的长度，使每条线总是能以短划线起始，以短划线终止。而起始和终止处的短划线长度至少必须是文件中指定长度的一半。也就是说，若文件中规定的短划线长度为 0.5，则起始处和终止处短划线长度至少为 0.25。

8.4.2 线型比例

线型比例就是控制线型文件中定义的短划线长度比例的因子。不能显示完整线型图案的短线段就显示为连续线。对于太短，甚至不能显示一个虚线小段的线段，可以使用更小的线型比例。在图 8.15 所示的线型中，每个直线段的长度为 0.875（0.25+0.125+0.25+0.125+0.125）。如果绘制了一条比 0.875 长度短的直线，AutoCAD 就会将其绘制成一条短划线，看起来就像一条实线。这个问题可以通过将线型比例变量 LTSCALE 修改为一个更小的值而得以解决。默认情况下，全局线型比例为 1.0。比例越小，每个绘图单位中生成的重复图案就越多。如果将 LTSCALE 的值改为 0.5，那么每条线段的长度将减少到 0.4375（0.875 × 0.5）。

在 AutoCAD 中，提供了全局（LTSCALE）和当前（CELLTSCALE）线型比例的系统变量。CELLTSCALE 确定当前线型的比例，而 LTSCALE 则用于控制全局比例系统。例如，如果将 LTSCALE 设置为 2，则图形中的所有直线都受其影响；而将 CELLTSCALE 设置为 0.25，则在设置 CELLTSCALE 后所有图形的线型比例都等于 0.25，从而绘图的比例系数就等于 CELLTSCALE 与 LTSCALE 的乘积。

8.4.3 复杂线型

复杂线型是在简单线型的基础上再嵌套文字串、AutoCAD 形文件中的形而形成的线型，即字符串复合线型和形复合线型。复杂线型的定义格式与简单线型的定义格式基本相同，即由标题行和定义行组成，不同之处在于描述线型的形式时，复杂线型的定义格式加入了嵌套文字串或嵌套形的内容。

1. 字符串复合线型

在编写字符串复合线型的定义时，实际的文本及其属性必须包含在线型的定义中，字符串复合线型定义格式为：

- ["String", Text style, Text height, Rotation, X-Offset , Y-Offset]
- String 是想要在线中插入的实际文本，字符串必须置于双引号中。

· Text style 是插入文本串的文字样式名称。如果在定义中省略文字样式，则使用当前定义的样式。

· Text height 是用于文字样式的缩放比例与线型的比例相关。文字样式的高度需乘以缩放比例。如果高度为 0，则 S 值本身用作高度。

· Rotation 是文本字符串相对于 X 轴方向的旋转角度。无论 AutoCAD 的正方向如何设置，该角度总是以 X 轴正方向度量。旋转角度可以定义为弧度（r）、梯度（g）或度（d），默认单位为度。

· X-Offset 是沿直线方向测量的从其端点到文本串左下角间的距离。如果直线为水平线，则 X-Offset 可以直接沿 X 轴测量。

· Y-Offset 是沿垂直于直线方向测量的从其端点到文本串左下角间的距离。如果直线为水平线，则 X-Offset 可以直接沿 Y 轴测量。

例如，GAS Line（见图 8-16）的线型定义如下：

*GAS_LINE，Gas line ----GAS----GAS----GAS----GAS----GAS----GAS--

A，.5，-.2，["GAS"，STANDARD，S=.1，R=0.0，X=-0.1，Y=-.05]，-.25

图 8.16 GAS LINE 线型

2. 形复合线型

与字符串复合线型类似，在编写形复合线型的定义时，形名、形文件名及其他属性，诸如旋转角度、比例系数、X-Offset 及 Y-Offset 都必须包含在线型定义中。形复合线型的格式如下：

[Shape Name，Shape File，Scale，Rotation，X-Offset ，Y-Offset]

· Shape Name 是要插入图线中的形的名称，该名称必须存在；否则，图线中不会生成形。

· Shape File 是编译过的形文件名（.SHX），包含了要插入到图线中的形定义。形文件所在的子目录应包含于 AutoCAD 的搜索路径中。在使用“SHAPE”命令装入形之前，形文件（.SHP）必须经过编译。

· Scale 是定义形大小的比例系数，如果其值为 1，则形的大小将与形定义（.SHP 文件）中的大小相同。

· Rotation 是形与正 X 轴的夹角。

· X-Offset 是沿直线方向测量的形插入点与直线段终点间的距离。如果直线是水平的，则 X-Offset 可直接沿 X 轴测量。

· Y-Offset 是沿垂直于直线方向测量的形插入点与直线段终点的距离。如果直线是水平的，则 Y-Offset 可以直接沿 Y 轴测量。

8.5 定制“acad.pgp”文件

在 AutoCAD 环境中，有时可能需要运行外部命令（如 Windows 系统命令和其他应用程序）。利用 AutoCAD 程序参数文件“acad.pgp”，可以在不退出 AutoCAD 环境的前提下执行其他系统命令和应用程序。此外，利用程序参数文件，用户还可以给 AutoCAD 的命令定义别名，以提高绘图操作的效率。

AutoCAD 程序参数文件“acad.pgp”为 ASCII 码文本文件，用于存储命令定义。可以将此文件当做自定义 AutoCAD 命令的列表。当用户输入的命令不是 AutoCAD 规范命令时，AutoCAD 要在“acad.pgp”中查找该命令。“acad.pgp”的内容可以分为三个组成部分，这些组成部分仅仅是对“acad.pgp”文件中定义的信息进行了分类。它们在文件中没有固定的顺序，也没有段的标题。例如，注释行可以加在文件中的任何一处，外部命令和 AutoCAD 命令的别称也可以这样。“acad.pgp”文件分为三个组成部分：注释、外部命令和命令别称。

8.5.1 注　释

“acad.pgp”文件的注释可包括任意长的注释行，并且可以出现在文件的任意一处。每一个注释行都必须以一个分号（；）开头，以表明这是一个注释行。任何跟在后面的行都会被 AutoCAD 忽略。因而可以使用注释行来给出文件的相关信息，以帮助 AutoCAD 的其他用户理解和编辑这个文件，并可以对其进行更新。

8.5.2 外部命令

在外部命令部分，可以定义任意有效的外部命令，但是系统必须支持这些命令。外部命令可在 AutoCAD 运行时启动其他程序或实用工具。AutoCAD 运行时，用户可以调用下列程序或实用工具：

- Windows 系统命令和实用工具，如 start、type、dir 或 copy。
- 应用程序，例如文本编辑器或字处理器。
- 数据库管理程序、电子表格和通信程序。
- 用户提供的程序，如批处理文件或 VBA 宏。

定义外部命令时，需要指定要在命令提示中使用的命令名以及传递给操作系统的可执行命令字符串。外部命令部分中的每行都包括以逗号分隔的五个字段，示例如下：

command，[executable]，flags[，[*]prompt[，return_code]]

· command 是在 AutoCAD 的图形编辑器中，可用来激活外部命令的命令名。该命令名不能是 AutoCAD 的命令名或 AutoCAD 的系统变量名。如果该名称是内部 AutoCAD 命令名，则被忽略。另外，命令名不区分大小写。

· executable 是操作系统支持的一个有效系统命令。例如，在 DOS 中，删除文件命令是 DEL，因而，“acad.pgp”文件中使用的“executable”命令名也必须为 DEL。在 PGP 文件中可以使用的“executable”命令有：del、dir、type、copy、rename、word、shell 等。

· flags 是所需位码参数，通常为 8 或 1。以下是位标志的取值及其含义：

——不等待应用程序结束；

——以最小化模式运行应用程序；

——“隐藏”运行应用程序；

——将参数字符串括在引号中。

· prompt 指定将要显示在 AutoCAD 命令行或动态输入工具提示中的提示。此提示的响应被添加到 executable 字段提供的字符串后面。如果提示字段的第一个字符是星号（*），则响应可以包含空格，用户必须按 Enter 键结束响应。否则，可以使用空格键或 Enter 键结束响应。如果未指定 prompt，则不需要输入。但如果要提供返回码或提示行需要后续空格，则必须添加逗号。

· return_code 是可选位码参数。可将这些整数值按任意组合相加以得到所需的结果。例如，如果需要值 1 和 2，可用 3 作为返回码。值的定义如下（代码 0 和 4 对窗口环境无意义，因此不包括在此列表中）：

1——加载 DXB 文件。命令结束后，AutoCAD 将把名为“$cmd.dxb”的 DXB 文件加载到图形中。加载 DXB 文件后，“$cmd.dxb”文件被删除。此动作产生的结果与“DXBIN”命令相同。

2——用 DXB 文件构造块定义。AutoCAD 从名为“$cmd.dxb”的 DXB 文件创建块定义。prompt 字段的响应用作块名，此名称必须是当前图形中不存在的有效块名，因此，这种模式不能重定义以前定义的块。AutoCAD 加载 DXB 文件后，“$cmd.dxb”文件将被删除。默认“INSERT”命令名被设置为新定义块的名称。

8.5.3 命令别名

命令别名是在命令提示下代替整个命令名而输入的缩写。“acad.pgp”文件可以为任何 AutoCAD 命令、设备驱动程序命令或外部命令定义别名。可以通过在 ASCII 文本编辑器中编辑“acad.pgp”来更改现有别名或添加新的别名。

要定义命令别名，请使用以下语法向“acad.pgp”文件的命令别名部分添加行：

abbreviation，*command

其中，abbreviation 是用户在命令提示下输入的命令别名；command 是要缩写的命令。必须在命令名前输入星号（*）以表示该行为命令别名定义。如果一个命令可以透明地输入，则其别名也可以透明地输入。当用户输入命令别名时，系统将在命令提示中显示完整的命令名并执行该命令。可以创建包含特殊连字符（-）前缀的命令别名，用于访问显示命令提示（而不是对话框）的某个命令的版本，命令提示如下：

BH，*-BHATCH

BD，*-BOUNDARY

8.5.4 “reinit”命令

如果对“acad.pgp”文件做了任何改动，可以通过以下两种方法初始化“acad.pgp”文件：

一种是退出 AutoCAD，然后再重新进入，当启动 AutoCAD 时，“acad.pgp”文件会被自动装入；另一种是通过“reinit”命令初始化“acad.pgp”文件，“reinit”命令能够让你重新初始化 I/O 端口、数字化仪、显示器和 AutoCAD 程序参数文件“acad.pgp”，当输入“reinit”命令时，AutoCAD 将会显示一个对话框，选择相应的复选框，再选择 OK，AutoCAD 就会重新初始化程序参数文件。

习题与思考题

1. 创建一个有下列设置参数的样板图形：

Limits　36.0，24.0

Snap 0.5

Grid　1.0

Text height 0.25

Units 十进制

　　小数点后保留两位

　　十进制角度

　　不显示角度值的小数部分

　　沿 X 轴正方向角度为 0°

　　逆时针方向度量角度为正

2. 编写一个命令文件，对一幅新的图形进行下列初始化设置：

Limits　0，0 24，18

Snap　1.0

Grid　0.25

Ortho On

Snap On

Zoom All

Pline width 0.02

Pline 0，0 24，0 24，18 0，18 0，0

Units 十进制单位

　　小数点后保留 2 位

　　十进制角度

　　小数点后位数 2

　　沿 X 轴正方向角度为 0

　　逆时针方向度量角度为正

Ltscale 1.5

图层名称	图层颜色	图层线型
Obj	red	continuous
Cen	yellow	center

Hid	blue	hidden
Dim	green	continuous

3. 编写图 8.17 所示大写字母“M”的线文件。

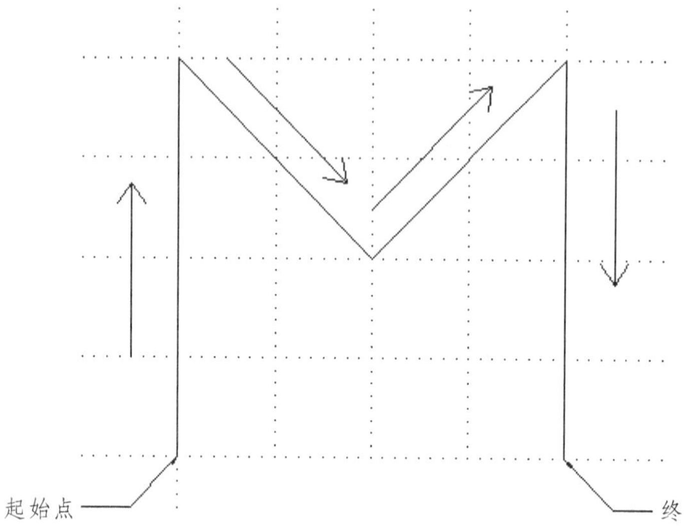

图 8.17　大写字母“M”

4. 按照以下规格，用文本编辑器建立一个新文件“NEWWLT2.LIN”以及一个新线型 DASH2DASH：

第一条短划线长	0.5
空格宽	0.1
短划线长	0.2
空格宽	0.1
短划线长	0.2
宽格宽	0.1

第 9 章　AutoCAD 二次开发

AutoCAD 是目前工程设计与建筑施工领域中应用最为广泛的计算机辅助设计软件之一，它具有开放的体系结构和多重工业标准、易于掌握、使用方便、通用性强的特点，是工程技术人员的常用工具之一，被广泛应用于机械、建筑、电子、航天、能源、化工、冶金、轻工等各个领域。AutoCAD 还允许用户采用高级程序设计语言对其进行扩充和修改，能最大限度地满足各种用户的特殊要求，这就是对 AutoCAD 的二次开发。

AutoCAD 的二次开发主要涉及以下内容：① 编写各种用户自定义函数并形成若干 LISP、ARX、VLX 或 ADS 等程序文件以及一些 DCL 对话框文件。② 建立符合自己要求的菜单文件，一般可在 AutoCAD 原菜单文件内添加自己的内容，对于 AutoCAD 2000 及后续版本还可增加部分菜单文件，然后经交互方式加入到系统中去。③ 在系统的“ACAD.LSP”或类似文件中加入某些内容以便进行各种初始化操作，如在启动时立即装入一些文件等。④ 通过系统对话框设置某些路径。

AutoCAD 的二次开发是一个系统工程，对它的了解和学习需要循序渐进。

9.1　常用 AutoCAD 二次开发语言

自 1982 年 11 月 AutoCAD 问世以来，针对 AutoCAD 进行二次应用开发的语言和工具不断出现——由最早的 AutoLISP 语言、ADS 到 ObjectARX 、VBA 以及 Visual LISP，每种语言都各有特色。

9.1.1　早期开发工具 AutoLISP 与多功能集成开发环境 Visual LISP

AutoLISP（AutoCAD LIST Processing Language）是最早出现的 AutoCAD 二次开发高级编程语言，最初出现在 1985 年的 AutoCAD v2.18 中，是一种嵌入在 AutoCAD 内部的结构化程序设计语言，也是一种解释型的人工智能语言。可以使用 AutoLISP 直接调用几乎所有的 AutoCAD 内部命令，它对于交互式的程序开发非常方便，能实现参数化、交互式的绘图程序设计。

AutoLISP 具有强大的图形处理功能，比较适合工程中的非结构化设计过程，其优点是：语法简单，易于掌握；使用时方便灵活，易于交互；兼容性较好，程序设计的复杂程度和运行风险较低，不会造成系统崩溃。缺点是：功能相对单一，综合处理能力较弱；程序语句逐条解释执行，运行速度较慢；缺乏完善的保护机制，源程序保密性差。

Visual LISP 是 Autodesk 公司在 1997 年的 AutoCAD R14 版本中推出的。它是为方便和加速 AutoLISP 程序开发而设计的软件开发工具，是一个完整的集成开发环境，可以认为 Visual LISP 是 AutoLISP 的升级版。它又称为 VLISP，采用动态即时加载编译技术，能完全兼容 AutoLISP，具有许多优点。

首先，VLISP 为用户提供了一个完整的功能齐全的交互式集成开发环境（IDE），该集成环境主要包括编译器（Compiler）、编辑器（Editor）、调试器（Debugger）、控制台（Console）和其他工具，具有全面检查和监视功能，能自动识别程序的语法错误、被调用函数的参数错误和数据结构错误；能动态对程序进行调试并动态显示代码运行结果。其次，VLISP 生成代码质量高，保密性好，用户可以利用编译器将 VLISP 源程序编译成为二进制文件，提高程序运行速度，增加安全性，经过编译的 VLISP 程序可以直接作为 AutoCAD 内部命令使用。另外，VLISP 还专门新增了处理 ActiveX 对象的接口函数和对系统文件进行操作的功能函数，能将 VLISP 与 ActiveX 对象程序有效地结合在一起，极大地为用户提供了方便，缩短开发时间，提高工作效率。

VLISP 还具有比较完善的文件管理功能，可以对硬件进行一定的操作。可以这样说，VLISP 完全克服了 AutoLISP 的缺点，继承和发扬了 AutoLISP 的优点，已成为 AutoCAD 二次开发的主流工具之一。

9.1.2 高级语言开发系统 ADS

ADS（AutoCAD Development System）是 AutoCAD 为用户提供的一个 C 语言开发系统，是一个函数库，最早出现于 AutoCAD R11 中。用户可以利用 C 语言编写程序，调用 ADS 中的库函数，并通过 C 语言编译器的编译连接生成 ADS 应用程序，在 AutoCAD 环境中直接运行。

ADS 应用程序采用结构化的编程体系，运行速度快，比较适合庞大的数据处理。其优点是：程序处理数据能力很强，比较适合进行数据计算和数值分析；ADS 源程序需编译后才能运行，保密性好，编译后的程序代码质量高，运行速度快，且移植性好，能直接控制硬件设备，比较适合 CAD 的专业应用开发。其缺点是：ADS 程序源代码比较烦琐，程序设计复杂程度大，不易掌握，要求开发人员具有比较完善的计算机编程应用能力，如果编程不当，ADS 应用程序中的隐藏错误往往会导致系统的崩溃。从 AutoCAD R14 起，Autodesk 公司用 ObjectARX 取代了 ADS 开发系统，事实上，ObjectARX 中包含一个子集 ADSRX，可以继续用 C 语言编写 AutoCAD 二次开发程序，也可以直接将 ADS 程序移植为 ARX 程序。

9.1.3 对话框控制语言 DCL

DCL（Dialog Control Language）是一种嵌入在 AutoCAD 内部的对话框控制程序设计语言，最早出现在 AutoCAD R12 中。DCL 的主要功能是在对话框中将 AutoCAD 的多样化接口与提供程序执行时所需的数据和选项集于一体，实现交互式的程序设计和人机对话操作。用户可以利用 DCL 创建应用对话框，通过对话框的操作来执行各种应用程序和几乎所有的 AutoCAD 命令。

DCL 是目前对 AutoCAD 进行交互式动态二次开发最常用的语言之一，其特点是创建了动态对话窗口，利用窗口操作方式实现程序开发设计。同时，DCL 也是解释式的结构化程序设计语言，语法简单，功能强大，程序设计灵活，运行速度快，兼容性较好。另外，DCL 程序通过 AutoLISP 相应函数来管理执行，比较适合做终端开发。

9.1.4 基于对象的集成编程环境 VBA

VBA 是 Microsoft Visual Basic for Applications 的简称，最早出现在 AutoCAD R14 中，是一个基于对象的集成编程环境，也是对 AutoCAD 进行二次开发最有效的工具之一。

VBA 作为面向对象的高级程序设计语言，语法简单，功能强大，使用方便，其语法结构与 Visual Basic 很类似，经过编译链接的 VBA 程序能直接在 AutoCAD 内部运行，也可以将 VBA 程序作为外部程序来执行，直接对 AutoCAD 对象进行操作。VBA 主要通过 AutoCAD ActiveX Automation 接口传递消息，实现其控制编程机制，具备强大的编程开发能力和灵活性。用户可以利用 ActiveX Automation 重新定义 AutoCAD，与其他应用程序共享 AutoCAD 图形数据，能在其他的 Windows 编程环境下直接访问 AutoCAD 图形，可以利用 DAO 或 ADO 技术连接数据库，能实现产品数据的自动管理（PDM），用户还可以利用 VBScript 技术实现企业生产综合数据库系统 Internet/Intranet 应用，达到生产设计信息化、自动化、快速化目的。

如果要以 AutoCAD 为基础平台开发出多功能集成的 CAD 系统，VBA 无疑是最佳的开发工具。

9.1.5 新一代高级语言开发系统 ObjectARX

ObjectARX（AutoCAD Runtime Extension）是专门为 AutoCAD 进行二次开发而推出的一个以 C++语言为基础的、面向对象的开发环境和应用程序接口，它最早出现在 AutoCAD R14 中。

ObjectARX 应用程序实质上是 Windows 的一个动态链接库（DLL），它共享 AutoCAD 的地址空间，可以直接调用 AutoCAD 的核心函数，并能直接访问 AutoCAD 的数据库、图形对象系统和几何图像引擎，通过程序的运行来扩展 AutoCAD 固有的类及其功能，创建 AutoCAD 的新命令，从而实现其编程机制。ObjectARX 应用程序具有数据可封装性、可继承性及多态性等特点，程序运行速度更快、运行状态更稳定、独立性强，能控制硬件设备，可以与其他 Windows 应用程序实现交互操作，还可以与 VLISP 或 VBA 编程接口混合使用，进行混合编程，实现诸多复杂的功能。

事实上，ObjectARX 的功能比 VBA 更全面，尤其是面向对象的功能更强大，但 ARX 程序设计难度较大，程序运行风险较高，稍有不慎，容易造成系统毁坏，所以，要求开发人员必须具有较好的软件知识和较强的编程应用能力，比较适合专业人士进行 CAD 应用开发。

通过对 AutoCAD 二次开发工具的简单分析对比可知，初级的 AutoCAD 二次开发学习者适合选用 AutoLISP、VLISP、VBA 工具，这些工具语言易学、入门快，可以在短期内掌握其语法特点，编制出自己需要的实用工具；如果要针对 AutoCAD 进行大型复杂的二次开发，则最好选用 Object ARX 工具。

本章主要介绍简单易学的 AutoLISP 语言，由于 Visual LISP 是新一代 AutoLISP 语言，在后续章节学习中，不再严格区分 AutoLISP 与 Visual LISP。

9.2 AutoLISP 语言基础

9.2.1 AutoLISP 语言简介

LISP（List Processing Language）是被广泛应用的程序设计语言之一，主要用于人工智能、机器人、专家系统、博弈、定理证明等领域。LISP 也被称为符号式语言，因为这种语言的程序和数据都以符号表达式的形式来表示。它语法简单，编写程序便捷、灵活，数据类型丰富。利用 LISP 语言可以很容易地定义或调用新的函数，因此，Autodesk 公司早在 1985 年的 2.1 版本就引用了 LISP 语言的宏操作，在 1986 年的 2.5 版本就推出了比较成熟的 AutoLISP 语言。

AutoLISP 是为 AutoCAD 二次开发而专门设计的编程语言。它起源于 LISP 语言，嵌入在 AutoCAD 的内部，既有 LISP 语言人工智能的特性，又具有 AutoCAD 强大的图形编辑功能，可以把 AutoLISP 程序和 AutoCAD 的绘图命令透明地结合起来，使程序设计和绘图完全融为一体，还可以实现对 AutoCAD 图形数据库的直接访问和修改，是 LISP 语言和 AutoCAD 有机结合的产物。

Visual LISP 的出现使得 AutoLISP 语言有了巨大的变化。Visual LISP 的用户界面良好，用过 Microsoft 软件的用户只需很短的时间即可掌握它。在 Visual LISP 集成环境下开发 AutoLISP 程序，不再像以前那样编辑程序时，要用文本编辑程序（文本文档或记事本等程序）编写程序代码；调试程序时用户可以根据需要自己决定在程序的什么位置插入监视器，以便查看变量的内容。在 Visual LISP 集成环境下可以便捷、高效地开发 AutoLISP 程序，可以经过编译得到运行效率高、代码紧凑、源代码受到保护的应用程序。

Visual LISP 是新一代 AutoLISP 语言。它对 AutoLISP 语言的功能进行了扩展，可以通过 Microsoft ActiveX Automation 接口与 AutoCAD 对象进行交互，可以通过反应器函数扩展 AutoLISP 响应事件的能力。

9.2.2 AutoLISP 表达式

AutoLISP 处理的对象是符号表达式（简称表达式），是 LISP 程序的基本单元。表达式相当于其他编程语言中程序的语句。

1. 表达式构成

表达式是包含函数关键字，并按 AutoLISP 语言规则书写的字符串。字符串中可以有数、串和符号。数或串的值是数或串本身，符号的值是赋给该符号的值。多数情况下，表达式以表的形式存在，其格式如下：

（函数名[参数]…）

表达式由左括号开始，右括号结束，可以嵌套，不论嵌套几层，其左右括号必须是配对的。表达式形式中，左括号之后的第一个元素必须是函数名。

2. 表达式的表示

大多数程序语言的表达式采用中缀表示法，即运算符在操作数中间，如：x=y+z。AutoLISP 采用前缀表示法，将函数名或运算符放在所有操作数之前，如：(setq x (+ y z))

3. 表达式返回值

在 LISP 语言中，函数之间不存在是否优先的关系，求值的先后顺序只能通过表的层次来实现。最里层的表最先被求值，把求值的结果返回给外层的表，直至求值完毕。

例如，表达式 (setq x (* (+ a b) c))，先求出最内层 a 与 b 之和，然后求出 a、b 之和与 c 的积，将求得的积赋给 x，最后返回 x 的值。

4. 错误信息

在表达式运行过程中，如果输入的右括号不配对，则会显示错误提示：输入的列表有缺陷。Vlisp 环境下支持自动修正缺失的括号功能。

9.2.3 AutoLISP 数据类型、变量

AutoLISP 语言有着丰富的数据类型和灵活的变量定义。

9.2.3.1 数据类型

AutoLISP 的数据类型丰富，除了具有一般程序设计语言的整型、实型、字符串等数据类型之外，还有表、文件描述符、AutoCAD 选择集、AuroCAD 图元名、VLA 对象等数据类型。

1. 整型 (INT)

整型即整数型。由 0 ~ 9 数字、+ 、 - 字符组成，不允许出现其他字符，“ + ” 号可省略，如 + 110、321、 - 30 均是合法的整型数据。在目前使用比较多的 32 位计算机上，AutoLISP 的整型数据用 32 位表示，其取值范围为 - 2 147 483 648 ~ + 2 147 483 648。如果用户输入的数据超出此范围，AutoLLSP 会自动将整型数据转换为实型数据，但对于两个有效整数进行运算所产生的结果超出此范围的情况，最后会得到无效的结果。

2. 实型 (REAL)

实型数据又称为浮点数，AutoLISP 中为双精度，即保证有 14 位的有效精度。实数有小数和科学计数两种表示形式：

(1) 小数形式。

如 0.123、 - 2.345，但与其他语言不同的是，AutoLLSP 中对于绝对值小于 1 的实数不能直接以小数点开头，必须在小数点前加上 0，否则计算机会误认为是点对而出错，如不能将 0.123 简写为.123。

（2）科学计数法形式。

即数字后有一个 e 或 E，其后跟数的指数。如 1.23E3 表示 1.23×10^3，同样也可表示为 0.123E4 或 12.3e2。但要注意，e 或 E 之前必须有数字，且指数必须为整数，如 E3、1.23E2.5、e 均不是合法的指数形式。

3. 字符串（STRING）

字符串又称为字符常数，它是由双引号括起来的字符序列。字符串中字母的大、小写和空格符都有特定意义。字符串中字符的个数称为字符串的长度，最大为 132，如果超出，则后面的字符无效。任何字符都可以用“\nnn”的格式表示，其中反斜杠“\”是 ASCII 码的前导标识字符，nnn 是该字符八进制的 ASCII 码。例如，字符串 ABCD 也可表示为 \101\102\123\104。一些常用的控制字符，像反斜杠、双引号，除了可以用“\nnn”的格式表示之外，还可以用转义字符格式表示为“\\”、“\"”等特殊字符，见表 9.1。

表 9.1 用前导“\”符号表示控制字符的方法

控制字符	用转义字符表示	用 ASCII 码表示
反斜杠“\”	\\	\134
双引号“"”	\"	\042
ESC 键	\e	\033
换行	\n	\012
回车	\r	\015
Tab 键	\t	\011

注：表中的字符 e、n、r、t 必须小写，在 Visual LISP 中，转义字符\r 不能作为回车符使用，文字会紧跟在最后一个打印文字后面显示，需要打印回车符时可用（CHR 13 ）来代替。

4. 表（LIST）

表是放在一对圆括号中的一个元素或用空格分隔的多个元素的组合，表中的元素可以是函数，也可以是上述 3 种数据类型，甚至是另一个表，因而表提供了在一个符号中存储大量相关数值的有效方法。表是 LISP 语言处理的对象，是 Visual LISP 基本数据结构。例如，(+ 1 2 3)、(sin (* 2.3 pi))、((A B) C (D E))、(0 "LINE")、( ) 都是合法的表。

表中元素的个数称为表的长度。例如，表（+ 1 2 3）的长度为 4，表（sin（* 2.3 pi））的长度为 2，表（(A B) C D）的长度为 3，表（ ）的长度为 0。

用表可以很方便地构造出复杂的数据结构。例如，(2.5 2.2 1.6) 可以表示为 X 等于 2.5，Y 等于 2.2 ，Z 等于 1.6 的三维点。

5. 文件描述符（FILE）

文件描述符是在打开一个文件时 Visual LLSP 赋予该文件的一个代码，用来作为该文件的标识号。当 AutoLISP 函数需要访问一个文件时（读文件或写文件），首先通过该文件描述符去识别并建立联系，然后再进行相应的读写操作。例如，(setq file （open "file.dat" "w")），用于打开当前目录下的文件“file. dat”，使它可被其他函数所用，同时将该文件描述符的数值赋予 file 变量。

6. 图元名（ENAME）

图元名又叫实体名，是 AutoCAD 为图形对象指定的十六进制的数字标识。AutoLISP 通过该标识找到该图形对象在图形数据库中的位置，以便对其进行访问或编辑。例如，(setq ent (entlast)) 是把图形中最后一个实体的实体名赋予变量 ent。

7. 选择集（PICKSET）

选择集是一个或多个实体对象的集合。可以通过 AutoLISP 程序建立选择集或向指定的选择集添加或移除图形对象，通过选择集可以对其内部指定的成员进行访问或编辑。例如，(setq ss (ssget "S" '（1 1）'（10 10）)) 是选择与对角顶点为（1，1），（10，10）矩形区域相交的图形对象，并赋予变量 ss。

8. VLA 对象

VLA 对象是 ActiveX 应用程序的主要组成部分。不仅直线、圆弧、多义线和圆等称为 VLA 对象，图层、组、块、视图、视口、图形的模型空间、图纸空间、线型和尺寸标注样式等也称为 VLA 对象，甚至连 AutoCAD 应用程序本身也被认为是 VLA 对象。

9.2.3.2 LISP 变量

同其他编程语言一样，LLSP 也用变量来存储数据，但 Visual LISP 中的变量同其他高级语言相比，还是有着很大的不同。

1. 变量的命名

Visual LISP 把任何数据都看成是被求值的数据，因而函数与变量的标识（即函数名、变量名）也会被当成数据，称为符号，可理解成是一种特殊的数据类型。它一般由字母、数字及其他除系统保留外的可打印字符组成（见表 9.2），但不能仅由数字组成，也不能包含空格。

表 9.2 系统保留字符

保留字符	用　途
左或右括号（）	用于表的定义
.	点对标识符
'	quote 函数的简写
"	字符串界定符
;	程序注释标识符
?	显示操作符

AutoLLSP 中，变量名最长可达 100 个字符，但为了程序的易读性及节约内存，变量名的长度尽量不要超过 6 个字符。如果一个变量名的长度超过 6 个字符，那么变量名不能用节点来存储，而是在节点中会有一个指向另一个包含实际符号名的内存指针，这样就要占用额外的内存，而且符号名越长，代码的执行速度就越慢。在 AutoLISP 中，符号的大小写是等效的。

2. 变量的数据类型

数据类型是变量的重要特征，它关系到存放变量的存储空间大小。大多数计算机语言在为变量赋初值前，都会对变量的数据类型作一定说明；而 AutoLISP 无须对变量做事先的类型说明，变量被赋予值的类型即变量的数据类型。

在程序运行过程中，同一变量在不同的时刻可以被赋予不同类型的值，即在程序运行的过程中可以改变变量的数据类型。例如：

```
(setq x 1)              ; 给变量 x 赋值 1，变量 x 为整型
(setq x "text")         ; 给变量 x 赋值 text，变量 x 为字符串型
```

3. 预定义变量

AutoLISP 对变量 nil、T、PI、PAUSE 进行了预定义，供用户在编写程序时直接使用。没有指定值的变量称为 nil 变量，nil 与空字符串及 0 不同，它既不是字符串，也不是一个整数 0，它表示尚无定义。另外，nil 作为逻辑变量的值，表示不成立，相当于 false。每一个变量都占用一小部分内存，如果将某一变量赋值为 nil，则相当于取消该变量的定义，并释放该变量所占用的内存空间。T、PI 及 PAUSE 均为常量。T 为逻辑变量的值，表示成立，相当于 true；PI 表示一个实数型常量；PAUSE 表示一个双反斜杠（\\）字符构成的字符串常量，常与 Command 函数配合使用，用于暂停，等候用户输入。

4. 变量的值域

AutoLISP 所使用的变量也分为局部变量和全局变量。局部变量是指用户在某一个函数中定义的变量，它在函数执行过程中值被保存，函数执行结束，变量则自动消失。局部变量由函数 defun 来定义。全局变量是用 setq 函数定义的变量，它的值永久被保存，直到用户退出程序为止。

9.3 AutoLISP 函数

AutoLISP 提供功能齐全的各种函数。一般计算机语言所说的函数，AutoLISP 同样称之为函数，一般计算机语言里的子程序、过程、运算符、程序流程控制的关键字，在 AutoLISP 里仍然被称之为函数。

AutoLISP 将函数分为内部和外部函数。AutoLISP 提供的或用 AutoLISP 定义的函数称为内部函数，用 ADS、ADSRX 或 ARX 定义的函数为外部函数。在此，我们主要介绍常用的几种内部函数，其他函数请参考附录。

9.3.1 赋值函数

AutoLISP 系统提供了以下函数供用户来为变量赋值。

1. setq 函数

(setq sym1 expr1 sym2 expr2 sym3 expr3...)；返回值为最后一个变量的赋值

例如，(setq n "ABC" X 1 y 2)，此式将使 x 的值为 1，y 的值为 2，n 的值为 ABC，最后返回结果 2。如果该表达式还有外层表达式，则该表达式返回的结果可参与运算。又如，(+1 (setq n "ABC" x 1 y 2))，此式不仅进行上述赋值过程，还将 (setq n "ABC" x 1 y 2) 返回的结果 2 参与加法运算，得到结果为 3。

2. set 函数

(set sym expr)；函数返回值为变量的值

set 函数与 setq 函数类似，但 set 函数把其参数中 sym 与 expr 均当做表达式来看待，分别进行求值运算后再进行赋值操作，而 setq 则仅对参数 expr 进行表达式求值操作，将参数 sym 当做符号来赋值，并且 set 仅处理两个参数。例如，对符号“ABC”进行赋值操作：

(set ‘ abc 123)　　　　；返回值为 123

但不能像调用 setq 函数一样 (set ABC 123) 对 abc 求值，因为 ABC 在此仅是还未定义的符号。利用此性质可将 sym 参数用一个表达式来描述，而 setq 函数这样则不行，例如：

(set (read "ABC") 123) ；返回值为 123

(setq (read "ABC") 123)；显示出错信息

3. quote 函数

quote 函数的作用是禁止对表达式求值，而将表达式本身作为返回值返回，调用的格式为：

(quote expr)

此函数使用频率较高，在程序中需要关注表达式本身而非表达式的求值结果时，需用此函数。AutoLISP 提供此函数的简记符为“‘”，上述调用格式等效于“‘(表达式)”。例如：

(quote (* a 24))　　　　；返回值为“(* a 24)”

‘(* a 24)　　　　；返回值为“(* a 24)”

4. eval 函数

eval 函数的作用是求表达式的值，与 quote 函数的作用相反。

(eval expr)

此函数运行时，先对 expr 参数进行首次求值，然后再对求值结果进行二次求值，并将第二次的求值结果作为函数的返回值。例如：

(eval (quote (+ 1.1 8)))　；返回值为 9.1

表达式 (quote (+ 1.1 8)) 的值为“(+1.1 8)”，eval 函数再对此进行求值得 9.1，然后将此结果返回。

9.3.2 数据类型转换函数

AutoLISP 中有各种数据类型，但对于程序设计来说，一般是在整数、实数和字符串这 3 种数据类型之间进行转换。AutoLISP 提供函数来实现这 3 种数据类型之间的转换。不同数据类型之间进行转换的功能函数对应关系见表 9.3。

表 9.3 数据类型转换函数

	整型（int）	实型（float）	字符串（string）
整型（int）	—	float	itoa
实型（float）	fix	—	angtos
字符串（string）	atoi	atof	—

表中函数的调用格式均为：

（函数名 变量）

将实型转化为整型的函数 fix 时，该函数的参数可以是整型或实型，返回值为整型，但此函数的取整过程是舍掉小数部分，而非四舍五入，例如：

（fix 3.6）　　　；返回值 3

还有一类类型转换函数，不仅进行数据类型的转换，而且还有格式化的功能，即将整型、实型数值以及距离、角度等数值类型按照一定的格式转换成字符串。

1. 整型或实型格式化函数 rots

该函数把整数或实数按照指定的模式和精度将数值转换成字符串，调用格式为：

（rtos number[mode[precision]]）

其中，参数 number 可以为整型或实型常数、变量或表达式；中括号为可选；参数 mode 为线性单位的格式码，与 AutoCAD 的线性格式相对应，具体对应关系见表 9.4。

表 9.4 格式码与线性单位格式

rtos 中的格式码	线性单位格式
1	科学计数
2	小数
3	工程（英尺+十进制英寸）
4	建筑（英尺+分数英寸）
5	分数

如果调用该函数时没有指定该参数值，则将采用系统变量 lunits 指定的当前线性单位格式。参数 precision 用来指定数值的显示精度，对于前 3 种格式，该参数用来指定小数点后的小数位数。对于后两种格式，用来设定最小分数的分母。如果调用时函数没有指定该参数值，则采用系统变量 Luprec 设定的当前精度值。

2. 距离格式化函数 distof

该函数实现同 rtos 函数相反的功能，即把表示距离的字符串按照指定的格式转换成实数，调用格式为：

（distof string[mode]）

其中，参数 string 必须是根据参数 mode 指定距离测量格式能正确解释的字符串；参数 mode 的用法同函数 rtos 中参数 mode 的用法，且设定的格式码与线性单位格式的对应关系见表 9.4。例如：

（distof " 1' - 1.25\" " 3）；返回值为 13.25。

3. 角度格式化函数 angtos

（angtos angle[mode[precision]]）

该函数把以弧度为单位的角度按照指定的角度格式及精度转换成字符串，角度值的大小在[0，2π]之间。其中，参数 angle 可以是整型和实型常数、变量及表达式；参数 mode 为角度格式编码，与 AutoCAD 的角度格式相对应，具体对应关系见表 9.5，如果调用函数时没有指定该参数的值，则采用系统变量 aunits 指定的当前角度格式；参数 precision 用来指定转换后小数点之后的位数，如果调用函数时没有指定该参数的值，则采用系统变量 auprec 设定的当前精度值。例如：

```
（angtos 1.0472 0 4）          ；返回值为 60.001
（angtos 1.0472 1 4）          ；返回值为 60d0' 1\"
```

表 9.5　角度格式码与角度格式

angtos 中的格式码	角度格式	示例
0	十进制	15.5000
1	度/分/秒	15d30' 00
2	百分度	10' －4.50"
3	弧度	5' －4 1/4"
4	勘测单位	15 1/2"

4. 角度格式化为弧度函数 angtof

（angtof string[mode]）

该函数实现同 angtos 函数相反的功能，即把表示角度的字符串按照指定的格式转换成以弧度为单位的实数。其中，参数 string 必须是根据参数 mode 指定角度格式能够正确解释的字符串，既可以与 angtos 函数返回结果的格式相同，也可以是 AutoCAD 允许的从键盘输入的角度格式。参数 mode 的用法同函数 angtos 中参数 mode 的用法，且设定的角度格式编码与角度格式的对应关系也见表 9.5。如果调用函数时没有指定该参数的值，则采用系统变量 aunits 指定的当前角度格式。例如：

```
（angtof "60"）          ；返回值为 1.0472
（angtof "<60"）         ；返回值为 1.0472
```

（angtof "60d0'0\""）　　；返回值为 1.0472

5. 单位换算函数 cvunit

（cvunit value from to）

该函数把一种单位格式转换成另一种单位格式，其中参数 value 为要换算的数值或二维表、三维表，但数值类型必须为整型或实型，且不能为空。参数 from 为原来使用的单位，to 为返回值使用的单位，这两个单位必须在 CAD 单位定义文件 ACAD.unt （安装根目录\UserDataCache\Support）中已经定义。而且，转换的两种单位必须为同一类型，否则函数的返回值为空。例如：

（cvunit 1 "hour" "minute"）　　；返回值为 60.0

（cvunit 1 "feet" "m"）　　；返回值为 0.348

9.3.3 逻辑函数

逻辑函数用于将表达式中的一项或者多项参数进行逻辑运算，运算的结果为真或假，AutoLISP 系统提供如下一些最基本的逻辑操作函数。

1. AND 函数

（and[expr1] [expr2] [expr3]...）

该函数用于表达式的“逻辑与”运算，在参数表中，参数可以是一个 AutoLISP 表达式，也可以是由一个或者多个 AutoLISP 表达式。在计算时，只要这些参数表的值有一个为空（nil），AutoLLSP 就停止求值并返回空（nil），只有当参数表中的所有参数都不为空时返回真（T）；如果不带参数调用该函数也返回真（T）。例如：

（setq x 1 y 2）

（and 1 x y）　　；返回值 T

（and 1 x y z）　　；返回值 nil

2. OR 函数

（or[exprl][expr2][expr3]···）

该函数用于表达式的“逻辑或”运算，用法基本同 AND。在计算时，只要这些参数中有一个值非空，则返回真（T），当这些参数均为空时，返回值为空（nil ）；如果调用该函数时未提供任何参数，则返回空（nil）。例如：

（or 1 x z）　　；返回值为 T

（or 1 '（））　　；返回值为 T

（or z '（））　　；返回值为 nil

3. NOT 函数

（not item）

该函数用于表达式的“逻辑非”运算，NOT 函数的参数仅有一项，该参数可以是一个

AutoLISP 表达式或由一个 AutoLISP 表构成。在计算时，只要该参数的值为空，就返回真(T)，非空则返回空（ nil）。如果调用时不带参数，则提示出错信息。例如：

（not z）　　　　；返回值为 T

（not '（x y））　　；返回值为 nil

4. NULL 函数

（NULL item）

该函数作用是测试某一项是否为空（nil），同 NOT 函数的功能大体相同，Null 与 NOT 函数的区别在于，NULL 函数一般用于表，而 NOT 函数则用于其他数据类型和某些类型的控制函数。例如：

（null '（））　　　；返回值为 T

9.3.4 关系函数

在进行条件判断时，不仅仅需要从各参数的逻辑值进行判断，还需要对参数值本身进行判断，AutoLISP 系统提供如下一些最基本的关系运算函数：

1. =函数

（=numstr[numstr][numstr]...）

该函数比较两个参数的值是否相等，其中，参数的类型为数值型（整型、实型）或字符串型，参数的个数可以是多个。只有当所有参数值均相等时函数返回值为 T，否则返回值为 nil。如果仅提供一个参数，则函数返回 T；如果不提供参数，则提示出错。例如：

（= 10 10）　　　　；返回值 T

（="same" "SAME"）　；返回值 nil

2. /=函数

（/=numstr[numstr1][numstr2]...）

该函数比较两个参数的值是否不相等，其中参数的类型为数值型（整型、实型）或字符串型，参数的个数可以是多个，但同 = 函数不同的是，/ = 函数依次比较相邻两个参数的值，如果没有两个相邻参数值相等则返回 T，否则返回空（nil）。如果仅提供一个参数，函数返回 T；不提供参数，则提示出错。例如：

（/="same" "SAME"）　　　；返回值为 T

（/="same" "SAME" "SAME"）　；返回值为 nil

3. <函数和<=函数

（< numstr[numstr1][numstr2]...）

< 函数比较参数之间是否存在小于关系，其中参数的类型为数值型（整型、实型）或字符串型，参数的个数可以是多个，但进行比较时，各参数的数据类型应一致，否则提示出错。该函数同/=函数一样，依次比较相邻两个参数的值，如果每个参数值都小于它右边的参数值，则函数返回 T，否则返回 nil。如果仅提供一个参数，函数返回 T；不提供参数，则提示出错。例如：

（< 1 2 3）　　　　　　　；返回值为 T

（< 1 3 2）　　　　　　　；返回值为 nil

<=函数的用法同<函数，只是“<=函数”进行的是小于等于判断。

注意：在进行两个字符串比较时，<函数（<=函数）依次比较字符串系列中对应位置的字符的 ASCII 值。如果在某一位置小于关系成立，则返回 T，否则一直比较下去直至字符串结束，若结束时仍未成立，则返回 nil。对于两字符串长度不等的情况，<函数在比较至短字符串结束时，则认为长字符串的值大于短字符串的值。

4. >函数和>=函数

（> numstr[numstr1][numstr2]…）

>函数比较参数之间是否存在大于关系，该函数的用法同<函数一样，依次比较相邻两个参数的值。如果每个参数值都大于它右边的参数值，则函数返回 T，否则返回 nil。>=函数的用法同>函数，>=函数进行大于等于判断。

5. eq 函数

（eq expr1 expr2）

该函数判断两个表达式是否为同一对象，其中参数 expr1 为用于比较的表达式，expr2 为与 expr1 进行比较的表达式。该函数仅能接受两个参数，过少或过多均会提示出错。如果两表达式为同一对象则返回 T，否则返回 nil。

6. equal 函数

（equal expr1 expr2[fuzz]）

该函数判断两个表达式的值是否相同，前两个参数的意义同 eq 函数一样，参数 fuzz 为实数，用于定义 expr1 和 expr2 之间的最大允许误差。如果表达式相等（等于同一个数值）或者两者相差在参数 fuzz 的范围内时，认为二者相等，返回 T；否则返回 nil。如果不提供参数 fuzz，则系统默认误差值为 0。例如：

（equal 10.1 10.2 0.1）　　　　；返回值为 T

（equal 10.1 10.2）　　　　　　；返回值为 nil

9.3.5 几何求值函数

这一类函数用于对几何数据的计算，如两点之的距离等。

1. 距离函数

（distance p1 p2）

该函数计算 p1、p2 两点之间的距离，点可以是二维或三维的。例如：

（distance ‘（1 2 3）‘（4 5 6））；返回值为 5.19615

2. 坐标函数

（polar p1 ang dist）

该函数根据一点坐标与另一点连线的角度和两点间距离来求取第二点坐标。角度单位为弧度，是从 X 轴正方向开始度量，逆时针为正，顺时针为负。例如：

（polar '（1 2 3）1 10） ；返回值为（6.40302 10.4147 3.0）

3. 方位角函数

（angle p1 p2）

该函数根据 p1、p2 两点连线与 X 轴正方向形成的角度，度量时以逆时针方向为正，单位为弧度。例如：

（angle ‘ （1 2 3）‘ （4 5 6））; 返回值为 0.785398

4. 交点函数

（inters p1 p2 p3 p4[方式]）

该函数计算两直线的交点坐标。p1、p2 为一条线段的两个端点，p3、p4 为另一条线段的两个端点，“方式”为可选项，分为 T、nil。“方式”为 T 时，判断交点是否在线段上，如果是，则返回交点坐标，否则返回 nil；“方式”为 nil 时，允许交点在线段延长线上，返回交点坐标。如果两条线段无交点，则返回 nil。

9.3.6 交互函数

这种函数用于提供交互操作，让用户输入所需要参数或将信息显示在屏幕上。

1. 整型数据输入

（getint [提示]）

该函数等待输入一个整型数，提示为字符串，用于提示用户输入数据。输入数据范围为整型数据值域。例如：

（setq num （getint "\n 请输入一个数字：" ））

2. 实型数据输入

（getreal [提示]）

该函数等待输入一个实型数据，与 getint 函数类似。

3. 点数据输入

（getpoint [参考点] [提示]）

访函数等待输入一个点的坐标。参考点为可选项，如果给定参考点，系统从参考点到当前光标所在位置画一条可拖动的直线。例如：

（setq p （getpoint '（1 1 1）"\n 请输入点："））

4. 角度输入

（getangle [参考点][提示]）

该函数等待输入角度，以度表示，返回弧度。参考点作用同 getpoint 函数，此时可通过输入点来确定角度。角度大小为输入点与参考点连线同 X 轴正方向的夹角大小，如果不输入参考点则以原点为参考点。例如：

（setq ang （getangle "\请输入方向："））

（setq ang （getangle '（1 2 3）"\请输入方向："））

5. 距离输入

（getdist [参考点] [提示]）

该函数等待用户输入距离。可直接输入距离，也可以输入一点，把参考点与输入点的距离作为输入值，函数返回距离值，数据类型为实型。例如：

（setq dist （getdist "\n 请输入距离："））

（setq dist （getdist '（1 2）"\n 请输入点："））

6. 输入控制

（initget [位值][关键字]）

该函数控制输入的参数格式或类型，是一个输入初始化函数，总是返回 nil。位值说明见表 9.6。例如：

（initget （+ 1 2 4））

在这里使用了 1、2、4 的组合，限制只能输入正整数，如果输入不对，系统为自动提示重新输入，此例等同于（initget 7），即以 1、2、4 的和值作为位值。

表 9.6　位值控制说明

位值	控制说明
1（位 0）	不允许输入空值
2（位 1）	不接受零值
4（位 2）	不接受负值
8（位 3）	不检查屏幕限定范围允许交互输入
16（位 4）	返回三维点
32（位 5）	用虚线画拖动线
64（位 6）	计算两点距离时忽略 z 坐标（只用于 getdist 函数）
128（位 7）	在其他控制前提下，允许任意输入

7. 关键字输入

（getkword [提示]）

该函数要求输入是个关键字并返回设定的关键字，使用前必须先用 initget 设定关键字的字符表。例如：

（initget 7 “Yes No Nil”）

（setq d （getkword “\n 请输入关键字：”））

当用户输入 Y、N、Nil 时，返回值分别为 Yes、No 和 Nil。

8. 字符串输入

（getstring [cr][提示]）

该函数等待输入字符串，同时返回此字符串，字符串的长度不能超过 32 个字符。如果 cr 存在，允许输入的字符串中带有空格，终止字符串只能用 Enter 键。例如：

（setq str （getstring T "/n 请输入您的名字："））

提示：请输入您的名字：

输入：张　三

返回："张　三"

9. PRINT 函数

（print [expr]）

该函数将 expr 表达式求值后，把结果显示在文本屏幕上（命令提示行）。输出前自动换行，输出表达式值，再输出一空格；如果 expr 为空，则只起到换行作用。例如：

（print（+ 1 2））　　　　　　；返回 33，前一个 3 为输出打印，后一个 3 是函数返回值

10. PRIN1 函数

该函数与 print 函数类似，只是在输出打印前不换行，输出后不输出空格。例如：

（prin1（+ 1 2））　　　　　　；返回 33

11. PRINC 函数

该函数与 prin1 函数类似，不同的是 princ 函数输出的字符不加引号，返回值加引号，且字符串中的控制字符有控制作用。例如：

（princ "AUTOCAD"）　　　　　；返回 AUTOCAD"AUTOCAD"

（prin1 "AUTOCAD"）　　　　　；返回"AUTOCAD""AUTOCAD"

（print "AUTOCAD"）　　　　　；返回"AUTOCAD" "AUTOCAD"

9.3.7　流程控制函数

在上面内容已经介绍过的关系函数可以在两个操作数之间建立逻辑关系，而逻辑函数又可对这种逻辑关系进行操作。而进行这些操作的目的就是对程序执行流程进行控制。这里主要使用条件函数甚至条件循环函数。

1. if 函数

（if test　thenexpr[elseexpr]）

if 函数测试条件值，如果指定条件为真，则执行条件后的第一个表达式；如果条件为假，则执行条件后的第二个表达式。其中参数 test 可以是逻辑函数与关系函数的返回值，也可以是其他 AutoLLSP 表达式。如果该条件表达式的值不为 nil，则执行 thenexpr，否则执行 elseexpr。如果未指定 elseexpr 且条件表达式的值为 nil，则函数返回 nil。例如：

；求两数中较大的值

```
(setq x 1 y 2)
(if (<x y)(setq z y)(setq z x))    ; 返回值 2
```

2. progn 函数

(progn[expr1][expr2]...)

该函数连续执行多条语句，progn 函数依次执行各表达式的值，并返回最后一个表达式的结果，如果没有表达式，则该函数返回 nil。由于 if 函数在条件为真（或为假）时只能执行一条语句，所以 progn 函数常与 if 函数联用，这样可执行多条语句。例如：

```
(setq oldscal (getvar "USERR1")) ; 取系统变量"USERR1"的值为默认比例因子
(if (equal oldscal 0.0 0.1)      ; 如果系统变量的值为 0.0（容许误差为 0.1）
    (progn                       ; 条件成立，则做如下设置
    (setq oldscal 100.0)         ; 首次运行，设默认比例因子为 100
    (setvar "USERR1" oldscal)    ; 系统变量 userr1 存储默认比例因子
    )
)
```

3. cond 函数

(cond[(test1 resut1...)]...)

该函数进行多条件下情况处理，cond 函数参数由表构成，可以是任意数目。该函数按顺序对每一个表的第一项求值，直到其中有一个条件的值不是 nil 为止，然后函数接着对该项的后续表达式求值，并且返回最后一个表达式的值。如果子表中仅有条件而没有表达式，则返回条件的值。如果调用时没有指定参数，则返回 nil。cond 函数相当于 case 类型的函数。一般情况下，使用 T 作为默认情况下的条件，然后处理表达式。例如：

```
(setq 标准角度
(cond  ((<=角度 15)0)
       ((<=角度 37.5)30)
       ((<=角度 52.5)45)
       ((<=角度 67.5)60)
 )
)
```

利用 cond 函数的多条件处理功能，可以用相当简洁的代码来实现较为复杂的程序功能。

4. while 函数

(while testexpr exprl[expr2]...)

该函数对条件表达式 testexpr 求值，如果该值非空，则执行循环体中的功能表达式 expr1，然后再测试该表达式的值；如果非空则重复这个过程，直至条件表达式的值为 nil。其中循环体部分的功能表达式数目不限，函数返回最后一个执行的表达式的值。如果仅有条件 testexpr 而没有功能表达式，则相当于循环体部分为一个空操作。如果调用时没有指定参数，则提示出错。例如：

```
( setq loopm T )
( while loopm
        ( setvar "osmode" 16383 )    ; 设置对象捕捉方式为全部
        ( initget "S" )              ; 定义关键字
        ( setq pt  ( getpoint "\n <输入标注点>: " ))
        ( setvar "osmode" 0 )
 )
```

5. repeat 函数

(repeat int[expr1][expr2]...)

该函数对循环体中的表达式进行指定次数的求值运算，其中参数 int 为一整型数据，表示循环次数，如果该数据大于 0，则依次执行循环体部分的功能表达式，并返回最后执行的表达式的值。如果没有表达式语句或循环体部分一次也未执行，则返回值 nil。例如：

```
; 计算 1+2+3+…+10
( setq i 0 sum 0 )
( repeat 10  ( setq i  ( + i 1 ))( setq sum  ( + sum i ))); 返回值 55
```

LISP 提供的流程控制函数还有很多，如原子测试函数 atom 等等，在此不再赘述，请参考附录。

9.3.8 文件处理函数

文件处理函数主要用于文件的打开、关闭及读写等操作。

1. 打开文件函数

(open filename mode)

该函数用于打开一个文件，返回文件描述符。filename 为文件名，mode 为打开方式，必须用小写字母表示。文件名和方式都是以字符串表示。

方式有 “r”、“w”、“a” 三种，分别表示读、写、添加文件。例如：

(open “newfile.dat” “w”); 用写文件方式打开 newfile.dat 文件，无此文件则新建。

2. 关闭文件函数

(close fil)

该函数将指定的文件关闭并返回 nil，fil 为已经打开的文件描述符。

3. 查找文件函数

(findfile filename)

函数搜索指定的文件，返回完整的文件名和路径。Filenmae 为要搜索的文件名，文件必须在 CAD 设定的搜索路径内。

4. 读字符函数

(read-char [fil])

该函数从打开的文件中读取一个字符，返回该字符的 ASCII 码值。fil 为打开的文件描述符。

5. 读行函数

（read-line [fil]）

该函数从打开文件中，一次读取一行，文件指针指向下一行。当读到文件终止符时，返回 nil，否则返回所读入的字符串。

6. 写字符函数

（write-char ascnum [fil]）

函数将字符显示在屏幕上或写入已打开的文件中，并返回该字符的 ASCII 码值。

7. 写行函数

（write-line str [fil]）

该函数将字符串显示在屏幕上或写到已打开的文件中。

9.3.9 表处理函数

表处理函数用于对数据表进行提取、合并、添加等操作，适用于处理大量数据。

1. CAR 与 CDR 函数

（car list）和（car list）

CAR 函数用于提取 list 表中的第一个元素，CDR 函数用于提取 list 表中除第一个元素以外的其他元素组成的表，表可以是简单的表，也可以嵌套，如果表为空，则两个函数都返回 nil。例如：

```
(car '(1 2 3 4))          ；返回 1
(car '((1 2) 3 4))        ；返回（1 2）
(cdr '(1 2 3 4))          ；返回（2 3 4）
(cdr '((1 2) 3 4))        ；返回（3 4）
```

这两个函数还可以组合使用，组合层次可达 4 层，组合顺序是从右到左求值，形式为 CXR、CXXR、CXXXR、CXXXXR，其中 X 为 A 或 D。例如：

```
(cadr '(1 2 3 4))       ；相当于（car （cdr'（1 2 3 4））），返回 2
(caar '((1 2) 3 4))     ；相当于（car （car'（（1 2）3 4））），返回 1
(caddr '(1 2 3 4))      ；相当于（car （cdr（cdr'（1 2 3 4））））），返回 3
```

通常，car 用来获取二维或三维坐标的 X 坐标，cadr 用来获取 Y 坐标，caddr 用来获取三维点的 Z 坐标。

2. NTH 函数

（nth num list）

该函数用于提取 list 表中序号为 num 的元素。num 为非负整数，0 表示第一个元素，1

表示第二个元素，依次类推。如果 num 大于 list 中最后一元素序号，则返回 nil。例如：

（nth 2 '（（1 2）3 4））　　；返回 4

3. LAST 函数

（last list）

该函数返回 list 表中最后一个元素，list 不能为空表。例如：

（last '（1 2 3 4））　　；返回 4

4. CONS 函数

（cons expr1 expr2）

该函数将表达式 expr1 添加到表达式 expr2 的前面构成新表。例如：

（cons '（a b）'（1 2 3 4））；返回（（A B）1 2 3 4）

5. LIST 函数

（list expr1 expr2…）

该函数将所有 expr1、expr2…表达式按原位置构成新表，常用于生成二维或三维坐标点对。例如：

（list 1 2 '（3 4））　　；返回（1 2（3 4））

6. APPEND 函数

（append list1 list2…）

该函数将所有 list1、list2…表中元素按原位置构成新表。例如：

（append '（1）'（2）'（3 4））；返回（1 2 3 4）

7. SUBST 函数

（subst new old list）

该函数从 list 表中搜索 old 项，将 old 项用 new 项替换，构成新表返回。若搜索不到 old 项，则返回原表。例如：

（subst '2 'a '（1 2 3 4 2 3））　　；返回（1 2 3 4 2 3）

（subst 'a '2 '（1 2 3 4 2 3））　　；返回（1 A 3 4 A 3）

8. LENGTH 函数

（length list）

该函数测量 list 表的长度，即表中元素个数。例如：

（length '（1 2 3 4））　　；返回 4

（length '（（1 2）3 4））　　；返回 3

9. REVERSE 函数

（reverse list）

该函数将表中元素顺序颠倒，构成一新表，例如：

（reverse '（（1 2）3 4））　　；返回（4 3（1 2））

9.3.10 实体操作函数

实体是 CAD 预先定义的图形，如点、直线、圆、文字等。CAD 中常用实体见表 9.7。

表 9.7 实体类型

实体类型名	point	line	pline	circle	arc	rectang	text	insert
实体意义	点	直线	多段线	圆	圆弧	矩形	文字	插入块

其中，实体名并不是实体的名称，而是指针。通过这个指针，可以找到实体在图形库中的记录。

1. 实体选择函数 SSGET

该函数有两种操作方法，一种为直接在屏幕上选择，类似于 CAD 中的选择集命令；另一种为过滤选择，通过对所有图形进行筛选，将符合条件的图形纳入选择集。

（1）直接在屏幕上选定。

（ssget [style] [p1] [p2]）

其中，style 为方式，有“W”、“C”、“L”、“P”等，p1 和 p2 为与选择方式有关的两个点表。如果所有参数都省掉，那么用户可以以交互方式来选择图形，即 CAD 中的选择集命令。该函数返回“Selection set：n”，n 为选择集编号。例如：

```
（ssget "p"）                ；选择上一次已经选择的实体
（ssget "L"）                ；选择最后绘制的图元
（ssget （1 2））             ；选择通过点（1 2）的所有实体
（ssget "c" （1 2）（3 4））   ；交叉选择窗口（1 2）~（3 4）内的实体
```

（2）过滤选择。

（ssget "x" [list]）

该函数扫描整个图形数据库，将所有与 list 所指定的实体类型和特征相符的实体选定，构成选择集。该函数返回“Selection set：n”，n 为选择集编号。例如：

```
（ssget "x" '（（0 . "line"）））；选择当前图形中所有实体类型为直线的实体构成选择集
（ssget "x" '（（0 . "point"）（8 . "GCD"）））；选择 GCD 图层上所有实体类型为点的实体，构成选择集
```

List 为一个过滤表（连接表），能够识别的实体组代码见表 9.8。

表 9.8 部分实体组编码

实体组代码	含义	实体组代码	含义
0	实体类型	8	图层名
2	块名	38	Z 向高度
6	线型名称	39	厚度
7	用作正文、属性和属性定义的字型名	62	颜色

2. 选择集长度测量函数

(sslength selection)

该函数返回一个表示选择集 selection 中实体数目的整型数值。例如：

(sslength （ssget "x" ' ((0 . "line"))))

3. 实体名检索函数

(ssname selection num)

该函数从选择集 selection 中检索第 num 个元素所表示的实体名。序号 num 为 0 时，表示第一个元素，1 表示第二个，依次类推。例如：

(ssname （ssget "x" ' ((0 . "line"))) 2)

4. 获得最后一个实体名

(entlast)

获得图形数据库中最后一个没被删除的实体，返回实体名。

5. 获得实体定义数据

(entget entname)

从当前图形数据库中获取实体名为 entname 的实体定义数据。例如：

(entget （entlast))

6. 删除或恢复实体函数

(entdel entname)

该函数删除当前图形数据库中实体各为 entname 的实体定义，如果该实体已经被删除，则恢复该实体的定义。

9.3.11 编程操作函数

此类函数主要是自定义函数命令及程序化绘图操作。

1. 函数名自定义函数

(defun funcname varilist expr ……)

该函数定义一个函数名为“funcname”的新函数，函数中可以包含变量表 varilist 和表达式 expr，类似于其他编程语言中函数或过程的定义。如果函数名前加“C:”，则可在 CAD 命令行输出函数名执行此函数，相当于定义了一个函数命令。例如：

```
( defun myfun （x y))         ; 定义函数 myfun，有两个参数
( defun myfun （/ x y))       ; 定义函数 myfun，有两个局部变量
( defun myfun （x / y))       ; 定义函数 myfun，有一个参数和一个局部变量
( defun myfun （ ))           ; 定义函数 myfun，没有参数
( defun c：myfun （ ))        ; 定义函数及命令 myfun，没有参数
```

注意：变量表中可定义两种变量，形式变量（参数）与局部变量，两种变量用“/”加一空格来分开，前面为形式变量，后面为局部变量。

2. 函数执行函数

（apply func list）

该函数用于执行已经存在的函数，函数的参数就是指定的表。例如：

（apply 'strcat' （"s" "t" "r" "c" "a" "t"））　　；返回“strcat”

3. 命令调用函数

（command comm para……）

该函数用于在 LISP 语言内部执行 CAD 命令。例如：

（Command "circle" "5，5" pause "line" "5，5" "7，5" ""）

先执行 circle 命令，圆心为（5，5），然后暂停以便屏幕上拖曳圆的半径。当拾取了所要的点（或键入所要的半径值）后，继续执行，画一条从（5，5）到（7，5）的直线。最后的""相当于输入一个空格，常用于结束命令。

AutoLISP 函数很多，但由于篇幅限制，只能介绍有限的几种常用函数，其他功能函数详细信息请参考附录，在此不再赘述。

9.4 AutoLISP 程序设计

在学习了如何使用 AutoLISP 函数后，就可以充分利用这些函数来调用 AutoCAD 的内部命令和访问系统图形数据库，实现对 CAD 图形的操作。AutoLISP 函数可以在 CAD 命令行直接执行，完成一些简单操作，但这种操作只是临时性的，一旦退出 AutoCAD 软件，执行过的函数操作就全部消失。如果需要将这些操作存在起来，那就要建立一个程序文件，将用户编写的程序存在文件中，这个文件就是 AutoLISP 程序。

9.4.1 AutoLISP 程序的编写与调用

AutoLISP 程序的设计与其他程序语言的使用是一样的，都要先进行流程设计，再进行代码编写，最后进行调试。

设计一个程序的一般步骤如下：

（1）根据所需要完成的功能，分析现有条件；

（2）确定数学模型和所用条件与变量；

（3）编写程序流程，即确定执行步骤，通常用框图或伪代码表示；

（4）编写代码。

由于前三步与其他程序语言一样，所以在此只介绍代码的编写。我们可以用文本文件来建立 AutoLISP 程序文件，扩展名为.lsp。由于 AutoLISP 语言是解释性语言，所以文件中所包含的信息和图形编辑状态下交互输入的信息完全相同。

1. 程序编写

AutoLISP 程序文件可以用文本编辑器直接进行编辑。由前面的学习我们知道，程序代码其实就是大量表和表达式的嵌套组合。例如，建立一个 LISP 文件“设置随层.lsp”，用文本编辑器打开，输入以下代码：

```
(defun c：tobylayer ( )                    ；定义函数与命令 tobylayer
(command "SELECT" PAUSE)                   ；执行选择命令并暂停，等待选择图形
(command "CHPROP" "P" "" "C" "BYLAYER" "LT" "BYLAYER" "S" "1" "LW" "BYLAYER"
"")                          ；将颜色、线型、线宽设置为随层，线型比例 1
(princ)
)
```

编写完程序要仔细检查，看里面是否有语法错误和相互对应的左右括号。

2. 程序加载

AutoLISP 程序的加载可以用 load 函数和“appload”命令实现。

用 load 函数需要知道文件所在位置的绝对路径，比如，刚才我们写的程序文件在 c：program 目录下，则用下列表达式来执行加载：(load "c：\\program\\设置随层.lsp")。如果加载成功，系统会返回函数名。

要用“appload”命令装入，则在 CAD 命令行键入“appload”，回车，弹出如图 9.1 所示对话框，将文件找到加载即可。

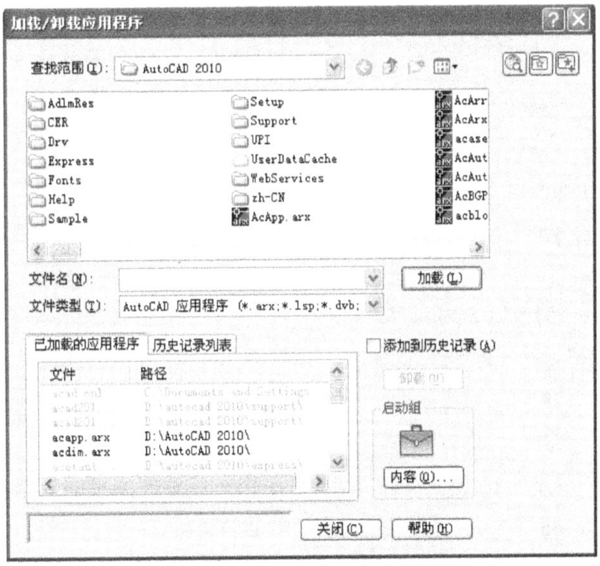

图 9.1　LISP 程序加载

3. 程序调用

程序文件加载后，文件定义的函数与命令就可以在当前绘图环境中运行和调用。调用方法：在命令行输入定义的命令“tobylayer”，再回车即可。如果未定义命令，则用函数名来调用：(tobylayer)。

9.4.2 利用 AutoLISP 进行 CAD 二次开发

利用 AutoLISP 进行二次开发，有以下几种方式：修改或完善已有函数完成特定任务；增加新函数实现新的功能；访问图形数据库进行图形实体编辑；程序化画图，等等。

1. 完善或修改现有函数

利用 AutoLISP 进行系统开发时，常遇到用内部函数无法完成的任务，但对已有函数进行少量优化就可以实现，这样，我们就可以对某些函数进行完善或修改。

对于 polar 函数，采用点、角、距方式来获取一个点的坐标，其中角度必须以弧度给出，这在实际应用中多有不便，那么我们可以对此函数进行修改，使角度以度的形式给出，函数名定义为 pola。程序代码如下：

```
(defun pola (pp dd ss / d)              ; 定义函数名、形参和局部变量
  (setq d (* (/ dd 180) pi))            ; 将输入的角度转换成弧度
  (polar pp dd ss)                      ; 调用 polar 函数求出点坐标
)
```

2. 增加新函数

在进行 CAD 的二次开发中，我们常会反复画某些基本图形，那么，如果将这些基本图形绘制编写成函数，就可方便地绘制这些图形。例如，以指定中心点和外接圆半径方式绘制五角星的程序代码如下：

```
(defun c：wjx ( )                                   ; 定义函数命令
    (setq os (getvar "osmode"))                     ; 提取当前捕捉的总值
    (setvar "osmode" 0)                             ; 关掉捕捉
    (setq int (getpoint"\n 请指定图形中心点："))     ; 给定五角星的中心点
    (setq value (getdist "\n 请输入外接圆半径："))   ; 输入五角星外接圆的半径值
    (get_pt)                                        ; 调用点计算子程序
    (command"pline" p1 p2 p3 p4 p5 "c")             ; 利用 pline 命令将五角星画出来
    (setvar "osmode" os)                            ; 将捕捉模式复原
    (prin1)
)
(defun get_pt ( )                    ; 子程序用来计算五角星的五个点的坐标
   (setq p1 (polar int (* pi 0.5) value))
   (setq p2 (polar int (- (* pi 1.5)(* pi 0.2)) value))
   (setq p3 (polar int (* pi 0.1) value))
   (setq p4 (polar int (- pi (* pi 0.1)) value))
   (setq p5 (polar int (+ (* pi 1.5)(* pi 0.2)) value))
)
```

有了这个程序，加载进绘图环境，则随时可画五角星图形。

3. 访问图形数据库进行实体编辑

编辑 CAD 系统图形数据库的方法有两种：一种是直接调用 CAD 系统的图形编辑命令；二是通过访问图形数据库，改变其中实体的数据，实现图形实体的编辑。

（1）调用 CAD 命令。

AutoCAD 系统有丰富的图形编辑命令，在绘制程序时，合理地利用这些内部命令，可以简化程序编制，提高效率。例如，在拾取点断开线、弧或多义线等，可以调用系统的“break”命令，程序代码如下：

```
(defun c：mybreak （）
    (setvar "cmdecho" 0)
    (setq osnap_mode （getvar "osmode"))
    (setvar "osmode" 512)
    (setq pt1 （getpoint "\n 指定点断开对象：" ))
    (command "break" pt1 pt1)
    (setvar "cmdecho" 1)
    (setvar "osmode" osnap_mode)
    (princ)
)
```

（2）改变实体数据。

在编辑文本时，除了调用 CAD 内部命令外，还可以访问图形数据库，获得实体的数据表，然后修改表中相应数据，然后生成新表替换旧表，达到编辑文本的目的。例如，修改文本或块属性数据的程序代码如下：

```
(defun c:changetxt(/ e ent en newt oldt ent1)
  (setq e (car (entsel "\n 请选择文本或属性: ")))
  (if (/= e nil)
    (progn
      (setq ent (entget e))
      (cond ((and (= (cdr (assoc 0 ent)) "INSERT") (= (cdr (assoc 66 ent)) 1))
        (progn
          (setq en (entget (setq ent (entnext e))))
          (setq oldt (cdr (assoc 1 en)))
          (setq newt (getstring T (strcat "\nNew text <" oldt ">:")))
          (if (= newt "") (setq newt oldt))
          (setq ent1 (subst (cons (car (assoc 1 en)) newt) (assoc 1 en) en))
          (entmod ent1)
          (entupd ent)
        ))
        ((= (cdr (assoc 0 ent)) "TEXT")
        (progn
          (setq oldt (cdr (assoc 1 ent)))
```

```
            (setq newt (getstring T (strcat "\nNew text <" oldt ">:")))
            (if (= newt "") (setq newt oldt))
            (setq ent1 (subst (cons (car (assoc 1 ent)) newt) (assoc 1 ent) ent))
            (entmod ent1)
          ))
          (T (princ "\nError: 这不是文本或属性!"))
        )
      )
    )
    (princ)
  )
```

9.4.3 程序的自动加载与自动调用

在进行程序开发时，会发现很多子程序需要反复地调用，而每次调用前都要把这些程序文件加载，一旦忘记就会使用程序中断出错。因此，如果能让这些常用程序在 AutoCAD 启动时就自动加载进系统，就不会出现程序中断问题了。

AutoCAD 软件系统每次启动，都会自动加载一个名为 ACAD.LSP 的文件。因此，用户可以把常用的 LISP 程序函数定义在 ACAD.LSP 文件中，就能保证 CAD 启动时，自动加载我们常用的程序。另外一个途径是将程序文件加入到启动组，操作方法如下：

（1）键入“appload”，弹出图 9.2 所示的“加载/卸载应用程序”对话框；

（2）点击“启动组”的“内容”按钮，弹出“启动组”对话框，如图 9.2 所示；

（3）点击“添加（A）”，浏览文件，找到我们要自动加载的自定义常用程序文件添加进来即可。

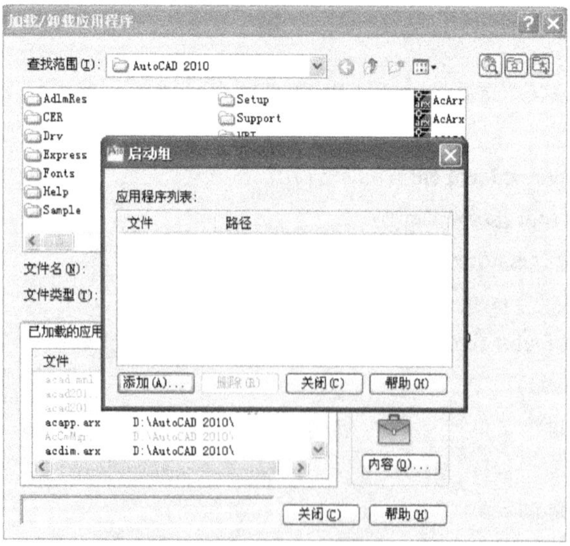

图 9.2 “加载/卸载应用程序”对话框及“启动组”对话框

9.5 Visual LISP 集成开发环境

由于 AutoLISP 语言的特点，使得利用其他文本编辑器开发 AutoLISP 程序的操作不是很方便，而 Visual LISP 则是专为 AutoLISP 开发 AutoCAD 程序及扩展 AutoCAD 功能而提供的一个集成的交互式开发环境。利用 Visual LISP 提供的强大功能，可使 AutoLISP 程序代码的阅读、编写及修改变得更直观、方便。

9.5.1 Visual LISP 集成开发环境

Autodesk公司开发了Visual LISP系统，它是为AutoLISP程序设计的软件开发工具。Visual LISP 的交互式集成开发环境提供了许多功能，使编写、修改代码以及测试和调试程序更加容易。另外，Visual LISP 还提供了工具，用于发布 AutoLISP 编写的独立应用程序。

Visual LISP 提供的开发环境具有以下功能：

· 语法检查器。该检查器可识别 AutoLISP 的语法错误和调用内置函数时的参数错误。

· 文件编译器。改善了程序的执行速度，并提供安全高效的程序发布平台。

· 专为 AutoLISP 设计的源代码调试器。利用它可以在窗口中单步调试 AutoLISP 源代码，并同时在 AutacAn 图形窗口中显示代码运行结果。

· 文本编辑器。可采用 AutoLISP 及 DCL（可编程控制对话框）语法着色，并提供其他 AutoIdSP 语法支持功能。

· AutoLISP 格式编排程序。用于设置程序格式，以改善程序的可读性。

· 全面的检验和监视功能。可以方便地访问变量和表达式的值，以便浏览和修改数据结构。这些功能还可以用来浏览 AutoLISP 数据和 AutoCAD 图形的图元。

· 上下文相关帮助。提供 AutoL1SP 函数的信息。强大的自动匹配功能方便了符号名查找等操作。

· 工程管理系统。使维护多文件应用程序更加容易。

· 可将编译后的 AutoLISP 文件打包成单个模块。

· 桌面保存和恢复能力。可保存和重用任意 Visual LISP 任务的窗口环境。

· 智能化控制窗口。它给 AutoLISP 用户提供了极大的方便，大大提高了用户的工作效率。控制台的基本功能与 AutoCAD 的文本窗口类似，并提供了许多交互功能。

Visual LISP 具有一个交互式的智能控制台，包含有一个项目窗口、代码分色的文本编辑器、调试器、源程序窗口及许多其他的特性。利用这些特性可以使编写、修改代码以及测试和调试程序变得更加容易。这大大简化了自定义 AutoCAD 操作的开发过程，缩短了从分析到执行所需的时间，使得 Visual LISP 的开发效率非常高。

9.5.2 Visual LISP 操作界面

Visual LISP 集成开发环境是在单独的窗口中运行的，用户必须启动 Visual LISP 才能在它的集成开发环境 VLIDE（Visual LISP Interactive Development Environment）中工作。可按

如下步骤启动 Visual LISP：

（1）先运行 AutoCAD。

（2）在 AutoCAD 菜单中依次选择“工具”→“AutoLISP”→“Visual LISP 编辑器”，或者在命令栏里输入“vlisp”或“vlide”，回车。

注意：Visual LISP 虽然包括自己的窗口和菜单集，但它不能独立于 AutoCAD 运行。也就是说必须先启动 AutoCAD 才能运行 Visual LLSP。从 Visual LISP 集成开发环境中运行 AutoLLSP 程序时，还经常需要与 AutoCAD 图形进行交互或在 AutoCAD 的命令窗口响应程序提示。

启动 Visual LISP 后显示图 9.3 所示的界面。

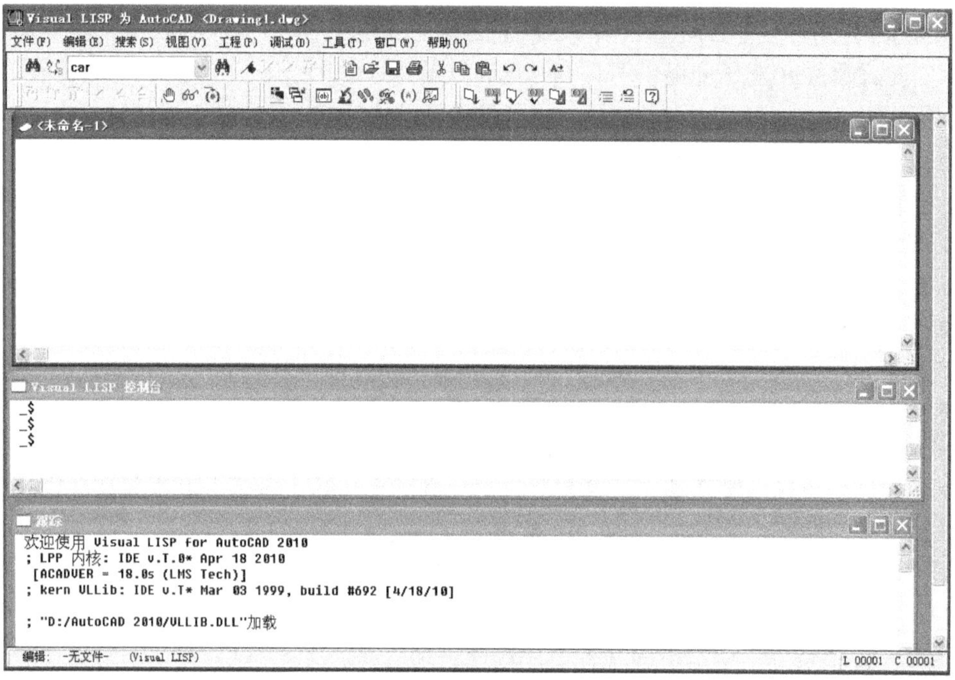

图 9.3 Visual LISP 集成开发环境

1. 菜单区

菜单的操作和表达规则与 AutoCAD 类似。选择了菜单上的某项，将在状态栏上显示相关功能的简短提示。与 AutoCAD 菜单不同的是，Visual LISP 的菜单（见图 9.4）是与当前操作自动相关联的智能化菜单，随着当前窗口和操作的变化，同一个菜单的内容可能不同，而且 Visual LISP 的菜单不能由用户定制。

图 9.4 Visual LISP 菜单

各菜单功能见表 9.9。

表 9.9 菜单功能

菜单	菜单功能
文件	新建，打开，保存等操作选项
编辑	通用编辑命令与括号匹配等
搜索	查找或替换字符串
视图	设置要显示的窗口和界面工具
工程	使用工程和编译程序
调试	设置程序调试相关内容
工具	设置 Visual LISP 中文本的格式和环境选项
窗口	显示进程中的窗口安排或激活 LISP 或 AutoCAD 窗口
帮助	提供 Visual LISP 相关的帮助

2. 工具栏区

Visual LISP 中一共有 5 个工具栏——调试、编辑、查找、检验和运行，如图 9.5 所示，各自代表功能不同的 Visual LISP 命令组，可以通过工具栏执行大部分菜单中列出的命令。将鼠标指针停在工具栏某按钮上几秒钟，将弹出说明该按钮功能的提示，而且在状态栏上还会显示对功能更详细的描述。

图 9.5 Visual LISP 工具栏

3. 控制台窗口

控制台窗口是一个单独的，内容可以滚动的窗口。在控制台窗口中，可以像在 AutoCAD 命令行中那样输入 AutoLISP 表达式，也可以不用菜单或工具栏而直接在控制台窗口中输入很多 Visual LISP 命令。

在控制台窗口，可以输入和运行 AutoLISP 表达式并查看结果，这和 AutoCAD 命令栏所进行的操作相似，但也有一些不同。例如，在 Visual LLSP 中显示一个 AutoLISP 变量的当前值，只需在控制台的提示符下输入变量名，然后按 Enter 键；而要在 AutoCAD 命令窗口中观察变量值，则需在变量名前加一个感叹号。

在控制台窗口（见图 9.6）中，也会显示 AutoLISP 运行的诊断信息及一些 AutoLISP 函数的结果。

图 9.6 控制台窗口

4. 跟踪窗口

在启动跟踪窗口（见图 9.7）时，该窗口会显示 Visual LISP 当前版本的信息，如果 Visual LISP 在启动时遇到错误，它还会包含相应的出错信息。

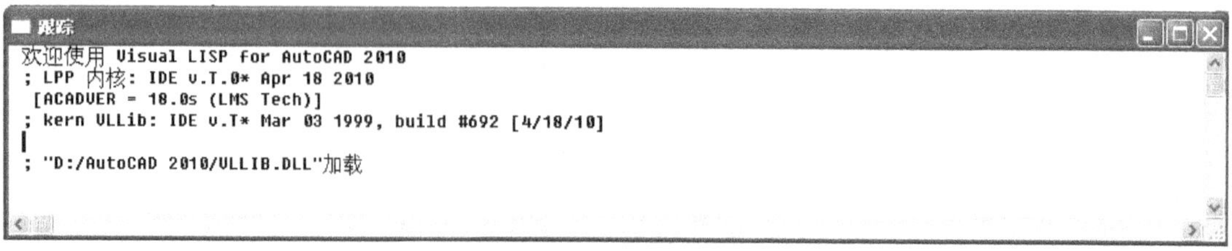

图 9.7　跟踪窗口

5. 状态栏

位于屏幕底部的状态栏中所显示的信息实时关联用户当前所做的工作，关注这个提示信息将有利于提高用户的工作效率。

6. 文本编辑器

使用 Visual LISP，大部分的时间是在生成或修改源程序，Visual LISP 有专用的文本编辑器，如图 9.8 所示。每打开一个文件，Visual LISP 将新开一个文本编辑窗口，并在这个窗口的状态栏上显示文件名。如果用户对文件进行了修改，Visual LISP 将在状态栏上的文件名后加一个星号“*”，保存或关闭文件之后星号消失。

Visual LISP 文本编辑器不仅是一个书写工具，它还是 Visual LISP 编程环境的核心部分。在 AutoCAD 2004 版及以后版本中的 Visual LISP 文本编辑器，有如下的一些特色功能：语法结构着色、设置文本格式、括号匹配、执行表达式、多文件查找及对源代码进行语法检查等。

图 9.8　Visual LISP 文本编辑器

7. 编译输出窗口

在进行程序加载时，该窗口会弹出，显示编译结果，如图 9.9 所示。如果程序有问题，窗口内会显示错误类型等信息，在错误提示上点击右键，将显示错误来源，可以反查错误的位置，但这个位置只能定位到某一段程序。

（a）

（b）

图 9.9 编译输出窗口

8. 其他窗口

除了上述窗口外，还有错误跟踪、跟踪堆栈、监视等窗口，可以在视图菜单中打开。

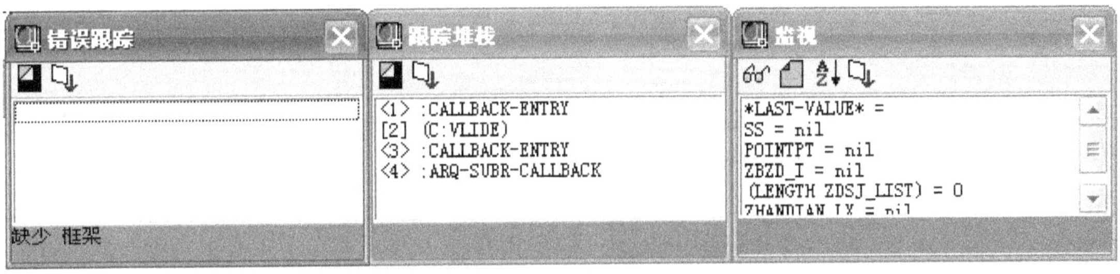

图 9.10 其他窗口

9.5.3 加载和运行 AutoLISP 程序

在上一节中，已经介绍了在 AutoCAD 命令行中加载运行简单程序的方法。利用 Visual LISP 的集成开发环境来加载运行程序，可以充分使用 Visual LISP 提供的语法分析及运行调试功能，使得用户开发程序更方便。

1. 打开一个 AutoLISP 程序

对于已经存在的 AutoI.ISP 程序，在需要用 Visual LISP 来编辑修改时，可以通过以下步骤来实现：

（1）依次选择 Visual LISP 菜单“文件”→“打开文件”。

（2）在“打开文件编辑/查看”对话框中的“文件类型（T）”下拉列表框中选择“Lisp 源文件”，如图 9.11 所示。

（3）选择所要打开的文件，单击“打开”按钮。

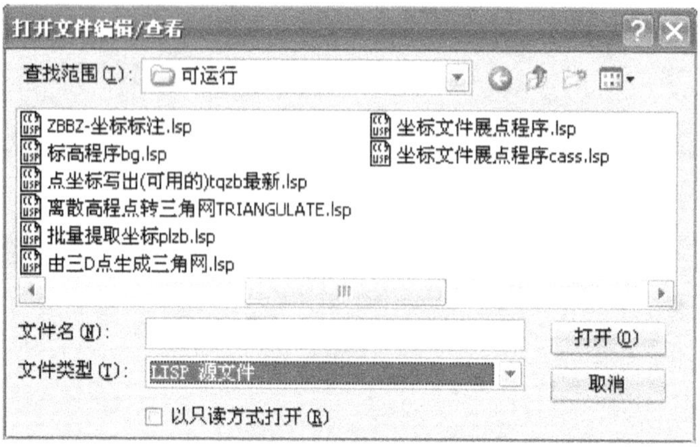

图 9.11 “打开文件编辑/查看”对话框

之后，Visual LISP 将生成一个新的编辑窗口，可阅读其代码，或者在 Visual LISP 中进行编辑修改及调试工作。

2. 调试程序

新编写的程序或打开的程序需要进行调试，以确定程序有无语法错误或在有错误时查找问题所在。

（1）设置断点。

在文本编辑器窗口内，对调试的程序进行分析，判断程序可能出错的地方设置断点，使程序到此暂停。操作如下：将光标移到断点的下一行，程序代码的左括号前面，单击“调试”工具条中的图标，或在调试菜单中选择相应选项，设置断点。如果在此处已存在断点，则进行上述操作会将此断点取消。

（2）调试程序。

运行程序，当程序在断点处停止运行时，进入调试状态，图 9.12 所示为调试工具条的最后一个图标被激活，利用工具条上各图标按键，可以进行逐层表达式的执行，以查看程序运行过程。

图 9.12 调试工具条

（3）跟踪表达式的求值结果

在调试过程中，可以跟踪查看表达式的求值结果。点击图标，可添加监视，对任意变量或表达式进行结果显示。执行“调试”→“监视最新结果”操作，打开监视窗口，用户可查看最新的表达式运算结果。

3. 加载并运行程序或程序片断

用户调试或运行程序时，有时仅仅只需要运行其中某一片断，这在其他大多数编译器中往往需要将此片断独立成一个单独的文件再编译运行。在 Visual LISP 集成开发环境中，就不用如此烦琐，仅需进行如下简单的操作即可：

（1）激活含有所调程序的文本窗，用鼠标单击该文本窗的任何位置即可。

（2）在文本窗的编辑窗口中，选定要加载的几行源代码，如图 9.13 所示。

（3）依次选择 Visual LISP 菜单中“工具”→“加载选定代码”，或者直接单击工具栏上的相应按钮即可。

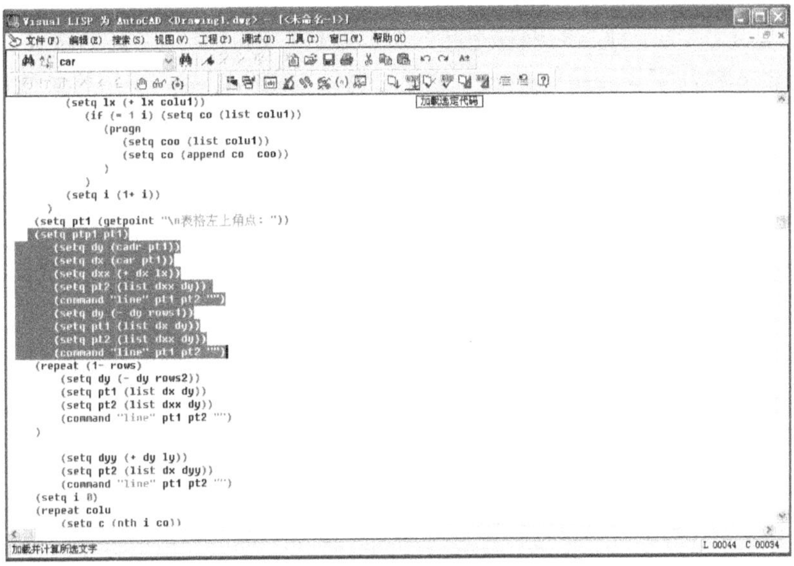

图 9.13　加载程序片断

4. 加载并运行整个程序

如果用户需要将整个程序调入运行，可按照下列步骤来加载并运行整个程序：

（1）激活含有所要加载程序代码的文本窗。

（2）在 Visual LISP 菜单中依次选择“工具”→“加载编辑器中的文字”，或者直接单击工具栏上的相应按钮。

（3）加载完成后，控制台窗口中将会显示一条信息，说明调入程序的结果，如图 9.14 所示。

（4）在控制提示符“$”下，输入括号内含函数名的形式并按 Enter 键。例如，若运行函数 C：zbbz，则输入的形式为_$（c：zbbz）。

在程序运行要求用户输入相关数据时，Visual LISP 会将控制交给 AutoCAD，并提示输入相关参数。函数运行结束后，控制将返回 Visual LISP。

图 9.14　加载结果

9.6 测绘 LISP 程序实例

工程技术工作人员常常需要用 CAD 进行坐标标注、高程标注、提取图面点等操作，本节将举例对此作简单介绍。(本节所用程序源于网络资源，但略有修改。)

9.6.1 测量坐标标注程序

测量坐标系与 CAD 坐标系的轴线不同，所以在标注的时候，应将坐标 X 和 Y 互换。标注过程需要先输入标注字高，指定标注点位置，然后设置引出线，最后将坐标值标出。

我们将此程序进行分为程序运行、标注、退出三个子程序来完成，其中标注子程序为主要部分。

1. 标注子程序

程序代码如下：

```
(defun 标注 ( )
    (setq 标注点 (getpoint "\n 点取标注点：" ))      ；提示指定标注点位置
    (if 标注点 (继续标注)(退出))                    ；如果标注点不为空，则进行标注
  )
  (defun 继续标注 ( )                               ；标注子程序
    (setq 绝对标注点 (trans 标注点 1 0))
    (setq x_坐标值 (rtos (car   绝对标注点) 2 精度))
    (setq y_坐标值 (rtos (nth 1 绝对标注点) 2 精度))
  ；取标注引线位置及长度和角度
    (setq 临时起点 (getpoint 标注点 "\n 点取标注位置：" ))
    (setq 引线长度 (distance 标注点 临时起点))
    (setq 临时角度 (atof (angtos (angle 标注点 临时起点) 0 3)))
  ；检查标注引线的角度并设为标准值
    (setq 标准角度 (cond ((<= 临时角度  15) 0)
                        ((<= 临时角度  37.5) 30)
                        ((<= 临时角度  52.5) 45)
                        ((<= 临时角度  67.5) 60)
                        ((<= 临时角度  105) 90)
                        ((<= 临时角度  127.5) 120)
                        ((<= 临时角度  141) 135)
                        ((<= 临时角度  165) 150)
                        ((<= 临时角度  195) 180)
                        ((<= 临时角度  217.5) 210)
                        ((<= 临时角度  232.5) 225)
                        ((<= 临时角度  255) 240)
```

```
                    ((<= 临时角度    285) 270)
                    ((<= 临时角度 307.5) 300)
                    ((<= 临时角度 322.5) 315)
                    ((<= 临时角度    345) 330)
                    (0)
                )
    )
; 设标注引线起点的位置
    (setq 起点 (polar 标注点 (angtof (itoa 标准角度) 0) 引线长度))
; 设标注线终点的位置及方向
    (setq x_字符数 (strlen  x_坐标值))
    (setq y_字符数 (strlen  y_坐标值))
    (if (> x_字符数 y_字符数)
        (setq 坐标字符数 x_字符数)
        (setq 坐标字符数 y_字符数)
    )
     (setq 坐标字符长 (* 坐标字符数 字高))
    (if (and (< 标准角度 270)(> 标准角度 90))
        (setq 标注方向 180)
        (setq 标注方向 0)
    )
     (if (= 标注方向 180)
        (setq 终点 (list (- (car 起点) 坐标字符长)(nth 1 起点)))
        (setq 终点 (list (+ (car 起点) 坐标字符长)(nth 1 起点)))
    )
; 设标注数字的起点
    (if (= 标注方向 0)(setq 文字开始点 起点)(setq 文字开始点 终点))
    (setq 起点_x (list (car 文字开始点)
                    (+ (nth 1 文字开始点)(/ 字高 3.5))))
    (setq 起点_y (list (car 文字开始点)
                    (- (nth 1 文字开始点) 字高 (/ 字高 3.5))))
 ; 使两个坐标字符等长
    (setq 相差字符数 (abs (- x_字符数 y_字符数)))
    (setq 补充空格数 "")
    (repeat 相差字符数 (setq 补充空格数 (strcat 补充空格数 " ")))
    (if (= 相差字符数 0)
        (setq x_c (strcat "Y=" x_坐标值) y_c (strcat "X=" y_坐标值)))
      (if (and (/=1 0)(> x_字符数 y_字符数))
        (setq x_c (strcat "Y=" x_坐标值)
```

```
              y_c （strcat "X="  补充空格数 y_坐标值)))
        (if （and （/=1 0)(< x_字符数 y_字符数))
          (setq x_c （strcat "Y="  补充空格数 x_坐标值)
              y_c （strcat "X=" y_坐标值)))
; 标注
    (setq old_osmode （getvar "osmode"))
    (setvar "osmode" 0)
    (command "line" 标注点 起点 终点)
    (command "")
    (command "text" 起点_x 字高 "0" y_c)
    (command "text" 起点_y 字高 "0" x_c); 标注时，x，y 调换位置
    (setvar "osmode" old_osmode)
    (标注)
  )
```

2. 标注启动程序

```
(defun C：zbbz （）
  (prompt "\n 输入字高：<")(princ （getvar "textsize"))(princ ">"); 输入标注字高
  (setq 输入字高 （getreal))
  (if （not 输入字高)
      (setq 字高 （getvar "textsize"))
      (setq 字高 输入字高)
  )
  (setq old_dimzin （getvar "dimzin"))                    ; 将系统变量保存
  (setvar "dimzin" 1)                                     ; 设置新系统变量
  (setq 精度 3)
  (setvar "cmdecho" 0)
  (标注)
)
```

3. 退出程序

```
 (defun 退出()
    (setvar "dimzin" old_dimzin)                          ; 还原系统变量
    (setvar "cmdecho" 1)
    (princ)
  )
```

程序加载后，以“zbbz”为命令运行，运行结果如图 9.15 所示。

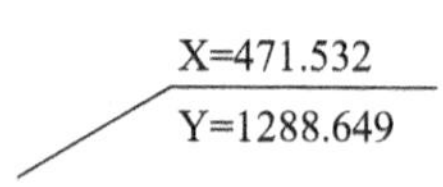

图 9.15 zbbz 程序运行结果

9.6.2 LISP 标高程序

程序用于对图形特定位置标注高程。程序代码如下：

```
(defun c：BG (/      odscal      scal   pt     dx      dy     ptb    dxb
      dyb    signx signy ptt    txt    pt0    pt1    pt2    pt3
      pt4    pt5  loopmk
     )
  (YL_begin)
  ;; 初始化处理
  (princ "\n 按比例绘制对高度敏感的标高符号程序!")
  (setq odscal (getvar "USERR1"))
 ;; 取系统变量"USERR1"的值为默认比例因子
  (if (equal odscal 0.0 0.1)
    ;; 如果系统变量的值为 0.0（容许误差为 0.1）
    (progn
      (setq odscal 100.0)                 ; 首次运行，设默认比例因子为 100
      (setvar "USERR1" odscal)            ; 系统变量 userr1 存储默认比例因子
    )
  )
  (if (not (tblsearch "layer" "BG")) ; 判断是否存在 BG 层，无则创建
    (command "layer" "m" "BG" "c" "6" "" "l" "continuous" "" "")
  )
  (if (not (tblsearch "layer" "Text"))      ; 判断是否存在 Text 层，无则创建
    (command "layer" "m" "Text"   "c" "3"     "" "l" "continuous" "" "")
  )
  (if (not (tblsearch "style" "sty_YL"));判断是否存在 sty_YL 字体，无则创建
    (command "style" "sty_YL" "romans，hztxt" 0 0.7 0 "n" "n" "n")
  )
  (setq scal odscal)
  ;; 比例取默认值
  (setq loopmk T)
  (while loopmk
    (setvar "osmode" 16383)
    ;; 设置对象捕捉方式为全部
    (initget "S")
    ;; 定义关键字
    (setq pt (getpoint "\n S_比例/<输入标注点>：")) 
    (setvar "osmode" 0)
    ;; 设置对象捕捉式无
```

```
  ( cond
    (( = pt nil ) ( setq loopmk nil ))
    (( = pt "S" )
     ;; 比例因子
     ( setq scal
        ( getreal  ( strcat "\n 请输入比例因子<"  ( rtos odscal ) ">: " ))
     )
     ( if  ( = scal nil )
( setq scal odscal )
     )
     ;; 如果用户直接回车，则使用默认的比例值
     ( setq odscal scal )
    )
    ( T
     ( setq dx  ( car pt ))
     ( setq dy  ( cadr pt ))
     ( setvar "osmode" 16383 )
     ;; 设置对象捕捉方式为全部
     ( setq ptb
        ( getpoint pt "\n 请指定点以确定标高符号所在的位置和方向：" )
     )
     ( setvar "osmode" 0 )
     ;; 设置对象捕捉方式无
     ( if  ( = ptb nil )
exit
     )
     ;; 如果没有给出点则退出程序
     ( setq dxb  ( car ptb ))
     ( setq dyb  ( cadr ptb ))
     ( if  ( < dxb dx )
( setq signx -1 )
( setq signx 1 )
     )
     ( if  ( < dyb dy )
( setq signy -1 )
( setq signy 1 )
     )
     ( if  ( < dxb dx )
( setq ptt  ( list  ( + dxb  ( * 0.85 scal signx ))
```

```
            (+ dy  (* 0.2 scal signy))
        )
)
(setq ptt  (list  (+ dxb  (* 0.04 scal signx))
            (+ dy  (* 0.2 scal signy))
        )
)
        )
        (if  (< dyb dy)
(setq ptt  (polar ptt  (* pi 1.5) (* 0.25 scal)))
        )
        (setq
pt0  (list  (+ dxb  (* 0 scal signx)) (+ dy  (* 0 scal signy)))
        )
        (setq pt1  (list  (+ dxb  (* 0.16 scal signx))
                (+ dy  (* 0.16 scal signy))
        )
        )
        (setq pt2  (list  (- dxb  (* 0.16 scal signx))
            (+ dy  (* 0.16 scal signy))
        )
        )
        (setq pt3  (list  (+ dxb  (* 0.85 scal signx))
            (+ dy  (* 0.16 scal signy))
       )
        )
        (setq pt4
          (list  (- dxb  (* 0.16 scal signx)) (+ dy  (* 0 scal signy)))
        )
        (setq pt5
          (list  (+ dxb  (* 0.16 scal signx)) (+ dy  (* 0 scal signy)))
        )
        (command "layer" "s" "BG" "")
        (command "pline" pt1 "w" "0" "0" pt0 pt2 pt3 "")
        (command "line" pt4 pt5 "")
        (setq
txt  (getstring
          (strcat "\n 请输入标高值<"  (rtos  (/ dy 100) 2 3) ">: ")
       )
```

```
        )
        ( cond  (( wcmatch txt "" ) ( setq txt  ( rtos  ( / dy 100 ) 2 3 ))))
        ( command "layer" "s" "Text" "" )
        ( setvar "textstyle" "sty_YL" )
        ( command "text" ptt  ( * 0.25 scal ) 0 txt )
      )
    )
  )
  ( setvar "USERR1" scal )
  ;; 系统变量 userr1 存储默认比例因子
  ( YL_end )
  ;; 恢复程序开始前的设置
  ( princ "\n 绘制完成!" )
  ( princ )
)
;; 错误处理函数
( defun YL_err  ( msg )
  ( princ ( strcat "\n 错误：" msg "\n" ))
  ;; 打印错误原因
  ( YL_end )
  ;; 调用函数 YL_end 恢复程序开始前的设置
  ( setq *error* oderr )
  ;; 恢复原来的*error*
  ( princ )
)
; 程序开始函数，用于保存系统变量设置，并进行新的变量设置
( defun YL_begin  ( )
( setq oderr *error* );; 保存原来的*error*
( setq *error* YL_err );; 将*error*用自己的错误处理函数替代
( setq odltp  ( getvar "celtype" ));; 记录当前线型设置
( setq odclr  ( getvar "cecolor" ));; 记录当前颜色设置
( setq odosm  ( getvar "osmode" ));; 记录当前捕捉方式
( setq odlay  ( getvar "clayer" ));; 记录当前层
( setq odsty  ( getvar "textstyle" ));; 记录当前文本样式
( setq odtsz  ( getvar "textsize" ));; 记录当前文本高度
( setq odbpm  ( getvar "blipmode" ));; 记录当前控制点标记是否可见
( setq odzin  ( getvar "dimzin" ));; 记录主单位值消零处理方式
( setq odcmd  ( getvar "cmdecho" ));; 记录命令行回显方式
( setvar "celtype" "bylayer" );; 设置线型随层
```

```
( setvar "cecolor" "bylayer" );; 设置颜色随层
( setvar "cmdecho" 0 );; 设置命令行不回显
( setvar "blipmode" 0 );; 不显示控制点标记
( setvar "dimzin" 8 );;对主单位值后续零作消零处理,因为DIMZIN 对 AutoLISP rtos 和 angtos 函数执行实数向字符串转换操作有影响
( setvar "osmode" 0 );; 关闭对象捕捉方式
)
; 程序结束函数
( defun YL_end ( )
  ( setvar "celtype" odltp )
  ( setvar "cecolor" odclr )
  ( setvar "osmode" odosm )
  ( setvar "textstyle" odsty )
  ( setvar "textsize" odtsz )
  ( setvar "blipmode" odbpm )
  ( setvar "dimzin" odzin )
  ;; 恢复主单位值消零处理方式
  ( command "layer" "s" odlay "" )
  ( setvar "cmdecho" odcmd )
  ( setq *error* oderr )
  ;; 恢复原来的*error*
  ( princ )
)
```

程序运行结果如图 9.16 所示。

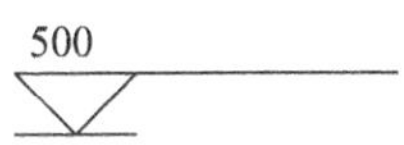

图 9.16　标高程序运行结果

9.6.3　图上提取坐标程序

由图上坐标点，输出坐标值到文件，代码如下：

```
( defun c：zbxc ( )
    ( setq ffn ( getfiled "\n 保存的坐标文件" "坐标" "dat" 1 )
 ff  ( open ffn "w" )
  i   -1
  )
  ( princ "\n 选择所需输出的点：" )
  ( setq ss ( ssget  '(( 0 . "POINT，insert" ))))
```

```
;（if （= ss nil）
  ;（setq ss （ssget "p" '（（0 . "insert"）））））
  （while （setq s1 （ssname ss （setq i （1+ i））））
    （setq pt （dxf 10 （entget s1））
  tx （strcat （getnum （+ i 1））"，，" （rtos （car pt）2 3）
      "，"
      （rtos （cadr pt）2 3）
      "，"
      （rtos （caddr pt）2 3）
     ）
    ）
    （write-line tx ff）
  ）
  （close ff）
  （setq i nil
        tx nil
        ss nil
  ）
 ;（setvar "cmdecho" 1）
  （princ （strcat "\n 坐标已写入文件=>" ffn ））
  （princ）
）
```

9.6.4 碎部点展绘程序

将坐标格式为“点号，代码，Y，X，高程”的坐标文件导入 CAD，并将点位绘制出来。代码如下：

```
（defun c：zd（）
  （initget 7）
  （setq zhandian_lx （getkword "\n 1：展点号 /2：展高程 （1）："））
   （if （= zhandian_1x nil）（setq zhandian_1x "1"））
  （setvar "DIMZIN" 0）
  （dingblc）；定义图形比例尺及参数置
  （setq fhb nil
        t0 （getvar "cdate"）
        cm （getvar "cmdecho"）
        os （getvar "osmode"）
        dtextgao （* stsca 2）
        dtextcolor （+ （atoi （substr （rtos t0 2 0）3 2））
```

```
        (atoi (substr (rtos t0 2 0) 5 2))
        (atoi (substr (rtos t0 2 0) 7 2)))
      dtext_date (strcat (substr (rtos t0 2 0) 1 4)
          "-"
          (substr (rtos t0 2 0) 5 2)
          "-"
          (substr (rtos t0 2 0) 7 2))
      gcd_lay   "GCD"
      gcd_thk   1610000.0
      gcd_zigao  (* stsca 2.0)
      gcd_xsws     2)
(setvar "cmdecho" 0)
(setvar "osmode" 0)
(cond ((= zhandian_lx "1")
     (setq zdh_layer "ZDH"))
       ((= zhandian_lx "2")
 (setq zdh_layer "GCD"))
       (t nil))
(setq zdhpeizhi (list (cons "展点图层" zdh_layer)
           (cons "点号注记字高" (rtos dtextgao 2 2))
           (cons "颜色设置" (itoa dtextcolor))
           (cons "展点标注日期" dtext_date)
           (cons "高程点图层" gcd_lay)
           (cons "高程点厚度值" (rtos gcd_thk 2 0))
           (cons "高程点字高" (rtos gcd_zigao 2 2))
           (cons "高程注记小数位数" (itoa gcd_xsws))))
(if (/= zdhpeizhi nil)
 (progn
  (setq zdh_layer  (cdr (nth 0 zdhpeizhi))
     dtextgao   (distof (cdr (nth 1 zdhpeizhi)))
     dtextcolor (fix (distof (cdr (nth 2 zdhpeizhi))))
     dtext_date (cdr (nth 3 zdhpeizhi))
     gcd_lay    (cdr (nth 4 zdhpeizhi))
     gcd_thk    (atof (cdr (nth 5 zdhpeizhi)))
     gcd_zigao  (distof (cdr (nth 6 zdhpeizhi)))
     gcd_xsws   (fix (distof (cdr (nth 7 zdhpeizhi))))))
  (if (or (< dtextcolor 0) (> dtextcolor 255))
   (setq dtextcolor (+ (atoi (substr (rtos t0 2 0) 3 2))
        (atoi (substr (rtos t0 2 0) 5 2))
```

```
        ( atoi  ( substr  ( rtos t0 2 0 ) 7 2 )))))
  ( cond  (( = zhandian_lx "1" ) ( jcszlayer zdh_layer nil ))
   (( = zhandian_lx "2" ) ( jcszlayer gcd_lay nil ))
   ( t nil ))
   ( setq file  ( getfiled "请选择展点坐标文件"   ""   "dat" 2 ))
 ; 读取 CASS 格式坐标文件
   ( setq zdsj_list  ( read_casscgb file ))
  ( setq t1  ( getvar "cdate" ))
  ;; 开始展点
  ( cond  ;; 展点号
 (( = zhandian_lx "1" )
  ( progn  ( regapp "ZD_Date" )
     ( setq pointlay        zdh_layer
          pointthk         0.0
          pointcolor dtextcolor
          textlay    zdh_layer
          textzg     dtextgao
          textcolor   dtextcolor
          textdmh          2 )))
 ;; 展高程
 (( = zhandian_lx "2" )
  ( progn  ( setq pointlaygcd_lay
          pointthk       gcd_thk
          pointcolor nil
          textlay gcd_lay
          textzg gcd_zigao
          textcolor nil
          textdmh 2 )))
     ( t nil ))
  ( setq zbzd_i           0
    textthk    0.0
    textro     0.0
    textkuan     1.0
    textlcr     0
    textstyle "STANDARD" )
  ( while  ( < zbzd_i  ( length zdsj_list ))
   ( setq pointpt  ( nth 1  ( nth zbzd_i zdsj_list )))
( cond  ;;  展点号
  (( = zhandian_lx "1" )
```

```
(setq textnr          (nth 0  (nth zbzd_i zdsj_list))
  pointkzsx     (list  (cons '"ZD_Date"
                (list  (cons '1000  (strcat dtext_date "/" textnr)))))
  zhandian_yn T))
;; 展高程
((= zhandian_lx "2")
 (progn  (setq  pointkzsx nil
       textnr        (rtos  (nth 2 pointpt) 2 gcd_xsws))
    (if  (=  (nth 2 pointpt) 0.0)
     (setq zhandian_yn nil)
     (setq zhandian_yn T))))
(t nil))
  (if   (= zhandian_yn T)
   (progn  (setq
     pointst  (emakepoint pointlay pointthk pointpt pointcolor pointkzsx))
     (setq textpt10  (mapcar '+ pointpt  (list  (* 0.5 stsca) 0.0 0.0))
     textpt11 textpt10)
     (cond  ;; 展点号
     ((= zhandian_lx "1")
      (setq dtext_bj  (strcat dtext_date
                      "/"
                      (rtos (nth 0 pointpt) 2 3)
                      "#"
                      (rtos (nth 1 pointpt) 2 3)
                      "#"
                      (rtos (nth 2 pointpt) 2 3))
        textkzsx  (list (cons '"ZD_Date" (list (cons '1000 dtext_bj))))))
    ;; 展高程
     ((= zhandian_lx "2") (setq textkzsx nil))
     (t nil))
   (setq textst  (emaketext textlay textnr textthk textpt10 textzg textro
                 textkuan textqxie textcolor  textstyle textlcr
                 textdmh textpt11 textkzsx))))
  (setq zbzd_i  (1+ zbzd_i)))
  ;(princ "正在展绘碎部点"  (length zdsj_list) zbzd_i))
 (Example_ZoomExtents)
 (setq t2  (getvar "cdate"))))
(setvar "cmdecho" cm)
(setvar "osmode" os)
```

```
  (princ))
;;;(setq val (strcat "" (rtos zbzd_i 2 0)))
;;;   (princ (strcat "\n 共展点" zbzd_i "个!"))

(defun dingblc ( )
 ;;(dingblc)
 ;; 定义图形比例尺及参数设置
 ;;(getvar "USERR1")--图形比例尺系统变量
 ;;(getvar"LTSCALE")--线型比例系数
 (while (<= (getvar "USERR1") 0.0)
  (progn (initget 4)
  (setq kah (getreal "\n 请输入测图比例尺<500>: "))
  (if (= kah nil)
   (setq kah 500.0))
  (setvar "userr1" kah)
  (setvar "ltscale" (/ kah 1000.0)))
  (setvar "ltscale" (/ (getvar "USERR1") 1000.0)))
 (setq stsca (getvar "ltscale"))
 (cond ;; 1: 500
        ((= (getvar "userr1") 500.0)(setq dtblc 1))
        ;; 1: 1000
        ((= (getvar "userr1") 1000.0)(setq dtblc 2))
        ;; 1: 2000
        ((= (getvar "userr1") 2000.0)(setq dtblc 3))
        ;; 1: 5000
        ((= (getvar "userr1") 5000.0)(setq dtblc 4))
        ;; 任意比例尺
        (t (setq dtblc 10))))

(defun read_casscgb (casscgbfile / p pp ppp)
 ;; 读取 CASS 格式坐标文件
 ;;(read_casscgb casscgbfile)
 ;; "CASS 坐标格式(点号，点码，横坐标 Y，纵坐标 X，高程 H)"
 (setq zhandian_list nil)
 (setq ls_file (open casscgbfile "r"))
 (setq p (read-line ls_file))
 (while p
  (progn (setq ppp (string_strlist1 p ", "))
     (if (and (= (length ppp) 5)
```

```
        (/= (distof (nth 2 ppp)) nil)
        (/= (distof (nth 3 ppp)) nil)
        (/= (distof (nth 4 ppp)) nil))
      (progn (setq pp (nth 0 ppp))
       (while (= (substr pp 1 1) " ")(setq pp (substr pp 2)))
       (while (= (substr pp (strlen pp)) " ")
        (setq pp (substr pp 1 (1- (strlen pp)))))
       (setq pcode (nth 1 ppp)
             px     (atof (nth 2 ppp))
             py     (atof (nth 3 ppp))
             ph     (atof (nth 4 ppp)))
       (setq pt (list px py ph))
       (setq zhandian_list (append zhandian_list (list (list pp pt))))))
 )
    (setq p (read-line ls_file)))
  (close ls_file)
  zhandian_list)
;; -----------------------------------------------------------
(defun jcszlayer (layname laycolor)
  ;; (jcszlayer layname laycolor)
  ;; 检查设置所操作图层是否存在，如果不存在则新建，否则解锁、解冻、打开
  (vl-load-com)
  (setq acadobject1     (vlax-get-acad-object)
        acaddocument1 (vla-get-activedocument acadobject1)
        mspace1            (vla-get-modelspace acaddocument1))
  (setq LayerSel (vla-get-Layers AcadDocument1))
  (setq LayerObj (vla-add LayerSel layname))
  (if (/= nil (tblsearch "layer" layname))
   (progn ;; 解锁
   (if (= (vla-get-lock layerobj): vlax-true)
    (vla-put-Lock LayerObj : vlax-false))
  ;; 解冻
   (if (= (vla-get-Freeze layerobj): vlax-true)
    (vla-put-Freeze LayerObj : vlax-false))
  ;; 打开
   (if (= (vla-get-layeron layerobj): vlax-false)
    (vla-put-layeron LayerObj : vlax-true))
  ;; 设为当前层
  (vla-put-activelayer AcadDocument1 LayerObj)
```

```
  ;; 设置图层颜色
  (if (/= nil laycolor)
   (vla-put-color LayerObj laycolor)))
   (progn ;; 新建图层
  (vla-get-activelayer AcadDocument1 LayerObj)
  ;; 设置图层颜色
  (if (/= nil laycolor)
   (vla-put-color LayerObj laycolor)))))
;; --------------------------------------------------------
(defun emaketext (textlay textnr textthk textpt10 textzg textro textkuan textqxie
         textcolor textstyle textlcr textdmh textpt11   textkzsx)
  ;;(emaketext textlay textnr textthk textpt10 textzg textro
  ;; textkuan
  ;; textqxie textcolor textstyle textlcr textdmh textpt11
  ;; textkzsx)
  ;; 用 entmake 方法添加文字注记实体
  ;; textlay——注记图层  textnr——注记内容 textthk——注记厚值
  ;; textzg——注记字高 textro——注记旋转方向 textkuan——注记宽度系数
  ;; textqxie——注记倾斜角度 textstyle——注记文字样式
  ;; textcolor——注记颜色
  ;; textlcr——注记左中右对齐方式(0，1，2，nil)
  ;; textdmh——注记上中下对齐方式(3，2，1，nil)
  ;; textpt10——注记点坐标 10 textpt11---注记点坐标 11
  ;; textkzsx——扩展属性
  ;; 加载(vl-load-com)环境
  (vl-load-com)
  (setq acadobject1    (vlax-get-acad-object)
       acaddocument1  (vla-get-activedocument acadobject1)
       mspace1          (vla-get-modelspace acaddocument1))
  ;; 注记位置 textpt10 和字高 textzg
  (setq textst_name nil)
  (setq insertionpnt (vlax-make-safearray vlax-vbdouble '(0 . 2)))
  (if (= (length textpt10) 2)
   (setq textpt10 (list (nth 0 textpt10)(nth 1 textpt10) 0.0)))
  (vlax-safearray-fill insertionpnt textpt10)
  (setq textobj (vla-addtext mspace1 textnr insertionpnt textzg))
  ;; textlcr——注记左中右对齐方式(0，1，2，nil)
  ;; textdmh——注记上中下对齐方式(3，2，1，nil)
  (cond ;; 左上
```

```
        (( and  ( = textlcr 0 ) ( = textdmh 3 ))
( vla-put-alignment textobj acalignmenttopleft ))
        ;; 左中
        (( and  ( = textlcr 0 ) ( = textdmh 2 ))
( vla-put-alignment textobj acalignmentmiddleleft ))
        ;; 左下
        (( and  ( = textlcr 0 ) ( = textdmh 1 ))
( vla-put-alignment textobj acalignmentbottomleft ))
        ;; 中上
        (( and  ( = textlcr 1 ) ( = textdmh 3 ))
( vla-put-alignment textobj acalignmenttopcenter ))
        ;; 中中
        (( and  ( = textlcr 1 ) ( = textdmh 2 ))
( vla-put-alignment textobj acalignmentmiddlecenter ))
        ;; 中下
        (( and  ( = textlcr 1 ) ( = textdmh 1 ))
( vla-put-alignment textobj acalignmentbottomcenter ))
        ;; 右上
        (( and  ( = textlcr 2 ) ( = textdmh 3 ))
( vla-put-alignment textobj acalignmenttopright ))
        ;; 右中
        (( and  ( = textlcr 2 ) ( = textdmh 2 ))
( vla-put-alignment textobj acalignmentmiddleright ))
        ;; 右下
        (( and  ( = textlcr 2 ) ( = textdmh 1 ))
( vla-put-alignment textobj acalignmentbottomright ))
        ;; 默认
        ( t  ( vla-put-alignment textobj acalignmentleft )))
 ( if  ( and  ( /= textlcr nil ) ( /= textdmh nil ))
  ( vla-put-textalignmentpoint textobj insertionpnt ))
 ;; 注记颜色 textcolor
 ( if  ( /= nil textcolor )
  ( vla-put-color textobj textcolor )
  ( vla-put-color textobj acbylayer ))
 ;; 注记字型样式 textstyle
 ( if  ( and  ( /= textstyle  ( vla-get-stylename textobj ))
     ( /=  ( tblsearch "style" textstyle ) nil ))
  ( vla-put-stylename textobj textstyle ))
 ;; 注记厚度 textthk
```

```
 (if  (/= textthk nil)
  (vla-put-thickness textobj textthk)
  (vla-put-thickness textobj 0.0))
 ;; 注记旋转角度 textro
 (if  (/= nil textro)
  (vla-put-rotation textobj textro)
  (vla-put-rotation textobj 0.0))
 ;; 注记图层 textlay
 (if  (=  (tblsearch "layer" textlay) nil)
  (progn  (setq layersel  (vla-get-layers acaddocument1))
 (setq layerobj  (vla-add layersel textlay))))
 (vla-put-layer textobj textlay)
 ;; 注记的宽度系数 textkuan
 (if  (/= textkuan nil)
  (vla-put-ScaleFactor TextObj textkuan)
  (vla-put-ScaleFactor TextObj 1.0))
 ;; 注记的倾斜系数 textqxie
 (if  (/= textqxie nil)
  (vla-put-ObliqueAngle TextObj textqxie)
  (vla-put-ObliqueAngle TextObj 0.0))
 (setq textst_name  (vlax-vla-object->ename TextObj))
 ;; 注记的扩展属性 textkzsx
 (if  (/= textkzsx nil)
  (progn  (setq textst_ss  (entget textst_name  (list "*")))
     (setq textst_ss  (append textst_ss  (list  (cons -3 textkzsx))))
     (entmod textst_ss)
     (entupd textst_name)))
 textst_name)
;; ----------------------------------------------------------
(defun emakepoint   (pointlay pointthk pointpt pointcolor pointkzsx)
 ;; 用 entmake 方法添加点实体
 ;; pointlay-图层 pointthk-厚度值   pointpt-3D 插入点
 ;; pointcolor-颜色     pointkzsx-扩展属性
 (vl-load-com)
 (setq acadobject1      (vlax-get-acad-object)
        acaddocument1  (vla-get-activedocument acadobject1)
        mspace1              (vla-get-modelspace acaddocument1))
 (setq point_point  (vlax-3d-point pointpt))
 (setq pointobj  (vla-addpoint mspace1 point_point))
```

```
;; point 的图层 blklay
(if (= (tblsearch "layer" pointlay) nil)
  (progn (setq layersel (vla-get-layers acaddocument1))
  (setq layerobj (vla-add layersel blklay))))
(vla-put-layer pointobj pointlay)
;; 厚度 pointthinkness
(if (and (/= (type pointthk) 'REAL)(/= (type pointthk) 'INT))
  (setq pointthk 0.0))
(vla-put-Thickness pointobj pointthk)
;; 颜色 pointcolor
(if (/= nil pointcolor)
  (vla-put-color pointobj pointcolor)
  (vla-put-color pointobj acbylayer))
(setq pointst_name (vlax-vla-object->ename pointobj))
;; point 的扩展属性 pointkzsx
(if (/= pointkzsx nil)
  (progn (setq pointst_ss (entget pointst_name (list "*")))
  (setq pointst_ss (append pointst_ss (list (cons -3 pointkzsx))))
  (entmod pointst_ss)
  (entupd pointst_name)))
pointst_name)
;; ------------------------------------------------------------
(defun Example_ZoomExtents ()
  ;; 当前图形缩放(command "zoom" "e")
  ;;(Example_ZoomExtents)
  (vl-load-com)
  (setq acadobject1     (vlax-get-acad-object)
        acaddocument1  (vla-get-activedocument acadobject1)
        mspace1            (vla-get-modelspace acaddocument1))
  (setq application1  (vla-get-application acaddocument1))
  (vla-zoomextents application1)
  (princ))
;; ------------------------------------------------------------
(defun string_strlist1 (stringstr stringfgf / shujui shujuj strlst shujustr1)
  ;;(string_strlist1 stringstr stringfgf)
  ;; 将输入的分隔符分隔的字符串数据转换为包含数据列信息的字符串列表子程序
  ;; stringstr--以分隔符分隔的字符串   stringfgf--字符串的分隔符

  (setq shujui 0
```

```
        shujuj 1
        shujustr1 ""
        strlst nil )
 ( cond
  (( /= ( strlen stringstr ) 0 )
   ( progn
    ( if  ( /= ( substr stringstr ( strlen stringstr ) 1 ) stringfgf )
     ( setq stringstr ( strcat stringstr stringfgf )))
    ( while
     ( /= "" ( setq shujulist ( substr stringstr ( setq shujui ( 1+ shujui )) 1 )))
     ( cond
      (( /= stringfgf shujulist ) ( setq shujustr1 ( strcat shujustr1 shujulist )))
      ( T
       ( setq strlst    ( append strlst ( list shujustr1 ))
     shujustr1 ""
     shujuj    ( 1+ shujuj )))))
    ( if  ( /= shujustr1 "" )
     ( append strlst ( list shujustr1 ))
    strlst )))
  ( t ( setq strlst ( list "" ))))
strlst )
```

习题与思考题

1. 如何启动和关闭 Visual LISP?

2. Visual LISP 与 AutoLISP 有何区别与联系?

3. 如何用 initget 函数设定参数输入的关键字?

4. 如何在应用程序中设定参数输入的默认值?

5. 编写函数实现角度单位转换，把“度”“分”“秒”转换为“度”。

6. 编写函数，实现图 9.17 所示图形的绘制程序。

7. 编写坐标提取程序，实现在输入点所在图层上，输出所有该图层点坐标及高程的文件。

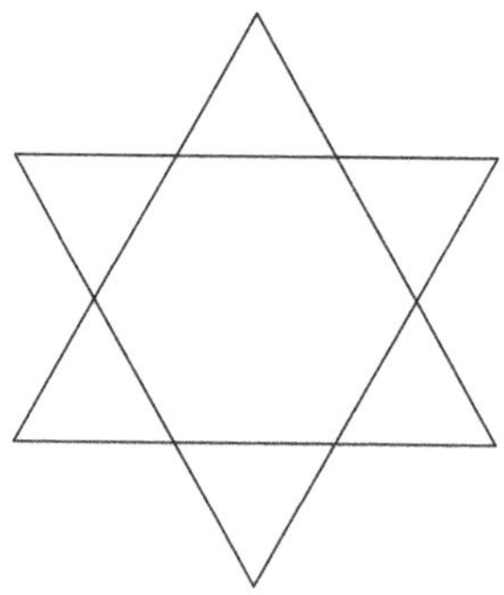

图 9.17　六角形

附录　AutoCAD 二次开发所用的 AutoLISP 函数

一、数学运算功能函数

①（ + 数值　数值…）——返回：累计实数或整数数值
②（ - 数值　数值…）——返回：差值
③（* 数值　数值…）——返回：所有数值乘积
④（/ 数值　数值…）——返回：第一个数值除以第二个以后数值的商，如果两数都是整数时，结果以整数表示
⑤（1+ 数值）——返回：数值 +1
⑥（1 - 数值）——返回：数值 -1
⑦（abs 数值）——返回：数值的绝对值
⑧（atan 数值）——返回：反正切值
⑨（cos 角度）——返回：角度的余弦值，角度值为弧度
⑩（exp 数值）——返回：数值的指数
⑪（expt 底数指数）——返回：底数的指数值
⑫（fix 数值）——返回：将数值转换为整数值
⑬（gcd 数值 1　数值 2）——返回：两数值的最大公因数
⑭（log 数值）——返回：数值的自然对数值
⑮（max 数值　数值…）——返回：数值中的最大值
⑯（min 数值　数值…）——返回：数值中的最小值
⑰ pi——常数∏，其值约为 3.1415926
⑱（rem 数值 1 数值 2）——返回：M 数值的相除的余数
⑲（sin 角度）——返回：角度的正旋值，角度值为弧度
⑳（sqrt 数值）——返回：数值的平方根

二、检验与逻辑运算功能函数

①（= 表达式 1　表达式 2）——比较表达式 1 是否等于式 2，适用数值及字符串
②（/= 表达式 1　表达式 2）——比较表达式 1 是否大于等于表达式 2
③（< 表达式 1　表达式 2）——比较表达式 1 是否小于表达式 2
④（<= 表达式 1　表达式 2）——比较表达式 1 是否小于或等于表达式 2

⑤（> 表达式 1 表达式 2）——比较表达式 1 是否大于表达式 2

⑥（>= 表达式 1 表达式 2）——比较表达式 1 是否大于或等于表达式 2

⑦（~ 数值）——返回：数值的位 not 值，（1 的补码）

⑧（and 表达式 1 表达式 2……）——返回：逻辑 and 的结果

⑨（boole 函数 整数 整数……）——返回：位式布尔运算

⑩（eq 表达式 1 表达式 2）——比较表达式 1 与表达式 2 是否相同，适用列表比较（实际相同）

⑪（equal 表达式 1 表达式 2【差量】）——比较表达式 1 与表达式 2 是否相同，差量可省略（内容相同）

三、转换运算功能函数

①（angtof 字符串【模式】）——返回：角度值的字符串转成实数

②（angtos 角度【模式【精度】】）——返回：角度转成的字符串值

③（atof 字符串）——返回：字符串转成实数值

④（atoi 字符串）——返回：字符串转成整数值

⑤（cvunit 数值 原始单位 转换单位）返回：数值转换单位后的值转换根据 acad.nut 文件

⑥（distof 字符串【模式】）——返回：根据模式将字符串转成实数值

⑦（itoa 整数）返回：整数转成字符串

⑧（rtos 数值 模式【精度】）——返回：实数转成字符串

⑨（trans 点 原位置 新位置【位移】）——返回：转换坐标系统值

四、列表处理功能函数

①（append 列表 列表……）——结合所有列表成一个列表

②（assoc 关键元素 联合列表）——根据关键元素找寻联合列表中关系信息

③（car 列表）——返回列表中的第一个元素，通常用来求 X 坐标

④（cadr 列表）——返回列表中的第二个元素，通常用来求 y 坐标

⑤（caddr 列表）——返回列表中的第三个元素，通常用来求 Z 坐标

⑥（cdr 列表）——返回：除去第一个元素后的列表

⑦（cons 新元素 列表）——返回：将新元素添加到列表

⑧（foreach 名称 列表 表达式）——返回：将列表的每一元素对应至名称再根据表达式执行响应

⑨（length 列表）——返回：列表内的元素数量

⑩（list 元素 元素……）——返回：将所有元素合并为一列表

⑪（listp 元素）——返回：判断元素是否为一串

⑫（mapcar 函数 列表 1 列表 2……）——返回：将列表 1、列表 2 列表的元素配合函数，求得新列表

⑬（member 关键元素列表）——返回：根据关键元素（含以后的列表）

⑭（nth n 列表）——返回：列表的第 n 个元素

⑮（reverse 列表）——返回：将列表元素根据顺序颠倒过来的列表

⑯（subst 新项旧项列表）——返回：替换新旧列表后的列表

五、字符串、字符、文件处理函数

①（ascii 字符串）——返回：字符串第一个字符的“ASCII”码

②（chr 整数）——返回：整数所对应的 ASCII 单一字符串

③（close 文件 名称）——关闭文件

④（open 文件名 模式）——返回：打开文件代码，准备读取或写入信息

⑤（read 字符串）——返回：列表中的字符串的第一组元素

⑥（read-char[文件代码]）——返回：通过键盘或文件中读取单一字符

⑦（read-line [文件代码]）——返回：经由键盘或文件中读取一行字符串

⑧（strcase 字符串[字样]）——返回：转换字符串大小写

⑨（strcat 字符串 1 字符串 2……）——返回：将各字符串合并为一个字符串

⑩（strlen 字符串）——返回：字符串构成的字符数（即字符串长度）

⑪（substr 字符串 起始 长度）——返回：取出于字符串

⑫（wcmatch 字符串 格式）返回：T 或 nil，将字符串与通用字符进行比较

⑬（write-char 数值[文件代码]）——返回：将一 ASCII 字符写到文件或屏幕

⑭（write-line 字符串[文件代码]）——返回：将字符串写到文件或屏幕上

六、等待输入功能函数

①（getangle [基点] [提示]）——请求输入十进制角度数值，响应一个弧度值提示及参考点可有可无

②（getcorner 基点[提示]）——请求输入另一矩形框对角点坐标

③（getdist [基点] [提示]）——请求输入一段距离

④（getint [提示]）——请求输入一个整数值

⑤（getkword [提示]——请求输入“关键词”

⑥（getorient [基点] [提示]）——请求输入十进制角度，响应一弧度值不受 angbase、angdir 影响

⑦（getPoint [基点] [提示]）——请求输入一个点的坐标

⑧（getreal [提示]——请求输入一个实数

⑨（getstring [提示]）——请求输入一个字符串

⑩（initget [位]字符串）——设定下次 getxxx 函数的有效输入

七、几何运算功能函数

①（angle 点 1 点 2）——取得两点的角度弧度值

②（distance 点 1 点 2）——取得两点的距离

③（inters 点 1 点 2 点 3 点 4[模式]）——取得两条线的交点

④（osnap 点 模式字符串）——按照捕捉模式取得另一坐标点

⑤（polar 基点 弧度 距离）——按照极坐标法取得另一坐标点

⑥（textbox 对象列表）——取得文字字符串的两个对角点坐标

八、对象处理功能函数

①（entdel 对象名称）——删除或取消删除对象

②（entget 对象名称[应用程序列表]）——取出对象名称的信息列表

③（entlast）——取出图形信息中的最后一个对象

④（entmake 对象列表）——建立一个新的对象列表

⑤（entmod 对象列表）——根据更新的信息列表更新屏幕上元体

⑥（entnext [对象名称]）——找寻图面中的下一个对象

⑦（entsel [提示]）——请求选取一个对象，响应包含对象名称及选点坐标的列表；

⑧（entupd 对象名称）——更新屏幕上复元体图形

⑨（handent 图码）——返回：图码的元体名称

⑩（nentsel[提示]）——返回："block"所含副元体对象信息列表

⑪（nentselp [提示][点]）——返回："block"所含副元体对象信息似 4*4 矩形表示）

九、选择集、符号表处理函数

①（ssadd [对象名称][选择集]）——将对象加入选择集或建立一新选择集

②（ssdel 对象名称选择集）——将对象自选择集中移出

③（ssget [模式][点 1][点 2]——取得一个选择集

④（ssget "X" [过滤列表]）——取得根据过滤列表所指定范围的选择集

⑤（sslenth 选择集）——计算选择集的对象个数

⑥（ssmemb 对象名称选择集）——响应对象名称是否包含于选择集内

⑦（ssname 选择集索引值）——根据索引值取出选择集中的对象名称

⑧（tblnext 符号表名称[T]）——检视符号表，有效的符号表："layer"、"ltype"、"view"、"style"、"block"

⑨（tblsearch 符号表名称 符号）——在符号表中搜寻符号

十、AutoCAD 相关查询、控制功能函数

①（command "AutoCAD 命令"……）——超重量级函数，调用执行 AutoCAD 命令

②（findfile 文件名）——返回：该文件名的路径及文件名

③（getfiled 标题 内定档名 扩展名 旗号）——通过标准 AutoCAD 文件对话 DCL 对话框获得文件

④（getenv "环境变量"）——取得该环境变量的设定值，以字符串表示

⑤（getvar "系统变量"）——取得该系统变量的设定值，以字符串表示

⑥（setvar "系统变量"值）——设定该系统变量的值

⑦（regapp 应用类项）——将目前的 AutoCAD 图形登记为一个应用程序名称

十一、判断式、循环相关功能函数

①（If <比较式> <表达式 1> [表达式 2]——检算比较式结果，如果为真，执行<表达式 1>，否则执行<表达式 2>

②（repeat 次数 [< 表达式> <表达式>……]）——重复执行 N 次表达式

③（While <比较式> <表达式>……）——当条件成立则执行表达式内容

④（cond <比较式 1> <表达式 1> <比较式 2> <表达式 2> <比较式 3> <表达式 3>）——多条件式的 if 整合功能

⑤（prong 表达式 1 表达式 2……）——连接其中的表达式为一组，常用于配合 if、cond 等函数

十二、函数处理、定义、追踪与错误处理功能函数

①（*error* 字符串）——程序错误时的警示信息

②（alert 字符串）——以对话框式显示出警告字符串

③（apply 功能函数列表）——将功能函数与列表结合后执行

④（defun 名称 自变量列表表达式）——自定函数或子程序

⑤（eval 表达式）——返回：表达式的执行结果

⑥（exit）——强制退出目前的应用程序

⑦（lambda 自变量表达式）——定义未命名的函数

⑧（progn 表达式 1 表达式 2……）——连接其内的表达式为一组，常用于配合 if、cond 等函数

⑨（quit）——强制退出目前的应用程序

⑩（tablet 代码 [列 1 列 2 列 3 方向]）——取用或建立对数字板的校调

⑪（trace 函数……）——对函数设定追踪标记，辅助检错

⑫（untrace 函数……）——对函数设定解除追踪标记

十三、显示、打印控制功能函数

①（gfaphscr）——作图环境切换到图形画面

②（grclear）——暂时清除模前的屏幕画面

③（grdraw 起点终点颜色[亮显]）——暂时性的画出一条线

④（grread[追踪]）——由输入设备读取追踪值

⑤（grtext 位置字符串[亮显]）——将字符串显示在状态列或屏幕菜单上

⑥（grvecs 向量列表[转置矩阵]）——暂时性的画出多条线

⑦（menucmd 字符串）——提供在 AutoLISP 中调用各菜单

⑧（Prinl[表达式[文件代码]]——将表达式打印于命令区或已打开的文件句柄字符则以“\”为前缀展开

⑨（pinc[表达式[文件代码]]——除句柄字符则不以”\”为前缀展外开其余同 Prinl

⑩（print[表达式[文件代码]]——除表达式会往下一新行列出，及空一格外其余同 prinl

⑪（prompt 信息）——将信息显示于屏幕的命令区，并随后响应一个 nil 信息

⑫（redraw[对象名称[模式]]）——重绘整张图或根据对象名称重绘该图形

⑬（terpri）——在屏幕上显示新列

⑭（textscr）——作图环境切换到文字画面

⑮（textpage）——清除文字画面文字类似 DOS 的“cls”命令

⑯（vports）——返回：窗口组态列表

十四、符号、元素、表达式处理功能函数

①（atom 元素）——如果元素不是列表，响应 T，否则为 nil

②（atoms-family 格式闲号列表]）——返回：一组已定义函数的符号列表

③（boundp 表达式）——返回：T 或 nil，响应表达式是否有值存在

④（minusp 元素）——返回：T 或 nil 元素是否为负值

⑤（not 元素）——返回：T 或 nil 判定元素是否为 nil

⑥（null 元素）——返回：T 或 nil 判定元素是否被赋予 nil 值

⑦（numberp 元素）——返回：T 或 nil，元素是否为整数或实数

⑧（quote 表达式）——响应表达式未检算前状态，同“‘”功能

⑨（set 符号 表达式）——将表达式结果设定给带单引号（’）符号

⑩（setq 符号 1 表达式 1[符号 2 表达式 2]...）——设定表达式结果给各符号

⑪（type 元素）——返回：元素的信息形态

⑫（zerop 元素）——返回：T 或 nil，元素是否为 0 值

十五、ADS、ARX、AutoLISP 加载与卸载函数

①（ads）——返回：目前加载 ADS 程序列表

②（arx）——返回：目前加载 ARX 程序列表

③（arxload 应用程序[出错处理]））——返回：加载 ARX 程序
④（arxunload 应用程序[出错处理]））——返回：卸载 ARX 程序
⑤（ver）——返回：目前 AutoLISP 版本字符串
⑥（load LSP 文件名[加载失败]）——加载 AutoLISP 文件（*.lsp）
⑦（xload 应用程序[错处理]）——加载 ADS 应用程序
⑧（xunloa 应用程序[出错处理]）——卸载 ADS 应用程序

十六、内存空间管理函数

①（alloc 数值）——以节点数值设定区段大小
②（expand 数值）——以区段数值配置节点空间
③（gc）——强制收回废内存
④（mem）——显示目前的内存使用状态
⑤（xdroom 对象名称）——返回对象扩展信息允许使用的内存空间
⑥（xdsize 列表）——返回对象扩展信息所占用的内存空间

十七、其他重要的功能函数

①（acad_colordlg 颜色码 旗号）——显示出标准 AutoCAD 颜色选择对话框
②（acad_helpdlg 求助文件名 主题）——显示出标准 AutoCAD 求助对话框
③（acad_strlsort 字符串列表）——作字符串列表排序
④（bherrs）——取得 bhatch 与 bpcly 失败所产生的错误信息
⑤（bhatch 点[选择集[向量]]）——根据 Pick point 选点方式调用“bhatch”命令，绘制选集区域的剖面线
⑥ （bpoly 点[选择集[向量]]）——根据 Pick point 选点方式调用“bpoly”命令并产生一定域 Polyline
⑦（cal 计算式字符串）——执行 cal 计算功能

十八、ADS、ARX 外部定义的 3D 函数

①（align 自变量 1 自变量 2....）——执行如“align”命令各选项顺序
②（c：3dsin 模式 3DS 文件名）——导入 3DS 文件
③（C：3dsout 模式 3DS 文件名）——输出 3DS 文件
④（c：background 模式[选项]）——设定渲染背景
⑤（C：fog 模式[选项]）——设定渲染的雾效果
⑥（C：light 模式[选项]）——设定渲染的灯光控制
⑦（c：lsedit 模式[选项 1]——设定渲染的景物控制
⑧（C：lslib 模式[选项]）——管理景物图库
⑨（c：matilb 模式 材质 材质库名）——管理材质数据库

⑩（c：mirror3d 自变量 1 自变量 2……）——执行如“mirror3d”命令

⑪（C：psdrap 模式）——根据模式设定值（0 或 1），传唤“psdrap”命令

⑫（C：psfill 对象名称 图案名称[自变量 1[自变量 2]]）——以 POStSCript 图案填满

⑬（c：psin 文件名 位置 比例）——插入一个 Postscript（*.eps）文件

⑭（c：render[渲染文件]）——执行渲染效果

⑮（C：rfileopt 格式 自变量 1 自变量 2 自变量 3……）——设定执行渲染选项

⑯（c：replay 影像文件名 影像类别[选项]）——展示影像文件 TGA、BMP、TIF

⑰（C：rmat 模式 选项）——控管材质建立、贴附、编辑、分离

⑱（c：rotate3d 自变量 1 自变量 2……）——执行如“rotate3d”命令各选项顺序

⑲（C：rpref 模式 选项[设定]）——渲染环境设定

⑳（c：saveimg 影像文件名影像类别[选项]）——储存图像文件 TGA、BMP、TIF

㉑（c：scene 模式 [选项]）——SCENE 场景管理

㉒（C：setuv 模式 选集 自变量 1 自变量 2……）——SETUV 贴图模式管理

㉓（C：showmat 自变量 1）——显示对象的材质贴附信息

㉔（C：solprof 自变量 1 自变量 2……）——建立 3D 实体的轮廓影像

㉕（C：StatS[渲染信息文件]）——显示渲染信息统计信息

十九、ADS、ARX 外部定义的数据库相关函数

①（c：aseadmin 自变量 1 自变量 2……）——管理外部数据库

②（c：aseexportt 自变量 1 自变量 2……）——输出信息

③（c：aselinks 自变量 1 自变量 2……）——连接对象与信息

④（c：aserow 自变量 1 自变量 2……）——管理外部信息表格

⑤（c：aseselect 自变量 1 自变量 2……）——建立外部信息与对象选集

⑥（c：asesqled 自变量 1 自变量 2……）——执行 SQL 程序

参 考 文 献

[1] SHAM TICKOO. AutoCAD 2000 高级定制[M]. 北京：机械工业出版社，2000.

[2] 姜勇，向先波，于洪，等. AutoCAD 应用教程[M]. 北京：人民邮电出版社，2008.

[3] 姜勇，李善锋，谢卫标. AutoCAD 建筑制图教程[M]. 北京：人民邮电出版社，2008.

[4] 佟士懋，邢芳芳，夏齐雪. AutoCAD ActiveX/VBA 二次开发技术基础及应用实例[M]. 北京：国防工业出版社，2006.

[5] 李学志，等. Visual LISP 程序设计[M]. 北京：清华大学出版社，2010.

[6] 周乐来，马婧. Visual LISP 二次开发入门到精通[M]. 北京：机械工业出版社，2007.

[7] 姜勇，向先波，于洪，等. AutoCAD 应用教程[M]. 北京：人民邮电出版社，2008.

[8] 王珏琨，任卫红，等. CAD 二次开发技术及其工程应用[M]. 北京：清华大学出版社，2008.

[9] 程静. AutoCAD 工程绘图及二次开发技术[M]. 北京：国防工业出版社，2008.

[10] 李学志. Visual LISP 程序设计[M]. 北京：清华大学出版社，2006.

[11] 吴永进，林美樱. AutoLISP&DCL 基础篇[M]．北京：中国铁道出版社，2003.

[12] 周乐来，等. AutoCAD2008 Visual LISP 二次开发入门到精通. 北京：机械工业出版社. 2008.

[13] 传奇动画工作室. AutoCAD2006 建筑制图设计必成攻略[M]. 北京：电子工业出版社，2006.